ABITUR

Prüfungsaufgaben mit Lösungen

2012

Biologie

Leistungskurs
Gymnasium • Gesamtschule
Hessen

2007–2011

STARK

ISBN 978-3-89449-210-6

6. ergänzte Auflage
www.stark-verlag.de

Inhalt

Autoren:

Jürgen Apel und Egbert Weisheit

Vorwort

Liebe Schülerinnen und Schüler,

Sie haben in Hessen Biologie als Leistungskurs gewählt und bereiten sich auf das **Landesabitur 2012** vor.

- Mit diesem Band helfen wir Ihnen, sich erfolgreich auf diese Prüfung vorzubereiten. In den **Hinweisen und Tipps** zum Landesabitur stellen wir Ihnen die allgemeinen Rahmenbedingungen der Abiturprüfung im Leistungskurs und Informationen zu Inhalten und Struktur der Aufgaben sowie zur Bewertung vor.
- Im Weiteren geben wir Ihnen Hilfen zur Auswahl und Bearbeitung der Prüfungsaufgaben. Dabei spielen die Arbeit mit Materialien und der Umgang mit den **Operatoren** eine besondere Rolle.
- Sie finden im vorliegenden Buch eine **umfangreiche Auswahl an Übungsaufgaben** zu den prüfungsrelevanten Lehrplanthemen im Leistungskurs. Struktur und Schwierigkeitsgrad der Aufgabenstellungen basieren auf den Anforderungsniveaus der schriftlichen Prüfung im Leistungskurs.
- Weiterhin enthält dieses Buch die offiziellen, vom hessischen Kultusministerium gestellten **Abitur-Prüfungsaufgaben des Landesabiturs 2007 bis 2011** für den **Leistungskurs**.
- Zu jeder Aufgabe sind von unseren Autoren vorgeschlagene und vollständig ausformulierte **Lösungen** hinzugefügt.
- Die mit grauen Rauten gekennzeichneten Bearbeitungshinweise geben Ihnen **detaillierte Tipps zu den erwarteten Lösungsansätzen**. Versuchen Sie aber zunächst, die einzelnen Aufgaben selbstständig zu lösen.

Sollten nach Erscheinen dieses Bandes noch wichtige Änderungen in der Abitur-Prüfung 2012 vom Kultusministerium Hessen bekannt gegeben werden, finden Sie aktuelle Informationen dazu im Internet unter:
www.stark-verlag.de/info.asp?zentrale-pruefung-aktuell

Die Autoren wünschen Ihnen für die Prüfungsvorbereitung und für das Abitur viel Erfolg!

Stichwortverzeichnis

Hinweise und Tipps zum Landesabitur

1 Rahmenbedingungen des Landesabiturs

1.1 Ablauf der schriftlichen Prüfungen

Seit 2007 wird in Hessen das Landesabitur geschrieben. Die Aufgaben für die schriftlichen Prüfungen werden zentral gestellt[1].
Dem Prüfling werden insgesamt vier Aufgabenvorschläge vorgelegt. Ein Halbjahr wird verpflichtend festgelegt, zu den Inhalten dieses Halbjahres werden zwei Vorschläge zur Auswahl angeboten. Für die beiden anderen Kurshalbjahre wird je ein Vorschlag zur Auswahl vorgelegt. Der Prüfling bearbeitet somit zwei gleichwertige Aufgabenvorschläge aus dem Lehrplan zweier Kurshalbjahre.
Ihre unterrichtenden Lehrkräfte beurteilen und bewerten Ihre Lösungen, die Zweitkorrektur wird von Kolleginnen und Kollegen Ihrer Schule durchgeführt. Die mündlichen Prüfungsaufgaben werden weiterhin dezentral, d. h. von Ihren Lehrerinnen und Lehrern formuliert und bewertet.
Grundlage für das schriftliche Abitur im Leistungskurs sind Ihre Kurse in den Halbjahren Q1, Q2 und Q3. Sie haben für die Auswahl in der Regel 45 Minuten Zeit. Anschließend beträgt die Gesamtarbeitszeit im Leistungskurs 240 Minuten.

1.2 Struktur und Anforderungen der Prüfungsaufgaben

Die Struktur der Prüfungsaufgaben stützt sich auf die Einheitlichen Prüfungsanforderungen in der Abiturprüfung Biologie (EPA)[2].
Danach enthalten alle Prüfungsaufgaben die drei **Anforderungsbereiche** Reproduktion (AFB I), Reorganisation/Transfer (AFB II) und Problemlösendes Denken (AFB III). Damit ist gemeint, dass Sie im Bereich Reproduktion (AFB I) gelerntes Wissen wiedergeben müssen (35 % der Bewertungseinheiten). Im AFB II müssen Sie Ihr Wissen neu geordnet anwenden. Dafür gibt es 50 % der Bewertungseinheiten. Im AFB III schließlich müssen Sie in größeren Zusammenhängen argumentieren (15 % der Bewertungseinheiten).
Damit sicher gestellt ist, dass alle Schülerinnen und Schüler unter vergleichbaren Voraussetzungen lernen und geprüft werden, wurden sogenannte **Operatoren** für die Aufgaben ausgewählt. Es sind Arbeitsanweisungen, die eine definierte Bedeutung haben, sie führen zur konsequenten Nutzung von Denkmustern, wie sie in der Biolo-

1 Erlasse, Operatoren, Handreichungen unter: www.kultusministerium.hessen.de ⇒ Landesabitur
2 EPA Biologie unter www.kmk.org/ ⇒ Dokumentation/Beschlüsse ⇒ Veröffentlichungen/Beschlüsse ⇒ Allgemeine Bildung ⇒ Abitur

gie grundlegend sind. Auf der Grundlage einer bundesweit anerkannten Liste der Kultusministerkonferenz gilt für das Landesabitur in Hessen eine eigene Auswahl[3].

Die Operatoren müssen Sie auf das in der Aufgabe angebotene **fachspezifische Material** (Texte, Abbildungen, Schemata, grafische Darstellungen, Tabellen etc.) anwenden. In der folgenden Tabelle finden Sie die alphabetisch geordnete Liste der Operatoren mit Erklärungen und der Zuordnung zu den Anforderungsbereichen.

Operator	**Beschreibung der erwarteten Leistung**	**AFB**	**Beispiele***
analysieren	eine konkrete Materialgrundlage untersuchen, einzelne Elemente identifizieren und Beziehungen zwischen Elementen erfassen	II–III	07 B.3 08 A.3 11 A1.4
angeben, nennen, beschriften	Sachverhalte, Begriffe oder Daten ohne nähere Erläuterungen und Begründungen, ohne Lösungsweg aufzählen	I	Ü2.2 10 B.1
anwenden, übertragen	einen bekannten Sachverhalt, eine bekannte Methode auf eine neue Problemstellung beziehen	II–III	
auswerten	Daten, Einzelergebnisse oder sonstige Sachverhalte zu einer abschließenden Gesamtaussage zusammenführen	II–III	Ü5.3 09 B1.3
begründen	einen angegebenen Sachverhalt auf Gesetzmäßigkeiten bzw. kausale Zusammenhänge zurückführen. Hierbei sind Regeln und mathematische Beziehungen zu nutzen	II–III	Ü2.3
benennen	Elemente, Sachverhalte, Begriffe oder Daten angeben	I–II	10 A1.1 11 A1.2
berechnen	Ergebnisse von einem Ansatz ausgehend durch Rechenoperationen bestimmen	I–II	Ü4. 3.1
beschreiben	Strukturen, Sachverhalte, Zusammenhänge oder Verfahren in Textform unter Verwendung der Fachsprache in vollständigen Sätzen in eigenen Worten wiedergeben (hier sind auch Einschränkungen möglich: „Beschreiben Sie in Stichworten …“)	I–II	07 A.1 08 A.1 10 A1.3 11 A1.1

* Ü = Übungsaufgabe; angegeben ist die Nummer der jeweiligen Übungsaufgabe und die den Operator enthaltende Teilaufgabe;
07, 08, 09, 10, 11 = LK-Jahrgang 2007, 2008, 2009, 2010, 2011; angegeben ist jeweils die Aufgabe (A, B oder C) und die den Operator enthaltende Teilaufgabe (1, 2, 3 oder 4)

3 www.kultusministerium.hessen.de ⇒ Landesabitur ⇒ Operatoren

beurteilen, bewerten	zu einem Sachverhalt ein eigenständiges Urteil unter Verwendung von Fachwissen und Fachmethoden formulieren und begründen	III	Ü3.3 09 A.4
darstellen	Sachverhalte, Zusammenhänge, Methoden, Bezüge oder Modellvorstellungen strukturiert und fachsprachlich einwandfrei wiedergeben	II–III	08 A.3 10 B2.3 11 A1.2
definieren	Eine festgelegte wissenschaftliche Begriffsbestimmung angeben	I	09 A.1
diskutieren, erörtern	Argumente und Beispiele zu einer Aussage oder These einander gegenüberstellen und abwägen	III	07 A.4 11 B.5
einordnen, zuordnen	mit erläuternden Hinweisen in einen genannten Zusammenhang einfügen/stellen	I–II	Ü2.3 10 A1.2
entscheiden	bei Alternativen sich begründet und eindeutig auf eine Möglichkeit festlegen	II	
entwerfen	Herstellen und Gestalten eines Systems von Elementen unter vorgegebener Zielsetzung	II–III	
entwickeln	Sachverhalte und Methoden zielgerichtet in einen Zusammenhang bringen, also eine Hypothese, eine Skizze oder ein Modell weiterführen und ausbauen	II–III	Ü1.3 08 C.3 10 C.3 10 A2.4
erklären	Methode, Verfahren, Vorgehensweise oder Zusammenhang in Textform unter Verwendung der Fachsprache auf fachliche Grundprinzipien zurückführen	II–III	Ü1.2 08 A.1 10 A2.3 11 A2.2
erläutern	einen Sachverhalt auf der Grundlage von Vorkenntnissen so darlegen und veranschaulichen, dass er verständlich wird	II	Ü1.2 07 C.2 10 A2.2 10 B.3
formulieren	im chemischen Sinn: eine Strukturformel (unbekannt), eine Reaktionsgleichung oder einen Reaktionsmechanismus (jeweils bekannt oder unbekannt) notieren	i. d. R. II	
interpretieren, deuten	Phänomene, Strukturen, Sachverhalte oder Versuchsergebnisse auf Erklärungsmöglichkeiten untersuchen und diese gegeneinander abwägen und auf das ursprüngliche Problem beziehen	II–III	Ü4.4 07 A.3
skizzieren	die wesentlichen Eigenschaften eines Objektes, eines Sachverhaltes oder einer Struktur grafisch darstellen (Freihandskizze möglich)	I–II	09 B1.1 10 A2.1 11 C.1

Stellung nehmen	unter Heranziehung relevanter Sachverhalte die eigene Meinung zu einem Problem argumentativ entwickeln und darlegen	III	
vergleichen, gegenüberstellen	nach vorgegebenen oder selbst gewählten Gesichtspunkten Gemeinsamkeiten, Ähnlichkeiten und Unterschiede ermitteln und darstellen	II–III	07 B.2 08 C.2 11 A1.5 11 B.3
überprüfen, prüfen	Sachverhalte, Aussagen oder Ergebnisse mit mathematischen Mitteln an Gesetzmäßigkeiten messen, verifizieren oder Widersprüche aufdecken	III	Ü1.4 11 B.2
untersuchen	Sachverhalte nach bestimmten, fachlich üblichen bzw. sinnvollen Kriterien darstellen	II	
zeichnen, grafisch darstellen	eine hinreichend exakte grafische Darstellung anfertigen	I–II	Ü1.1
zeigen, bestätigen, widerlegen, nachweisen	die Gültigkeit einer Aussage, z. B. einer Hypothese oder einer Modellvorstellung verifizieren bzw. falsifizieren	II–III	
zusammenfassen	das Wesentliche in strukturierter und konzentrierter Form unter Verwendung der Fachsprache herausstellen	I	Ü4.1

Tipps:
- Die Formulierung der Aufgaben verknüpft häufig zwei (oder drei) Operatoren und gibt gelegentlich zusätzliche Informationen. Es wird aber immer nur die Leistung im Zusammenhang mit den Operatoren erwartet.
- Überprüfen Sie, inwieweit Ihnen diese Operatoren aus dem Fach Biologie und den Fächern in den Aufgabenfeldern 1 und 2 geläufig sind; durchsuchen sie z. B. die Aufgaben in den Leistungsnachweisen Q1 bis Q3 auf die verwendeten Operatoren.
- Im Kapitel 2 der Hinweise und in den Übungsaufgaben dieses Buches geben wir Ihnen Hinweise zur Beachtung der Operatoren und zu Lösungsstrategien. Vergleichen Sie damit Ihre eigene Arbeitsweise.

1.3 Prüfungsinhalte

Die Prüfungsaufgaben beziehen sich auf den Hessischen **Lehrplan**[4] für das Fach Biologie (Stand 2010). Die folgende tabellarische Darstellung nennt nur die „verbindlichen Inhalte“, die im Unterricht im Leistungskurs mit Ihnen bearbeitet werden sollten. Darüber hinaus können weitere fakultative Unterrichtsinhalte besprochen werden.

4 Nähere Informationen bekommen Sie von Ihrem Fachlehrer oder unter: www.kultusministerium.hessen.de ⇒ Oberstufenlehrpläne 2010

Q1 A DNA und Regulation der Gentätigkeit
– DNA ist die Erbsubstanz, Bakteriengenetik, Phagen – Bausteine der DNA – Proteinbiosynthese, Ort der Proteinbiosynthese, Funktion von mRNA, tRNA, rRNA – Ablauf der Proteinbiosynthese bei Prokaryoten und Eukaryoten, Splicing, Exons, Introns, Modell der Raumstruktur von Proteinen/Enzymen – Regulation der Gentätigkeit, Operon Modell, Substratinduktion und Endprodukt-repression bei Bakterien – Epigenetische Modifikation, Imprinting – Aktivitätsprofile der Gene: Steuerung der Genaktivität in verschiedenen Lebewesen und Entwicklungsphasen
Q1 B Voraussetzungen und Methoden der Gentechnik
– Humangenomprojekt, DNA-Sequenzierung – Kartierung und Identifizierung von Genen, Prinzip der Gensonden – Gendiagnose: Gentests, Beratung, Chromosomenmutation – Stammbaumanalysen: monohybrid, autosomal, gonosomal – pränatale Diagnoseverfahren – Methoden der Gentechnik: Funktion von Restriktionsenzymen, Gentransfer durch Vektoren, Prinzip der Polymerase-Kettenreaktion (PCR), Prinzip der Gelelektrophorese – Versuche zur Gentechnik
Q1 C Biomedizinische Aspekte der Genetik
– Stammzellen: Entstehung und Gewinnung, normale Funktion toti- bzw. pluripotenter Stammzellen, embryonale, adulte und induzierte pluripotente Stammzellen – Klonen: verschiedene Formen des Klonens und erhoffte therapeutische Möglichkeiten – Genetische Aspekte der Immunreaktion
Q2 A Ökosystem
– Bestandteile eines Ökosystems, Biogeografie – Strukturierung von Ökosystemen: abiotische Faktoren, Toleranzkurven, ökologische Potenz; abiotischer Faktor Temperatur: RGT-Regel, Thermoregulation, poikilotherm, homoiotherm, Bergmann'sche und Allen'sche Regel; biotische Faktoren: Konkurrenz, Parasitismus, Symbiose, Räuber-Beute-Beziehungen, Lotka-Volterra-Regeln I bis III; Sukzession; ökologische Nische, Biotop, Biozönose; Wasser: Hydroregulation bei Pflanzen, Prinzip von Diffusion und Osmose – beschreibende Blockschaltbilder: Regelkreis – Stoffkreisläufe und Energiefluss in Ökosystemen: Produzenten, Konsumenten, Destruenten; Kohlenstoffkreislauf und weitere Stoffkreisläufe; Energieumwandlung, Nahrungsbeziehungen, Trophieebenen – Exkursion/praktische Arbeit: Messung abiotischer Faktoren, Kartierungen im Kleinbiotop
Q2 B Stoff- und Energiefluss in Lebewesen
– Übersicht über Stoffwechselzusammenhänge – Fotosynthese: Blattaufbau, Feinbau, Chloroplast; Orte und Grobschema der lichtabhängigen und lichtunabhängigen Reaktionen; vollst. Summengleichung; Modell der Lichtsammelfalle und des Protonengradienten; Funktion von NADPH + H^+ und ATP bei der Reaktion PGS $\rightarrow$ PGA; Prinzip der Katalyse an einem Bsp. der lichtabhängigen Reaktionen

- Zellatmung: Gesamtsummengleichung; ATP-Bildung in Glykolyse, Zitronensäurezyklus und Endoxidation; oxidative Decarboxylierung
- Methode: Experiment im naturwissenschaftlichen Erkenntnisweg

Q2 C Wechselbeziehungen zwischen Umwelt und Mensch

- Formen des Populationswachstums
- Anreicherung und Wirkung eines Schadstoffes
- Klimawandel: Treibhauseffekt, CO^2-, CH_4-Problematik, Ozon-Problem
- Ökosystem-Management: nachhaltige Entwicklung an einem Beispiel

Q3 A Physiologische Grundlagen der Verhaltensbiologie

- Signalübertragung und Verrechnung: Bau und Funktion von Neuronen, Ruhepotenzial, Aktionspotenzial, Erregungsleitung, synaptische Übertragung; Prinzip hormonbedingter second-messenger-Vorgänge; präsynaptische Hemmung
- Reize und Rezeption: Bau und Funktion eines Sinnesorgans und der sensorischen Rezeptoren
- Nervensystem: Bau und Funktion des Wirbeltier-Nervensystems
- Beeinflussung des Nervensystems: Prinzip der Stoffeinwirkung an Acetylcholin führenden Synapsen (z. B. Medikamente, Drogen, Gifte, Alkohol, Koffein)

Q3 B Vorwiegend ethologische Aspekte des Verhaltens

- Beobachten/Beschreiben, Ethogramm
- Handlungen: monosynaptischer Reflexbogen; festgelegte Reaktionsmuster (Schlüsselreiz, Kinese, Taxie)
- Handlungsabfolge-Diagramme/Blockschaltbilder z. B. zum Reflexbogen
- Methode: Beobachtung; Arbeitsschritte
- Steuerung von Verhalten durch äußere Faktoren
- Verhaltensänderungen: Prägung, klassische und operante Konditionierung, Reifung, Kognition und Problemlösung, neurobiologische Grundlagen des Lernens
- Fachwissenschaftliche Problematik „erworbenes/angeborenes Verhalten": grundlegende Fragestellung und methodischer Überprüfungsansatz (z. B. Kaspar-Hauser-Experiment)

Q3 C Vorwiegend ökologische und evolutionäre Aspekte des Verhaltens

- Verhaltensänderungen: z. B. durch Klimaveränderung beim Vogelzug
- Überlebenswert von Verhaltensmerkmalen (Gesamtfitness): Prinzip des Selektionsprozesses; proximate und ultimate Ursachen von Verhalten; Kosten-Nutzen-Analyse bei Nahrungserwerb und Fortpflanzungsystemen; dirkete und Gesamtfitness, Kooperation
- Aggressionstheorien

In den **Handreichungen zum Lehrplan**[5] des Kultusministeriums in Hessen werden die verbindlichen reproduktiven Inhalte des Leistungskurses für das bevorstehende Abitur konkretisiert.

5 Die ausführlichen Handreichungen finden Sie auf der Homepage des Hessischen Kultusministeriums: www.kultusministerium.hessen.de in der Rubrik Landesabitur.

Darüber hinaus werden **Inhalte aus der Einführungsphase E1 und E2 sowie der Jahrgangsstufe 9** als Voraussetzung genannt:

- Voraussetzungen aus der Mittelstufe (Jahrgangsstufe 9, Vererbung beim Menschen): Mitose, Meiose, Mendel'sche Regeln, einfache Stammbaumanalysen (monohybrid, autosomal, gonosomal)
- Voraussetzungen aus der Einführungsphase der Oberstufe: Zellen, Enzyme, Katalyse, Membranaufbau, -modelle, Hormon- und Immunreaktion, Ontogenese

In den Handreichungen werden also detailliert diejenigen Unterrichtsthemen festgelegt, die Sie in der Prüfung ohne die Zuhilfenahme von Materialien wiedergeben können müssen. Es ist daher sehr wichtig, dass Sie sich mit den Inhalten im Rahmen Ihrer Abiturvorbereitung vertraut machen. Sie sollten den Text der Handreichungen evtl. auch im Unterricht mit Ihren Lehrerinnen und Lehrern besprechen.

Beispiel:

Q1 A DNA und Regulation der Gentätigkeit		
DNA ist die Erbsubstanz		
Verbindliche Unterrichtsinhalte/Aufgaben:	**Verbindliche reproduktive Fachinhalte:**	**Zusätzliche verbindliche reproduktive Fachinhalte für Leistungskurse:**
Ablauf der Proteinsynthese	Genbegriff, Transkription und Translation bei Prokaryoten, genetischer Code, Umgang mit der Code-Sonne	Transkription und Translation bei Eukaryoten; Splicing, Introns, Exons, Modell der Raumstruktur von Proteinen/ Enzymen

Im Leistungskurs kann also von Ihnen erwartet werden, dass Sie den Ablauf der Transkription und Translation bei Prokaryoten beschreiben und evtl. Skizzen dazu anfertigen können. Auch die Übersetzung einer Triplett-Sequenz des codogenen Strangs der DNA in eine Aminosäuresequenz sollte Ihnen gelingen. Darüber hinaus müssen Sie die Prozessierung eines Primärtranskripts (prä-RNA) eines Eukaryoten durch Spleißen bzw. die Synthese einer Cap-Struktur und eines Poly-A-Schwanzes beschreiben und die Bildung einer Raumstruktur (Sekundär-, Tertiär- und Quartärstruktur) bei einer Aminosäurekette darstellen können. Für die Bearbeitung von weiterführenden Aufgaben im Zusammenhang mit der Proteinsynthese muss Ihnen entsprechendes Material angeboten werden.

Tipps:

- Analysieren Sie die vorliegenden Abiturprüfungs- und Übungsaufgaben in gleicher Weise.
- Ordnen Sie Ihre Unterlagen aus dem Unterricht und ergänzen Sie Hinweise auf das verwendete Lehrbuch.
  Überprüfen Sie Ihre Unterlagen darauf, inwieweit sie mit den Handreichungen übereinstimmen.
- Erarbeiten Sie sich evtl. notwendige Ergänzungen (fragen Sie Ihre Lehrerinnen und Lehrer).

- Achten Sie darauf, die Vielzahl der Begriffe in geeigneter Weise zu ordnen, zu hierarchisieren.
- Zusätzlich zu den Inhalten aus Q1 bis Q3 müssen Sie Voraussetzungen aus der Einführungsphase (Zellbiologie und Ontogenese) und zum Thema Vererbung (Jahrgangsstufe 9) für die Prüfung erneut erarbeiten!
- Zur Prüfungsvorbereitung legen Sie sich am besten eine Tabelle wie die folgende im Querformat an:

Kurshalbjahr (9, E1, E2, Q1 bis Q3)	**Handreichungen zum Lehrplan**	**Themen/Stichworte aus dem eigenen Unterricht**	**In Beispielen verwendete Operatoren**	**In meinem Ordner auf Seite**

1.4 Bewertung

Ihre Abiturarbeit wird zunächst von Ihrer Lehrerin, Ihrem Lehrer korrigiert und bewertet. Eine Zweitkorrektur (Korreferat) Ihrer Arbeit wird von Lehrerinnen oder Lehrern Ihrer eigenen Schule oder einer Nachbarschule durchgeführt.
Grundlage sind Lösungshinweise und Bewertungsraster, die einen Bezug zum Lehrplan und erwartete Leistungen enthalten. Eine Zuordnung der o. g. Anforderungsbereiche (AFB I–III) zu den erwarteten Teilleistungen ist ebenfalls enthalten. Ihre Lehrerinnen und Lehrer kennen diese Vorgaben der Bewertung aus allen Beispielen der letzten Jahre von einer internen Veröffentlichung des Hessischen Kultusministeriums.

Tipp:
Die in diesem Buch zusammengestellten Übungsaufgaben sind mit einem Vorschlag für die Bewertung der Teilaufgaben und mit ausführlichen Lösungen versehen. Unsere Lösungsvorschläge für die Original-Aufgaben aus dem Landesabitur in diesem Buch berücksichtigen die Lösungshinweise und erwarteten Leistungen.

Die Korrektoren müssen die erwarteten Leistungen zugrunde legen, können aber in begründeten Fällen hiervon abweichen. Ihre Lehrerinnen und Lehrer haben damit die Möglichkeit, den konkreten Unterricht und ihre gleichwertigen Lösungswege bei der Beurteilung Ihrer Lösungen zu berücksichtigen. Auch Lösungen, die im Bewertungsbogen nicht erfasst worden sind, fachlich aber richtig sind und schlüssig dargestellt wurden, werden berücksichtigt. (Das kann z. B. der Fall sein, wenn Sie einen biologischen Sachverhalt durch eine eigene Meinung beurteilen oder begründete Hypothesen aufstellen sollten.)
Bei der Bewertung werden alle von Ihnen in der Reinschrift erarbeiteten Teillösungen berücksichtigt. Neben der detaillierten Korrektur Ihrer Ausführungen in Form von Randbemerkungen werden zu jeder Teilaufgabe auch die Vorzüge und Mängel Ihres jeweiligen Lösungsansatzes zusammengefasst. Dabei werden nicht nur die fachliche Richtigkeit und Vollständigkeit berücksichtigt sondern auch die Schlüssig-

keit Ihrer Argumentation, die Qualität Ihrer Darstellung (klarer Aufbau und richtige Verwendung der Fachsprache) sowie gegebenenfalls die Kreativität und Eigenständigkeit bei Ihren Lösungen. Ihre Arbeit kann mit ausreichend bewertet werden, wenn Sie annähernd die Hälfte der im Bewertungsbogen beschriebenen Bewertungseinheiten erreicht haben, d. h. hierfür müssen Sie mehr als nur reproduktive Leistungen des AFB I erbringen. Ein mit sehr gut beurteiltes Prüfungsergebnis erreichen Sie nur mit Leistungen auch aus dem AFB III.

2 Herangehen an Abituraufgaben

Im Folgenden können wir Ihnen nur eine kurze Auflistung der wichtigsten Punkte geben, die Sie beim Bearbeiten der Aufgaben beachten sollten. Ebenso kann an dieser Stelle nur exemplarisch auf einige Aspekte der Analyse von Materialien eingegangen werden.
Weiterführende Hilfestellungen zum Umgang mit Prüfungsaufgaben finden Sie in dem Buch „Training Methoden – Biologie", Stark Verlag Freising (Best.-Nr. 94710), mit dem Sie anhand einer Reihe konkreter Beispiele die prüfungsrelevanten Arbeitstechniken im Fach Biologie trainieren können.

2.1 Auswahl und Bearbeitung der Prüfungsaufgaben

Wie bereits angesprochen, sollte die Auswahl der Wahlaufgabe zügig und trotzdem sorgfältig erfolgen. Wichtig ist hierbei, dass Sie sich zunächst einen Überblick über alle Aufgaben und Materialien verschaffen, auch wenn Sie aufgrund der thematischen Überschrift schon eine Vorentscheidung gefällt haben. Vielleicht verbirgt sich in der Aufgabe ein „Haken", den Sie bei der schnellen Durchsicht nicht gesehen haben.

Tipps:
- Sie müssen die Entscheidung treffen, welche der beiden Wahlaufgaben aus dem gesetzten Kurshalbjahr und welche der Aufgaben aus den anderen beiden Halbjahren am besten für Sie geeignet sein könnte.
- Üben Sie bitte die zusätzliche Anforderung des „begründeten Auswählens" im Rahmen der Abiturprüfung an den Übungsaufgaben in diesem Buch.

Für die weitere Bearbeitung setzen Sie sich einen Zeitplan, damit Ihnen nicht am Ende die Zeit für die letzte Aufgabe oder das Korrekturlesen fehlt.

Tipps:
- Sie erhalten zwei nicht zusammenhängende Aufgaben, für die jeweils die Hälfte der Arbeitszeit vorgesehen ist.
- Analysieren Sie die fachlichen Anforderungen.
- Nutzen Sie zur Analyse Brainstorming und Mindmapping.
- Achten Sie auf die zur Verfügung stehende Zeit.

Bei der Erstellung Ihrer Lösungen sollten Sie sich, neben der fachlichen Richtigkeit, um **sprachliche Richtigkeit und eine angemessene äußere Form** bemühen. Alle Antworten sollten Sie (sofern es nicht ausdrücklich anders verlangt ist, z. B. die Angabe als Tabelle oder Skizze) durchgehend in vollständigen Sätzen unter Verwendung der passenden **Fachbegriffe** formulieren. Auch wenn zur Beantwortung der Aufgabe kein Fließtext gefordert wird, sollten die unkommentierte Aufzählung einzelner Schlagworte (Ausnahme: Operator „nennen") sowie unbeschriftete Skizzen und Tabellen vermieden werden.

Bei allen Lösungen sollten Sie außerdem beachten,

- dass Sie sich bei der Bearbeitung der Aufgabe an den Operator der Aufgabenstellung halten, damit Sie die **Lösung im Sinne der Aufgabenstellung** erstellen. Sie sollten z. B. beim Operator „nennen/angeben" keine weiteren Erklärungen angeben, dies wäre auch nicht im Sinne einer sinnvollen Zeiteinteilung bei der Prüfung.
- dass die Darstellung **logischen und erkennbaren Ordnungsprinzipien** folgt. Für längere Teilantworten bietet sich die „klassische", aus dem Deutschunterricht bekannte Einteilung in eine kurze Einleitung (meist reichen hier 1–2 Sätze), einen in sinnvolle Absätze gegliederten Hauptteil und Schlusssatz an.
- dass die Ausführungen **eindeutig formuliert** sind und soweit sinnvoll auch mit anderen Teilen Ihrer Klausur verknüpft werden.

Tipps:

- Beachten Sie die Operatoren.
- Achten Sie auf die Verwendung der Fachsprache, notfalls können Sie Strukturen und Zusammenhänge auch umschreiben. Markieren Sie solche Textstellen und überprüfen Sie sie später auf jeden Fall!
- Trennen Sie Beschreibung und Analyse.
- Gliedern Sie Ihre Ausführungen entsprechend der Aufgabenstellung.
- Lassen Sie sich durch die Quellenangaben zu einem Schulbuch, das Sie nicht verwendet haben, nicht irritieren.
- Aufgaben im Anforderungsbereich III erfordern oft implizit vorheriges Beschreiben und Vergleichen.
- Lassen Sie sich durch „komplizierte" wissenschaftliche Namen nicht irritieren, vergeben Sie evtl. eigene Abkürzungen (Legende nicht vergessen)

Zum Schluss sollten Sie – sofern es möglich ist – 10 bis 20 Minuten einplanen, um Ihre Lösungen noch einmal zu lesen und eventuelle Fehler (Grammatik, Zeichensetzung, Rechtschreibung) zu berichtigen. Denken Sie daran, dass Ihnen für eine mangelhafte äußere Form bis zu zwei Notenpunkte abgezogen werden können! Sie müssen auch in Biologie die Anzahl der Wörter in ihrem Text angeben. Es wird ein Fehlerquotient errechnet (> 3 % führen zu 1 Notenpunkt, > 6 % zu 2 Notenpunkten Abzug). Achten Sie auch darauf, dass Verweise auf Abbildungen korrekt sind. Eine lesbare Schrift und eine übersichtliche Gestaltung sind deshalb besonders wichtig. Zuletzt sollten Sie die Seiten vollständig durchnummerieren.

2.2 Arbeiten mit Materialien

Ein wesentlicher Bestandteil biologischer Aufgabenstellungen ist die Analyse von Material in Form von Text, Tabellen sowie Grafiken. Die umfassende Untersuchung der dargestellten Sachverhalte ist oft der Schlüssel zu einer erfolgreichen Lösung der Aufgabe. Die Aufgaben beziehen sich in der Regel konkret auf einzelne Materialien; es kann aber sinnvoll sein die anderen Materialien hinzu zu ziehen.
Daten aus biologischen Experimenten werden häufig in Form von **Tabellen** zusammengefasst. Eine andere Art der Darstellung von Zahlenmaterial sind die zu den Grafiken zählenden **Diagramme**. Zur Auswertung einer Tabelle oder eines Diagramms gibt es einige Grundregeln, die sich auf fast alle Tabellen und Diagramme unterschiedlichen Aufbaus und Inhaltes anwenden lassen.

- Welche Größen sind in der Tabelle / dem Diagramm dargestellt? Achten Sie auf die Überschriften und den Begleittext.
- Was für ein Diagrammtyp liegt vor (z. B. Säulendiagramm, Optimumskurve)?
- Welche Größen sind gegeneinander aufgetragen? Welche ist die variable, welche die abhängige Größe?
- Was sind die Bezugsgrößen: Zahlenarten (absolute Zahlen, Prozentzahlen), Zahlenwerte (gerundet, geschätzt, vorläufig)?
- Welche Auffälligkeiten / Tendenzen sind zu erkennen?
- Was wurde mit welcher Methode untersucht?
- Welche Kategorien werden miteinander in Beziehung gesetzt (z. B. bei Tabellen in Kopfzeile, Spalten und Vorspalten)?
- Welche Besonderheiten weist das Material auf?
- Welche Hauptaussagen lassen sich formulieren (Trends/Tendenzen)?
- Welche Teilaussagen lassen sich machen (Minima, Maxima, Zunahme, Abnahme, Stagnation, Zahlensprünge, Anomalien, Gleichmäßigkeiten und regelhafte Verläufe, unterschiedliche Phasen, Wechselbeziehungen zwischen verschiedenen Variablen/Merkmalen …)?
- Welcher Arbeitsauftrag ist mit dem Diagramm/der Tabelle verbunden? (Unabhängig davon sollten Sie Ihre Lösung damit beginnen, eine kurze Beschreibung der Darstellung auf der Basis der o. g. Fragestellungen zu geben.)
- Welche Antwort gibt die Tabelle/das Diagramm auf die Fragestellung? Zu welchen Teilbereichen lassen sich keine Aussagen treffen?
- Welche Aussagen werden durch die Daten nahe gelegt?
- Welche neuen Fragen werden durch die Informationen der Tabelle/des Diagramms aufgeworfen?
- Was sind mögliche Ursachen für die der Tabelle/dem Diagramm entnommenen Sachverhalte?
- Die vorliegenden Daten sind z. T. echte experimentelle Ergebnisse. Sie kennen aber nur geglättete Daten oder Kurven. Verwenden Sie einen dickeren Stift und glätten Sie experimentelle Kurven!

Abbildungen in der Biologie zeigen meist entweder Strukturen (z. B. einen Blattquerschnitt) oder Prozesse (z. B. die Transformation einer Zelle). Der erste Schritt Ihrer Lösung sollte auch hier immer darin bestehen, die bildlich dargestellte Information in Worte zu fassen. Die weitere Analyse ist dann sehr stark von der Art der Abbildung und der damit verbundenen Fragestellung abhängig. Aber auch hier gibt es wieder einige Grundregeln, die zu beachten sind:

- Wie ist die Abbildung zustande gekommen? Ist es z. B. die Skizze eines mikroskopischen Bildes oder die schematische Darstellung eines Experimentes? (Beachten Sie dabei auch den vorangestellten Text und die Bildunterschrift.)
- Welchem Themengebiet ist die Abbildung zuzuordnen (z. B. Gentechnik)?
- Was wissen Sie über die dargestellten Strukturen oder Abläufe? Welche Fachbegriffe können Sie zuordnen?
- Was sind die wichtigen Merkmale der dargestellten Objekte oder Sachverhalte? Vergleichen Sie Teilabbildungen miteinander. Formulieren Sie Kern- und Teilaussagen.
- Welche Arbeitsanweisung ist mit der Abbildung verknüpft? Sollen Sie z. B. die Abbildung zur Erläuterung eines Sachverhaltes verwenden oder wird von Ihnen eine Hypothese über den Ablauf eines dargestellten Experimentes erwartet?
- Welche für die Beantwortung der Fragestellung relevanten Informationen lassen sich aus den Darstellungen entnehmen und welche Fragen stellen sich?
- Welche Ursachen und Mechanismen könnten hinter den dargestellten Prozessen stecken? Wie sind auftretende Besonderheiten zu erklären?

Die Analyse der Aufgabenstellung ist in Leistungsnachweisen ein wiederkehrendes Problem. Denken Sie daran, dass es immer um die Erarbeitung im Sinne der „Operatoren" geht und dass neben reproduktivem Wissen aus dem Unterricht der Inhalt der vorliegenden Texte und grafischen Darstellungen im Mittelpunkt ihres Denkens stehen muss.

Tipp:
Hier bieten sich vor allem *Mapping*-Verfahren wie *Mindmapping* und *Clustering* an. Auch das Verfahren des *vee-mapping* das vor allem im anglo-amerikanischen Raum mit großem Erfolg in Schulen angewendet wird (googeln Sie: *vee-mapping*).

3 Hinweise zur Benutzung dieses Buches

Dieses Buch enthält sechs **Übungsklausuren** im Stil des **Landesabiturs in Hessen** im Leistungskurs sowie die **Original-Prüfungsaufgaben des Zentralabiturs 2007 bis 2011** für den **Leistungskurs**. Alle Aufgaben sind vollständig mit Arbeitsaufträgen, Materialien und **ausführlichen**, **schülerfreundlichen Lösungen** in dem Band enthalten. Vor jedem Lösungsvorschlag finden Sie die in der gesamten Aufgabe thematisierten **Schwerpunkte** bzw. die für die Lösung geforderten **Vorkenntnisse.** Nach diesen allgemeinen Hinweisen zur Lösung der Aufgabe folgen die **Lösungsvorschläge**. Diese stellen Musterlösungen dar und sind bewusst ausführlicher gestaltet. Jeder Lösungsvorschlag ist zusätzlich mit **methodischen Hinweisen** versehen. Diese Hinweise erläutern – sofern nötig – kurz die Herangehensweise an die Teilaufgabe und geben Ihnen konkrete Tipps, was bei der jeweiligen Aufgabe zu beachten ist. Alle Tipps und Hinweise erkennen Sie an den Rauten am Seitenrand.

Leistungskurs Biologie (Hessen)
Übungsaufgabe 1: Genetik

Thalassämie – eine Sauerstoffmangelkrankheit

1 Zeigen Sie anhand des nicht-codogenen Stranges in Abbildung 2 (Material 1), wie sich bei der Thalassämie das Spleißmuster verschiebt (Nucleotid-Ebene) und erklären Sie die in Material 2 aufgestellte Beobachtung, dass bei Thalassämie trotz längerem Exon 2 das β-Hb^T kürzer ist.
Arbeiten Sie dabei nach folgendem Schema:

Aminosäure-Abfolge β-Hb	
mRNA β-Hb	
β-Hb-Gen	
β-Hb^T-Gen	
mRNA β-Hb^T	
Aminosäure-Abfolge β-Hb^T	

Zeichnen Sie das β-Hb-Gen maßstabsgetreu (Maßstab 10 bp = 1 mm) und zeichnen Sie darüber im selben Maßstab die mRNA für β-Hb und wiederum darüber auch die Peptidkette. Das Gleiche zeichnen Sie für β-Hb^T nach unten. 15 BE

2 Erläutern Sie das Zustandekommen der Raumstruktur eines Proteins anhand des Hämoglobins!
Erklären Sie, auf welche Weise sich Punktmutationen der DNA auf Bau und Funktionen eines Proteins auswirken können.
Leiten Sie die Auswirkungen in diesem Falle auch aus den klinischen Befunden und der Diagnose der Krankheit (Material 4 und 5) ab (Formulieren Sie knapp in Fachsprache)! 18 BE

3 Analysieren Sie mithilfe von Material 4 den Erbgang der Thalassämie und benennen Sie die Genotypen der gekennzeichneten Individuen!
Entwickeln Sie eine Hypothese zur Erklärung der phänotypischen Erkrankungen (Th. minor/Th. major), ausgehend von den Materialien und Ihren Erkenntnissen aus der klassischen und Molekulargenetik! 6 BE

4 Prüfen Sie, welche der im Material 5 und 6 aufgezeigten Möglichkeiten der Knochenmarkstransplantation bei der Thalassämie als Therapie infrage kommt. Begründen Sie Ihre Entscheidung. 8 BE

5 Entwickeln Sie geeignete Maßnahmen, die in der Vorsorge greifen könnten. 3 BE

50 BE

Material 1

Thalassämie ist eine Form von Anämie. Unter Anämie (Blutarmut) versteht man – unabhängig von den sehr unterschiedlichen Ursachen – eine Verminderung des Sauerstofftransportes im Blut. Der rote Blutfarbstoff Hämoglobin (Abb. 1) in den roten Blutkörperchen bindet in den Lungenalveolen Sauerstoff und gibt ihn an das Gewebe ab. Hämoglobin, ein großes Protein (Globin), ist aus vier Peptid-Untereinheiten zusammengesetzt (ααββ): zwei jeweils identischen α- und β-Ketten, die je eine Häm-Gruppe (schwarz gekennzeichneter Molekülteil) mit einem Eisen-Atom enthalten, welches das Sauerstoffmolekül bindet.
Der Aufbau des Gens für die β-Kette von Hämoglobin (β-Hb) ist in Abbildung 2 dargestellt.

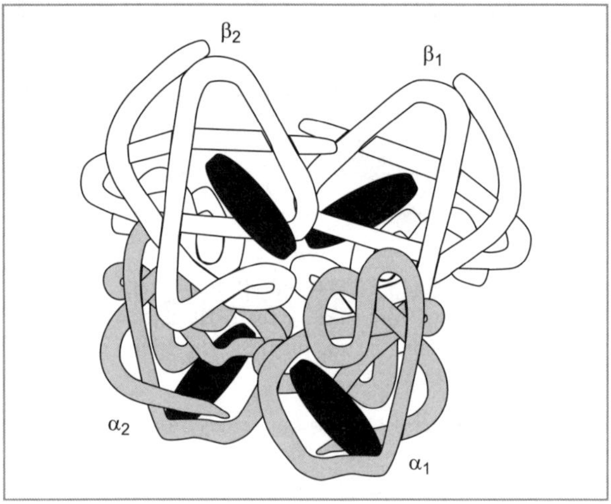

Abb. 1: Hämoglobin-Molekül

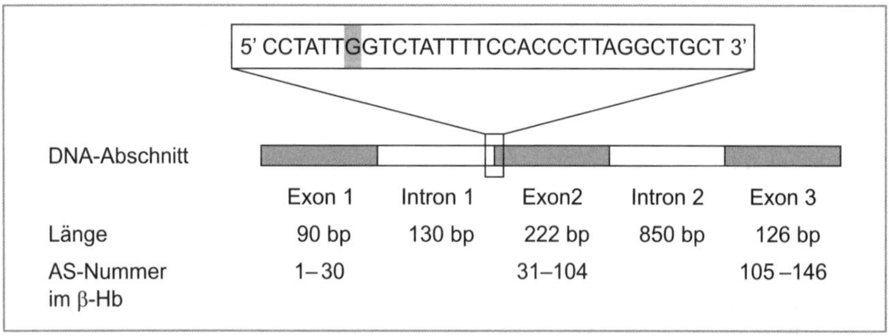

Abb. 2: Struktur des Gens für die β-Kette des Hämoglobins und Basensequenz des markierten Abschnitts im Bereich Intron 1 und Exon 2 (dargestellt ist der nicht-codogene DNA-Strang)
AS = Aminosäure, bp = Basenpaare

verändert nach: Martin-Beyer, Wolfgang: Thalassämie – eine Sauerstoffmangelkrankheit, Praxis der Naturwissenschaften Biologie 46/7, Aulis Verlag Deubner, Köln 1997, S. 18 ff

Material 2

Untersuchungen zum Spleißen haben ergeben, dass die Erkennungsstelle für das 3'-Ende eines Introns, bezogen auf den nicht-codogenen DNA-Strang, TTAG lautet und dass danach geschnitten wird (für das Exonende bzw. den Intronanfang gibt es ein anderes Erkennungsmuster):

Schnittstelle

DNA-Abschnitt: 5' … Intron TTAG | Exon … 3'

Die Ursache der Thalassämie ist eine Punktmutation im β-Hb-Gen an der in Abbildung 2 markierten Stelle. Im mutierten Gen für β-Hb^T steht statt G die Base A. Die Folge ist eine Änderung des Spleißmusters und des daraus gebildeten Hämoglobins: Obwohl durch die Mutation das Exon 2 verlängert wird, ist β-Hb^T deutlich kürzer als das „normale“ β-Hb.

Material 3

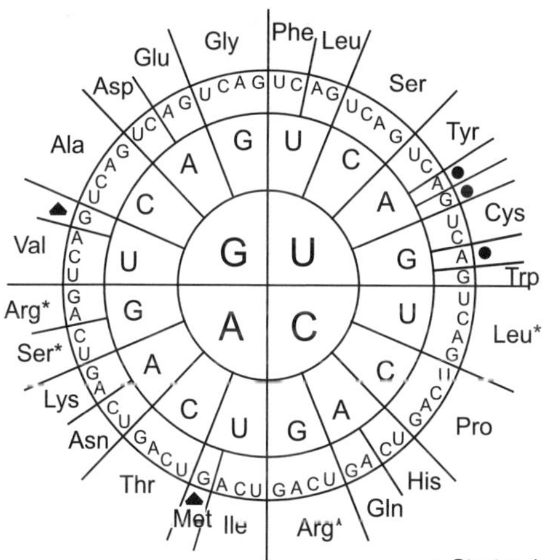

Ala	Alanin
Arg	Arginin
Asn	Asparagin
Asp	Asparaginsäure
Cys	Cystein
Gln	Glutamin
Glu	Glutaminsäure
Gly	Glycin
His	Histidin
Leu	Leucin
Lys	Lysin
Ile	Isoleucin
Met	Methionin
Phe	Phenylalanin
Pro	Prolin
Ser	Serin
Thr	Threonin
Try	Tryptophan
Tyr	Tyrosin

▲ Startcodon
● Stoppcodon
* zweimal auftretende Aminosäuren

Abb. 3: Codesonne

Material 4

Die Thalassämie ist eine Erbkrankheit, die vorwiegend im Mittelmeerraum vorkommt. Der Name leitet sich vom griechischen Wort für Meer, *thalassa*, ab. Die Erkrankung tritt in zwei Formen auf:
„Thalassaemia major" mit schweren Gesundheitsstörungen, die auf mangelnder Durchblutung der Organe beruhen und im Allgemeinen schon im Kindheitsalter zum Tode führen. Daneben zeigt „Thalassaemia minor" nur schwache Symptome (geringere Leistungsfähigkeit).
Die Vererbung der Thalassämie zeigt die dargestellte Sippentafel.

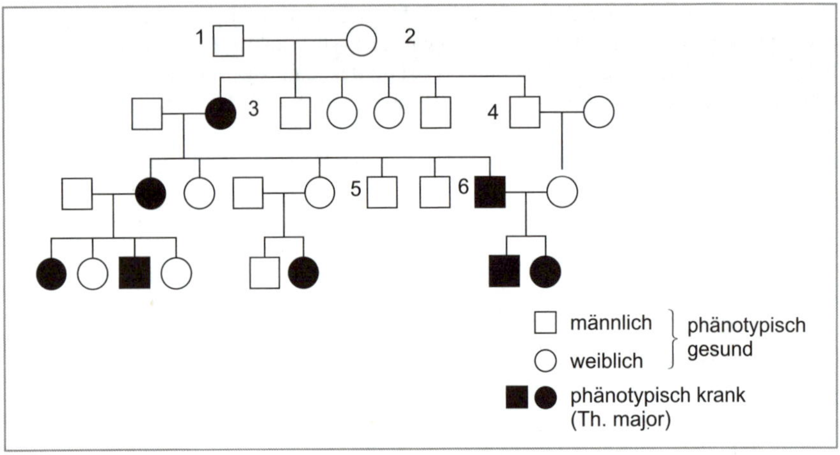

Abb. 4: Stammbaum einer Familie mit Thalassämie

aus: Martin-Beyer, Wolfgang: Thalassämie – eine Sauerstoffmangelkrankheit, Praxis der Naturwissenschaften Biologie 46/7, Aulis Verlag Deubner, Köln 1997, S. 18 ff

Material 5

Diagnose:
Das lichtmikroskopische Blutbild zeigt stark veränderte Erythrozyten. Sie sind extrem dünn mit einer zentralen Aufhellung der roten Farbe und zeigen eine erhöhte osmotische Resistenz.

Therapie und Prognose:
Bei Thalassaemia minor ist eine Therapie nicht erforderlich. Liegt Thalassaemia major vor, sterben die Patienten trotz konventioneller Behandlungsmethoden wie Bluttausch etc. meist im frühen Erwachsenenalter infolge von:

a multipler Insuffizienz der endokrinen Organe (Drüsen) und den damit einhergehenden Folgeerscheinungen wie z. B. verzögerte Pubertät, Diabetes mellitus
b einer voranschreitenden Organsiderose (Eisenablagerungen), primär im Herzen.

Eine möglichst frühzeitige Knochenmarkstransplantation führt bei 90 % der Patienten zu einer deutlichen Besserung.

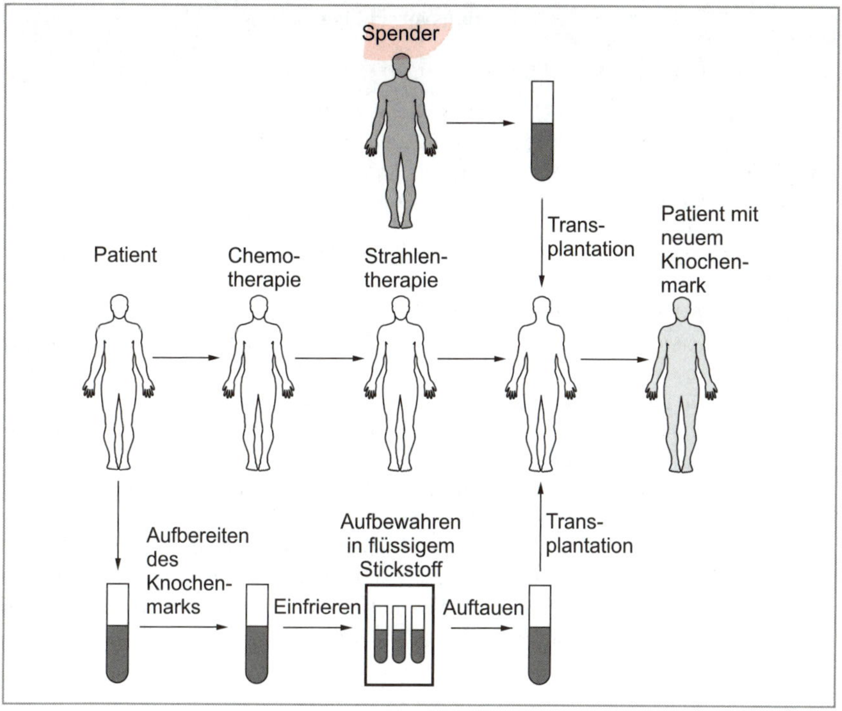

Abb. 5: Schema zweier möglicher Wege für eine Knochenmarkstransplantation

verändert nach: Golde, David W.: Transplantation von Stammzellen des Knochenmarks, Spektrum der Wissenschaft, 2/92, Spektrum der Wissenschaft Verlagsgesellschaft Heidelberg, S. 70 ff

Material 6

Anzeige in einer Frauenzeitung in Süditalien:
„Lassen Sie eine Nabelschnurblutkonserve von Ihrem Baby aufbereiten!"
Eine Knochenmarkstransplantation muss man bei Patienten durchführen, deren teilungsfähige Stammzellen, aus denen die verschiedenen Blutzellen und Lymphozyten hervorgehen, krank oder anderweitig geschädigt sind.
Dies ist der Fall bei Leukämie oder wenn man gegen einen anderen Krebs mit Bestrahlung oder Chemotherapie vorgeht und damit die körpereigenen Stammzellen zerstört. Auch bei Erbkrankheiten kann eine solche Transplantation angezeigt sein.
Aktive und vermehrungsfähige Stammzellen sind auch im Nabelschnurblut eines jeden Säuglings enthalten. Da man sie mit geeigneten Methoden lange Zeit aufbewahren kann, könnte eigentlich jeder Mensch eine solche Konserve für den Notfall zur Verfügung haben.

Lösungsvorschläge

In der Aufgabe thematisierte Unterrichtsinhalte sind:
Stammbaumanalyse: Ermittlung von Erbgängen und Genotypen
Transkription, Translation: Spleißen, Exons, Introns, genetischer Code
Genmutation: Auswirkungen auf die Raumstruktur von Proteinen

1 – *Entnehmen Sie zunächst die Sequenz des nicht-codogenen Stranges des unveränderten Gens der Abbildung 2 in Material 1. Leiten Sie daraus die Sequenz der mRNA und mithilfe der Codesonne in Material 3 die Aminosäuresequenz des intakten Proteins ab. Dem Text in Material 2 können Sie den Aufbau des mutierten Gens entnehmen: A statt G (an der in Abbildung 2 markierten Stelle). Leiten Sie auch daraus die mRNA-Sequenz ab. Ermitteln Sie die Verschiebung des Spleißmusters mithilfe der Angaben in Material 2 (Schnittstelle TTAG) und dessen Konsequenzen für das Protein.*
– *Erklären Sie im nächsten Schritt, wie sich aufgrund des im verlängerten Exon neu hinzukommenden Stoppcodons ein verkürztes Protein ergibt.*
– *Bevor Sie eine maßstabsgetreue Zeichnung anfertigen können, müssen Sie die Längen der einzelnen Elemente berechnen. Halten Sie sich bei der Zeichnung wieder an die im Schema vorgegebenen Reihenfolge. Achten Sie darauf, die Teile zu beschriften oder in einer Legende zu erklären.*

Aminosäure-Abfolge β-Hb	– Ala –Ala –
mRNA β-Hb	… GCU GCU …
β-Hb-Gen	Intron | Exon 5' CCTATTGGTCTATTTTCCACCCTTAG | GCT GCT 3'
β-Hb^T-Gen	5' CCTATTAG | TCT ATT TTC CAC CCT TAG GCT GCT 3' Intron | Exon
mRNA β-Hb^T	… UCU AUU UUC CAC CCU UAG GCU GCU …
Aminosäure-Abfolge β-Hb^T	– Ser – Ile – Phe – His – Pro – *Stopp*

Im β-Hb^T-Gen ergibt sich durch die Mutation von G nach A eine neue Schnittstelle im Intron. Das Exon 2^T ist dadurch 18 Nucleotide länger als Exon 2, weil aufgrund der Mutation das Intron 1 früher beendet wird. Damit ist auch die mRNA um sechs Tripletts verlängert. Allerdings ist in dem neuen Stück das 6. Triplett ein Stoppcodon, bei dem die Translation am Ribosom endet. Damit ist die Aminosäurekette β-Hb^T sehr viel kürzer als β-Hb: β-Hb^T besitzt nur 35 Aminosäuren (30 aus Exon 1 und 5 aus dem neuen Exon 2^T) gegenüber 146 bei β-Hb. Das resultierende Protein ist somit in der Funktion stark eingeschränkt.

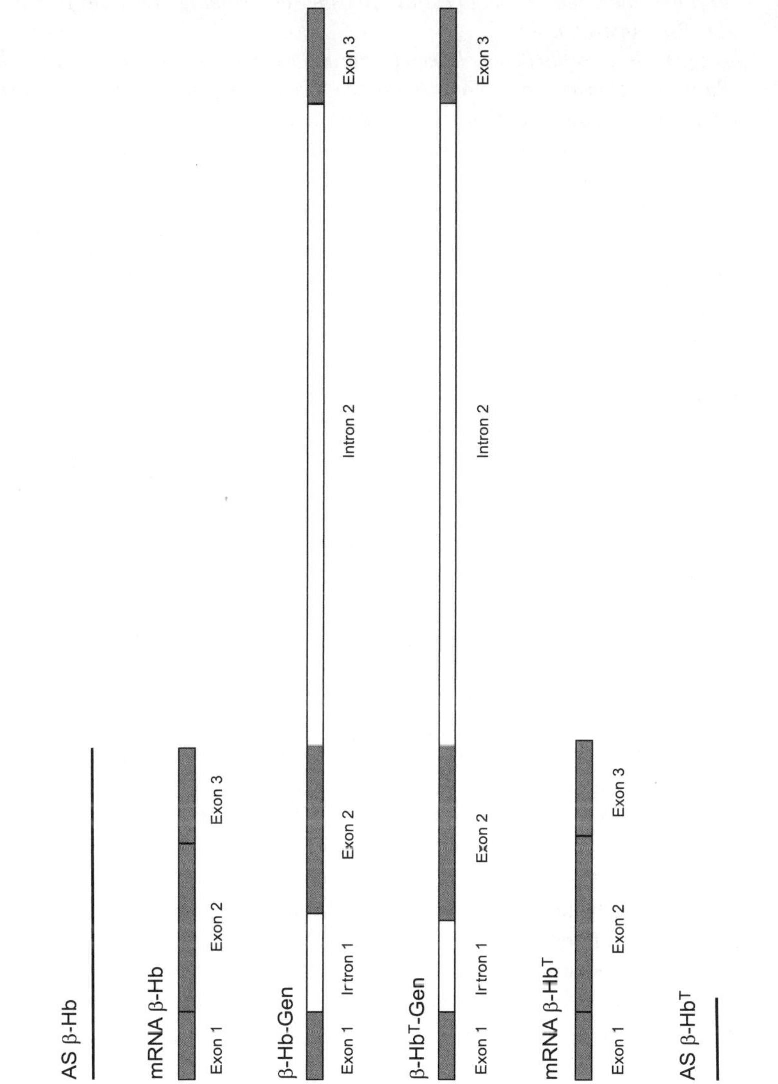

β-Hb:	146 AS; z. B. gleiche Länge wie mRNA
mRNA β-Hb:	E1 (90 N) + E2 (222 N) + E3 (126 N) = 438 N = 44 mm
β-Hb-Gen:	zusammen 1418 N = 142 mm, Exon-Intron-Grenzen markiert
β-Hb^T-Gen:	gleiche Länge wie Hb-Gen, Grenze Intron 1/ Exon 2 verschoben
mRNA β-Hb^T:	E1 (90 N) + E2 (240 N) + E3 (126 N) = 453 N = 45 mm
β-Hb^T:	35 AS; z. B. gleiche Länge wie 105 N der mRNA = 11 mm

2 – *Veranschaulichen Sie zunächst am Beispiel des Hämoglobins die vier Ebenen der Proteinstrukturen.*
– *Zeigen Sie anschließend allgemein die möglichen Auswirkungen einer durch Punktmutation in der DNA veränderten Primärstruktur auf die Raumstruktur und damit auf die Funktion eine Proteins auf.*
– *Erläutern Sie nun konkret, wie die Punktmutation im β-Hämoglobin-Gen zu den bei der Thalassämie beobachteten Symptomen, die in Material 4 und 5 dargestellt sind, führen kann.*

Die Raumstruktur der Proteine ergibt sich durch folgende Grundlagen:

- Die Aminosäuren bilden über Peptidbindungen eine Kette, die Primärstruktur. Diese Aminosäuresequenz ist im zugrunde liegenden Gen codiert und gibt die Raumstrukturen des entstehenden Proteins vor.
- Wasserstoffbrückenbindungen (OH-Brücken) zwischen den Peptidbindungen stabilisieren z. B. die Helix oder das Faltblatt als Sekundärstrukturen.
- Die unterschiedlichen Seitenketten der Aminosäuren können ebenfalls verschiedene Bindungen miteinander bilden (z. B. Ionenbindungen oder Disulfidbrücken). Diese verknüpfen die Sekundärstrukturen zu einer übergeordneten Tertiärstruktur (α- und β-Untereinheiten des Hämoglobins).
- Mehrere Polypeptidketten mit ihren spezifischen Tertiärstrukturen bilden eine Quartärstruktur wie beim Hämoglobin.

Durch Punktmutationen in der DNA kann sich die Aminosäuresequenz des von dem betreffenden Gen codierten Proteins verändern. *(Wegen der Degeneriertheit des genetischen Codes kann eine Punktmutation vor allem in der dritten Base eines Tripletts aber auch ohne Folgen, also stumm bleiben).*
Je nachdem, an welcher Stelle die Aminosäure ausgetauscht wurde und ob sie durch eine ähnliche oder eine völlig andere Aminosäure ersetzt wurde, können mehr oder weniger veränderte räumliche Muster in der Tertiärstruktur und der darauf aufbauenden Quartärstruktur entstehen. Das kann unterschiedlich starke Beeinträchtigungen der Proteinfunktionen nach sich ziehen.

Aufgrund der Punktmutation im β-Hämoglobingen ergibt sich eine Verkürzung der β-Untereinheiten des Hämoglobins. Das Hämoglobin hat demzufolge eine veränderte Quartärstruktur, die die mangelnde Fähigkeit des veränderten Hämoglobins zur Sauerstoffbindung bedingt. Die klinischen Symptome – Eisenablagerungen und helle Farbe der roten Blutkörperchen – weisen außerdem auf eine mangelnde Bindung der Eisenatome im Hämoglobin hin.

3 – *Werten Sie die Abbildung 4 in Material 4 daraufhin aus, welcher Erbgang der Thalassämie zugrunde liegt. Es bietet sich an, im „Ausschlussverfahren“ zu entscheiden, welche Erbgänge nicht möglich sind.*
– *Ermitteln Sie anschließend die Genotypen, die sich aufgrund des zugrunde liegenden Erbganges ergeben. Der Operator „Nennen“ erfordert nur eine Angabe der Genotypen, keine weitere Begründung.*
– *Überlegen Sie nun, wie die beiden unterschiedlich gravierenden Formen der Thalassämie zustande kommen können, die in Material 4 beschrieben sind. Dazu müssen Sie einerseits mit einbeziehen, was Sie in den vorangehenden Aufgaben über die molekularen Ursachen der Thalassämie herausgefunden haben und andererseits auf ihr Wissen über rezessiv vererbte Krankheiten zurückgreifen.*

Es sind sowohl männliche als auch weibliche Personen betroffen, sodass ein gonosomaler Erbgang ausgeschlossen scheint.
Die von der Krankheit nicht betroffenen Eltern (1 und 2) haben ein erkranktes Kind (3), ein Hinweis auf einen autosomal dominant-rezessiven Erbgang, bei dem das die Krankheit bedingende Allel rezessiv vererbt wird.

Heterozygote Überträger ($\beta\beta^T$) sind: 1, 2; evtl. 4, 5 *(und/oder deren Partner)*
Homozygote Merkmalsträger ($\beta^T\beta^T$) sind: 3, 6 *(und alle weiteren phänotypisch Kranken)*

Die Erkrankungsformen Th. major und Th. minor kommen vermutlich wie folgt zustande:
- Phänotypisch gesunde und normal leistungsfähige Personen haben den Genotyp $\alpha\alpha\beta\beta$. Sie bilden ausschließlich intaktes, leistungsfähiges Hämoglobin.
- Bei Personen mit dem Krankheitsbild Th. major liegt das veränderte Gen homozygot vor ($\alpha\alpha\beta^T\beta^T$). Ihre Hämoglobin-Moleküle sind alle verändert und haben eine stark verminderte Sauerstoffbindungsfähigkeit.
- Th. minor: Die Betroffenen haben einen heterozygoten Chromosomensatz ($\alpha\alpha\beta\beta^T$). Die Hämoglobinsynthese geht grundsätzlich von beiden homologen Chromosomen aus, deshalb werden sowohl korrekte β-Ketten als auch verkürzte gebildet. Es ergeben sich somit drei mögliche Konstellationen für die Zusammensetzungen des Hämoglobins: $\alpha\alpha\beta\beta$-Hb, $\alpha\alpha\beta\beta^T$-Hb, $\alpha\alpha\beta^T\beta^T$-Hb. Daraus ergibt sich eine eingeschränkte Leistungsfähigkeit des Hämoglobins, eine „Grundfunktion“ ist jedoch gewährleistet. Je nach Anteil der drei Hämoglobintypen ergeben sich unterschiedliche Leistungsfähigkeiten.

4 *Zur Entscheidung, welche der in Material 5 und 6 vorgestellten Möglichkeiten der Therapie der Thalassämie erfolgreich sein kann, müssen Sie zunächst einmal diese Methoden miteinander vergleichen. Wenn Sie die Unterschiede herausgearbeitet haben, überlegen Sie, mit welchem Verfahren der Gendefekt ausgeglichen werden kann.*
Oder Sie gehen andersherum vor: Zunächst überlegen Sie sich, welche Maßnahme zur Beseitigung der Ursachen der Thalassämie notwendig wäre und ermitteln, inwiefern die Therapiemöglichkeiten dieser Anforderung entsprechen.

Alle Zellen eines an Thalassämie (Th. major) Erkrankten tragen homozygot das defekte Gen. Die in der Abbildung 5 oben dargestellte Variante 1 ist deshalb die einzig mögliche erfolgreiche Therapie: Nur bei Transplantation von Knochenmark eines gesunden Spenders werden anschließend Blutzellen gebildet, die „normales" Hämoglobin tragen und daher voll funktionsfähig sind. Die Transplantation von Zellen aus dem Knochenmark oder dem Nabelschnurblut hat dagegen keinen Erfolg, da auch in ihnen nur defekte Hämoglobin-Moleküle gebildet werden können.

Der Stammzellen-Spender muss einen sehr ähnlichen Gewebetyp haben, damit es nach der Transplantation nicht zu Abstoßungsreaktionen kommt. Am besten geeignet sind in der Regel Geschwister. Hier ist jedoch die Problematik zu beachten, dass Geschwister erkrankter Personen in der Regel auch heterozygote Träger des defekten Gens sein können, die Heilung wäre also nur unvollständig. Immunreaktionen sind bis zur Einwanderung und Vermehrung der gesunden Zellen medikamentös zu unterdrücken.

5 *Dies ist eine relativ offene Fragestellung, bei der es eine Reihe von sinnvollen Vorschlägen zur (Früh-)Erkennung der genetischen Disposition der Eltern oder der neugeborenen Kinder gibt. Es ist nicht nach einer genauen Erläuterung der Methoden gefragt! Vorschläge könnten z. B. sein:*

Eltern aus Familien, in denen Thalassämie vorkommt, sollten die Stammbäume ihrer Familien analysieren lassen, um das Risiko der Erkrankung möglicher Kinder abzuschätzen.
Der Einsatz eines Markers für das Hb-β^T-Gen kann heterozygote Eltern identifizierbar machen. Damit ist auch eine pränatale Diagnostik und die Beratung der Eltern möglich.

Leistungskurs Biologie (Hessen)
Übungsaufgabe 2: Ökologie

Die ökologische Nische der Gattung *Chromatium* in Seen und Tümpeln

1.1 Stellen Sie die in der Tabelle 1 angegebenen Werte grafisch auf Millimeterpapier dar. 19 BE

1.2 Erklären Sie den Verlauf der von Ihnen gezeichneten Temperatur- und Sauerstoff-Kurve und ihre Beziehung zueinander.
Zeichnen Sie farbig die von Ihnen vermutete H_2S-Verteilung im See als vierte Kurve ein und begründen Sie den Kurvenverlauf. 10 BE

2 Analysieren Sie den Zustand des Gewässers und benennen Sie drei weitere Untersuchungen, anhand derer Sie Ihre Aussagen belegen könnten. 11 BE

3 Ordnen Sie *Chromatium* anhand seiner Stoffwechselspezifität in das Ökosystem See ein und begründen Sie die in Tabelle 1 gegebene Verteilung der Chromatien im See. 10 BE

50 BE

Material 1

Tiefe (m)	Sauerstoffgehalt (mg/L)	H_2S-Gehalt (mg/L)	Temperatur (°C)	Chromatien (Zellen/mL)
0	–	?	–	0
1	7,5	?	26,5	0
3	9	?	24	0
5	13,5	?	18	0
7	10	?	13,5	0
10	6	?	8	0
13	2	?	7,5	0
14	0	?	7	1 000 000
15	0	?	–	400 000
16	0	?	–	250 000
17	0	?	–	120 000
18	0	?	–	50 000
19	0	?	–	20 000
20	0	?	6,5	–
23	0	?	–	0
25	0	9	6	0

Tab. 1: Sauerstoff- und Schwefelwasserstoffgehalt, Temperatur sowie Verteilung der zur Gattung *Chromatium* gehörenden Bakterien in verschiedenen Tiefen des Belowodsees

nach Daten aus Schlegel, Hans G., Zaborosch, Christiane: Allgemeine Mikrobiologie, Thieme Verlag Stuttgart 1992, S. 318

Material 2

Die Abbildung 1 zeigt zwei Bakterienarten der Gattung *Chromatium*. Chromatien setzen nach folgender Bruttogleichung Schwefelwasserstoff (H_2S) um:

$$12\,H_2S + 6\,CO_2 \longrightarrow C_6H_{12}O_6 + 12\,S + 6\,H_2O$$

Zur Massenentwicklung dieser Schwefelpurpurbakterien kommt es nicht nur zu bestimmten Jahreszeiten in Seen, die eine hohe Planktondichte im Oberflächenwasser aufweisen, sondern auch auf dem Grund flacher, stark organisch belasteter Tümpel, deren Wasseroberfläche mit einer dichten Decke Wasserlinsen überzogen ist (vgl. Material 3). Die Schwefelpurpurbakterien bilden dunkle, weinrote bis purpurne Beläge auf dem Schlamm und schwärmen zeitweise in mehreren Dezimeter hohen Schichten über dem Schlammhorizont.

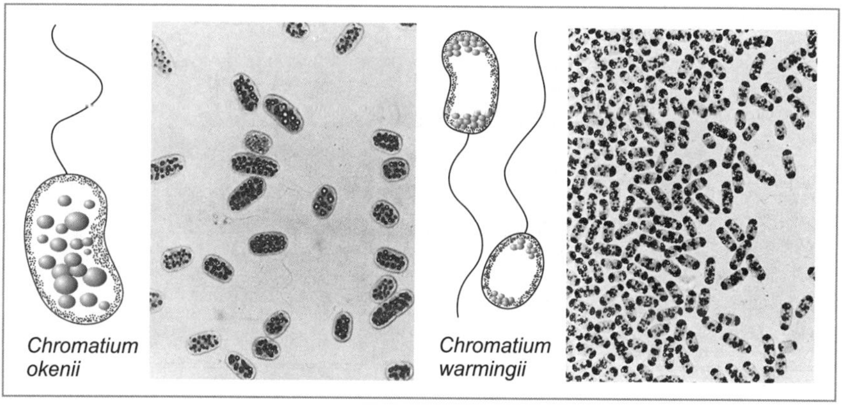

Abb. 1: Zwei Arten der Gattung *Chromatium*

aus: Schlegel, Hans G., Zaborosch, Christiane: Allgemeine Mikrobiologie, Thieme Verlag Stuttgart 1992, Abb. 153, 154, S. 310

Material 3: Rand eines flachen Gewässers, in dem Schwefelpurpurbakterien zur Massenentwicklung kommen

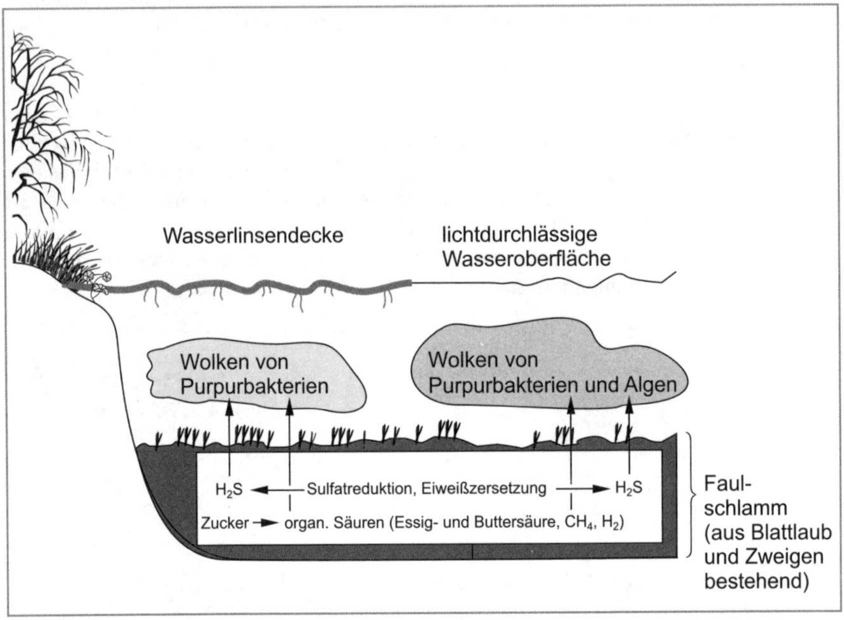

verändert nach: Schlegel, Hans G., Zaborosch, Christiane: Allgemeine Mikrobiologie, Thieme Verlag Stuttgart 1992, Abb. 163, S. 318

Lösungsvorschläge

In der Aufgabe thematisierte Unterrichtsinhalte sind:
Ökosystem: Produzenten, Konsumenten, Destruenten
Stoffwechsel: Fotosynthese, Chemosynthese, aerobe und anaerobe Lebensformen

1.1 *Aus der Tabelle 1 können sinnvollerweise nur die Werte des Sauerstoffgehaltes, der Temperatur und der Chromatiendichte entnommen werden, die Sie als unterschiedlich farbige Kurven in einem zweckmäßigen Maßstab darstellen sollten.*

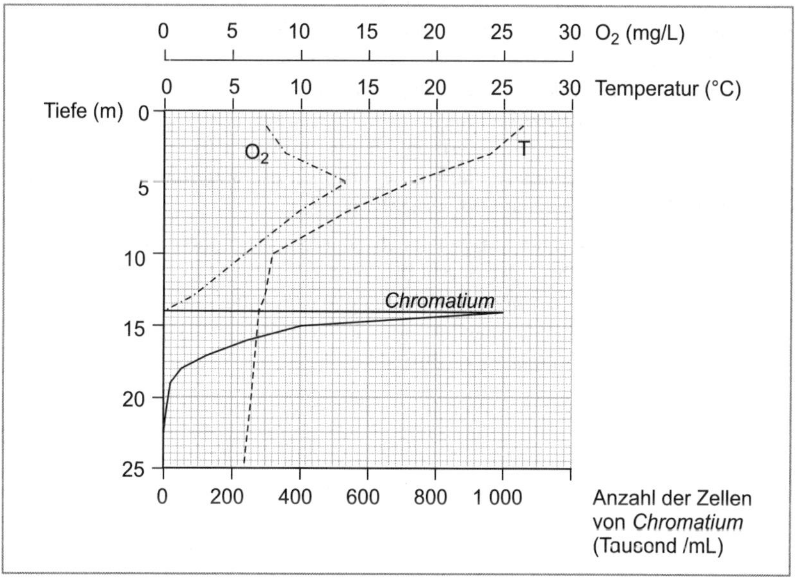

1.2 – *Bevor Sie die beiden Kurvenverläufe im Zusammenhang erklären, sollten Sie eine kurze Beschreibung voranstellen.*

– *Zur Ermittlung des Vorkommens von Schwefelwasserstoff müssen die Informationen aus Material 2 herangezogen werden: Der Stoffwechsel der Chromatien ist an das Vorkommen von Schwefelwasserstoff gekoppelt. Zeichnen Sie eine entsprechende Kurve ein und ergänzen Sie die entsprechende Achsenbeschriftung. Beachten Sie dabei die Angabe in Tabelle 1!*
Achten Sie bei der Begründung des gewählten Kurvenverlaufes darauf, auch die Ursachen für die Anwesenheit des Schwefelwasserstoffes zu erklären. Die reziproke Begründung „Schwefelwasserstoff ist da, wo die Chromatien vorkommen" ist hier nicht ausreichend!

- **Temperatur-Kurve:** Das Oberflächenwasser (0–3 m Tiefe) liegt über 25 °C. Ab 3–8 m Tiefe erfolgt ein Temperatursprung auf ca. 8 °C. Dieser Wert bleibt bis in 25 m Tiefe nahezu konstant.
- **Sauerstoff-Kurve:** Der See enthält nur zwischen 0 und 15 m Wassertiefe Sauerstoff. Von 7 mg/L an der Oberfläche steigt der Gehalt auf ein Maximum (14 mg/L) in 5 m Tiefe. Danach nimmt der Sauerstoffgehalt mit der Tiefe kontinuierlich ab und erreicht in 15 m Tiefe 0 mg/L.

Der Verlauf der O_2-Kurve wird bestimmt von der Fotosyntheseaktivität und Atmung der Planktonorganismen, dem Eintrag aus der Luft gemäß dem Partialdruck und der Löslichkeit des Sauerstoffs im Temperaturgefälle. Da die Löslichkeit des Sauerstoffs in Wasser mit steigender Temperatur abnimmt, kann die Sauerstoffkurve nur im Zusammenhang mit der Temperatur diskutiert werden.
An der Oberfläche ist das Wasser mit ca. 7 mg/L bei 26 °C bereits gesättigt durch den Austausch mit der Luft. Das Maximum des Sauerstoffgehalts in 5 m Tiefe ist auf 2 Faktoren zurückzuführen:
- Die geringere Temperatur ermöglicht eine größere Löslichkeit.
- Fotosynthetische aktive Planktonorganismen produzieren Sauerstoff und erhöhen damit die Konzentration erheblich.

Die Abnahme des Sauerstoffgehalts ab 10 m bei gleich bleibender Temperatur ist über den Stoffwechsel der dort lebenden Organismen, die Sauerstoff veratmen, zu erklären. Bei ausreichender Nährstoffversorgung für diese aeroben Konsumenten wird mit zunehmender Tiefe der gesamte Sauerstoff verbraucht. Damit ist ab 14 m Tiefe ein anaerober Zustand erreicht.

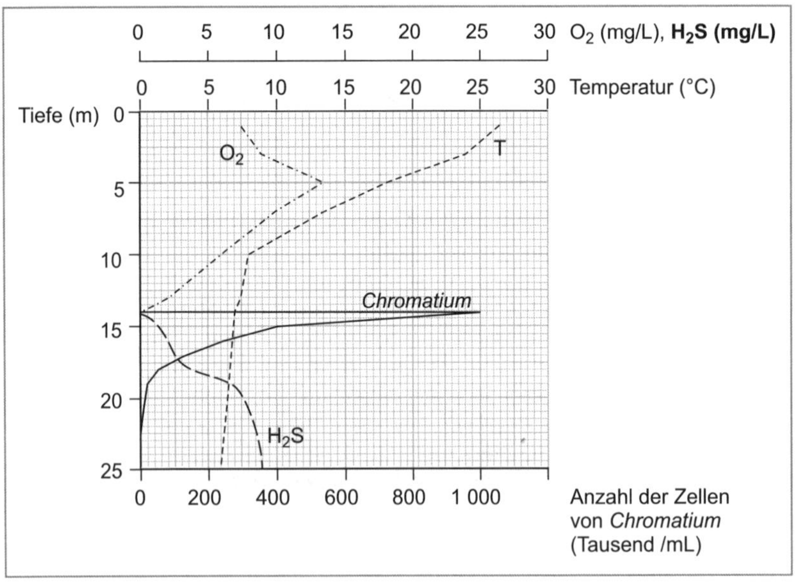

Der H_2S-Gehalt in 14 m Tiefe muss für den Stoffwechsel einer hohen Konzentration von Chromatien ausreichend sein. H_2S entsteht beim anaeroben Stoffwechsel. Auf dem Grund eines Sees gibt es organische Ablagerungen, die Grundlage dafür sind. Da die Chromatien das H_2S verbrauchen, ist oberhalb von 14 m kein H_2S zu erwarten.
Es besteht eine kausale Beziehung zwischen organischer Belastung, Eutrophierung und anaerobem Abbau im Hypolimnion *(Tiefenwasser)* des Sees. Je höher der Gehalt an organischen Nährstoffen im Wasser ist, umso mehr heterotrophe Organismen können ernährt werden. Damit steigt der Verbrauch an Sauerstoff und es entsteht durch das Absterben von Organismen weiteres organisches Material, welches langsam auf den Grund sinkt und auf diesem Wege von Bakterien weiter unter Sauerstoffverbrauch mineralisiert wird.
Die vermehrte Sauerstoffzehrung kann nur im Epilimnion durch Fotosyntheseaktivität und Austausch mit der Luft ausgeglichen werden. Im Hypolimnion veratmen die heterotrophen Organismen den gesamten Sauerstoff. Damit ist die Tiefenregion im Falle unseres Beispiels ab ca. 15 m sauerstofffrei, d. h. es ist nur noch anaerober Abbau von organischer Substanz möglich. Es entstehen Methangas, Schwefelwasserstoff und Ammoniak.
Mit der Tiefe steigt die Schwefelwasserstoffkonzentration an, u. a. weil in größerer Tiefe aufgrund der höheren organischen Belastung anaerob mehr H_2S frei wird, Chromatien dort aber nicht mehr leben.

2 – *Zur Charakterisierung des Gewässers können Sie die Abbildung heranziehen, die Sie in den vorangehenden Aufgabenstellungen erstellt haben.*
– *Im zweiten Schritt sollen Sie drei Methoden nennen, die Ihnen aus dem Unterricht bekannt sind, mit denen man den Eutrophierungsgrad eines Gewässers bestimmen kann bzw. mit denen man nachweisen kann, dass es sich um einen eutrophen See handelt. Erläuterungen der Methoden sind nicht gefordert.*

Der Verlauf der Temperatur-, O_2- und H_2S-Kurve lässt den Schluss zu, dass es sich um einen stark eutrophen See in der Sommerstagnation handelt (siehe Oberflächentemperatur, Temperatursprung und Wendepunkt der Sauerstoffkurve in 5–10 m Tiefe). Daraus folgt, dass das warme Oberflächenwasser mit der geringeren Dichte über dem kalten Tiefenwasser mit größerer Dichte liegt. Ein Eintrag sauerstoffhaltigen Wassers in die Tiefe ist somit nicht möglich.

Weitere geeignete Untersuchungen, die die bisherigen Aussagen belegen sind:
- Bestimmung des biochemischen Sauerstoffbedarfs (BSB_5)
- Bestimmung der Gesamtkeimzahl
- Bestimmung der Konzentrationen an Ionen aus dem abbauenden Stoffwechsel (Ammonium, Nitrit, Nitrat und Phosphat)

- *Die Beurteilung des Belastungszustandes ist auch anhand der Leitorganismen und deren Abundanz (Häufigkeit des Vorkommens) möglich (Saprobienindex).*

3 *In dieser Aufgabe sollen das Vorkommen der Chromatien durch ihre stoffwechselphysiologischen Besonderheiten erklären. Dazu muss begründet werden, welche Faktoren das Wachstum nach unten und nach oben begrenzen. Beziehen Sie in Ihre Lösung die Ergebnisse aus Aufgabe 1.2 mit ein.*

Die Gleichung, nach der Chromatien H_2S umsetzen, ist als eine Bruttogleichung der Fotosynthese zu deuten. Chromatien sind also als Produzenten/autotrophe Organismen einzuordnen, die organische Substanz mithilfe von Sonnenlicht aufbauen.

Das Massenvorkommen der Chromatien im eutrophen See in einem schmalen Band zwischen 14 und 15 m Tiefe zeigt, dass sie nur dort leben und Stoffwechsel treiben können, wo schon H_2S in hinreichender Menge existiert, aber auch noch Sonnenlicht ankommt.
Die purpurrote Farbe der Chromatien gibt den Hinweis auf ihr Absorptionsverhalten: Da die Phytoplankter (vorwiegend grüne Algen) in 1–14 m Tiefe gemäß ihrer typischen Pigmentausstattung die violetten, blauen, gelben und roten Anteile des Tageslichts zur Fotosynthese aus dem Gesamtspektrum herausfiltern, kommt in 14 m Tiefe vorwiegend grünes Licht an, die Komplementärfarbe zu Purpur! Chromatien können aufgrund ihrer speziellen Pigmentausstattung dieses „Restlicht“ zur Fotosynthese unter Schwefelwasserstoffverbrauch nutzen.
Chromatien sind also vom aufgezeigten spektralen **und** H_2S-Angebot abhängig, welches ihre ökologische Nische im See und damit ihre Anpassung charakterisiert.

Leistungskurs Biologie (Hessen)
Übungsaufgabe 3: Neurobiologie/Verhalten

Wirkung tierischer Gifte und Erste Hilfe

Neugier und Sorglosigkeit in Urlaubssituationen sind die häufigsten Ursachen für Unfälle, bei denen tierische Gifte eine Rolle spielen.

1 Analysieren Sie die vorliegenden Informationen in einer Mindmap. 27 BE

2 Erläutern Sie detailliert je ein Problemfeld (Ast erster Ordnung in Ihrer Mindmap)
  a aus dem Bereich des Verhaltens
  b aus dem Bereich der Neurobiologie. 16 BE

3 „Western-Ratschläge" begegnen uns vielfach in Literatur und Film. Beurteilen Sie die Problematik der folgenden Anweisungen:
  a Die Wunde muss ausgesaugt werden!
  b Die Wunde muss aufgeschnitten werden und ausbluten!
  c Wunden an den Extremitäten müssen so abgebunden werden, dass kein Gift in den Körper gelangen kann!
  d Es muss schnell gehandelt werden!
  e Ein ordentlicher Schluck Alkohol hilft dem Verletzten. 7 BE

50 BE

Material 1

Die biologische Unterordnung der Skorpionsfische oder Panzerwangen (Scorpaenoidae) hat (…) mehrere Familien mit giftigen Vertretern, die vielen Tauchern gut bekannt sind. Hauptsächlich handelt es sich hierbei um Drachenköpfe, Feuerfische und Steinfische. Alle Panzerwangen sind relativ schlechte Schwimmer. Daher ist es ihnen nicht mehr möglich, einem Fress-Feind durch schnelle Fluchtreaktion zu entkommen. Um aber trotzdem ausreichend geschützt zu sein, verfügen sie über Giftstacheln in den Flossen und manchmal auf den Kiemendeckeln, die bei Gefahr aufgestellt werden. Die Drachenköpfe und Steinfische sind zudem durch Körperanhänge und Fleckenzeichnung äußerst gut getarnt und haben die Möglichkeit, sich dem Untergrund farblich anzupassen

Giftwirkung

Die Giftdrüsen der Steinfische liegen an der Basis der Strahlen von Rücken-, Bauch- und Brustflossen. Es handelt sich auch hier um ein hochmolekulares Proteingift, (…) es scheint zu Blutdruckabfall, und Herzleistungsstörungen zu führen. Die Stacheln durchdringen die Haut des Opfers und das Gift wird durch den Berührungsdruck in die Wunde gepresst. (…) Weitere Symptome sind stärkste Schmerzen, Lähmungen und Wundnekrosen.

Therapie

Bei allen Stichen von Skorpionsfischen sollte die Wunde mit möglichst heißem Wasser gespült werden. (…) Bei Feuerfisch-Unfällen kann die Gabe von Calcium-Verbindungen (…) die Beschwerden lindern, Adrenalin eventuell einen Schock bekämpfen. Zur Beruhigung der meist überreagierenden Patienten sollte eventuell ein Beruhigungsmittel gegeben werden.

aus: Wothke, Aljoscha, Flug- und Reisemedizin 4 /95, Viavital Verlag GmbH, Köln 1995

Material 2

Schlangenbisse sind verhältnismäßig selten, doch wenn es vorkommt, gebissen zu werden, versuchen Sie die Schlange zu identifizieren, denn dies vereinfacht die Behandlung. Nehmen Sie Ringe und am Körper getragene Schmuckstücke ab bevor die Schwellung eintritt. Schneiden Sie nicht in die Wunde und binden Sie sie nicht ab. Schlangengift kann das Gewebe um den Biss töten und so starke Narben und Verformungen hervorrufen. Um Gewebeverlust zu vermeiden soll der angebissene Körperteil möglichst wenig bewegt werden. Tragen Sie einen leichten Verband auf den Bereich des Bisses auf und bringen Sie das Opfer so schnell wie möglich zu einem Krankenhaus.

aus: http://www.usatourist.com/deutsch/adventure/snakes.html

Material 3

Die zerstörerische Wirkung des Giftes breitet sich immer weiter im Körper aus. Nacheinander setzt die Lähmung einzelner Körperteile ein, denn das Schlangengift schädigt die Nerven in den Gliedmaßen und den Eingeweiden.
Schon durch die Schwellungen an der Bissstelle kann der Kreislauf des Opfers überfordert werden, weil zwei bis drei Liter Flüssigkeit aus dem Blut in das betroffene Gewebe sickern. Zudem können noch allergische Reaktionen auftreten. Wenn man nicht schnell nach einem Schlangenbiss etwas unternimmt, kann das Opfer noch an der Unfallstelle versterben.
So schrecklich sich die Auswirkungen eines Klapperschlangen-Bisses auch anhören, durch schnelle Hilfe kann das Schlimmste verhindert werden. Allerdings ist fremde Hilfe bei einem Biss unentbehrlich. Unter den vielen „Geheimrezepten", die immer wieder in Zeitschriften oder dem Internet kursieren, findet sich leider auch viel Unsinn; zu den wesentlichen Schritte gehören die folgenden:
Je nach Schlangenart sind die Symptome nach dem Biss einer giftigen Art verschieden. Es ist deshalb hilfreich, sich das Aussehen oder zumindest besondere Kennzeichen des Tieres einzuprägen.
Soforthilfe hat das Ziel, zu verhindern, dass sich ein Gift im Organismus ausbreitet. Auf keinen Fall darf man die Wunde aussaugen.
Eine einfache Methode, um die Ausbreitung des Giftes zu verlangsamen, ist es, dass man den betroffenen Körperteil tief lagert, möglichst tiefer als den übrigen Körper. Mit feuchten Tüchern, Wasser oder Eis, das man auf die Wunde legt, mindert man den Schmerz. Wenn möglich, sollte man die Wunde gründlich mit Wasser, besser noch mit Seife waschen und anschließend vorsichtig abtrocknen (abtupfen). Mit einem frischen (Papier-)Taschentuch kann man einen keimarmen Verband herstellen.

Lösungsvorschläge

In der Aufgabe thematisierte Unterrichtsinhalte sind:
Zellbiologie: Eigenschaften von Proteinen, Zellgifte, Zellwachstum, Allergien
Neurobiologie: Neuronenmembranen, Neuronenfunktion, Verhalten

1 *Zunächst sollten Sie sich die relevanten Begriffe im Text markieren oder herausschreiben. Anschließend können Sie die Begriffe „vorsortieren" und ggf. verschiedene Möglichkeiten einer Mindmap ausprobieren. Möglichst viele der in den Materialien gegebenen Informationen sollten sich als Begriffe in der Mindmap finden. „Richtig" ist jede Lösung, die eine sinnvolle Strukturierung (Hierarchie) der Informationen darstellt. Die folgende Mindmap ist nur ein Beispiel.*

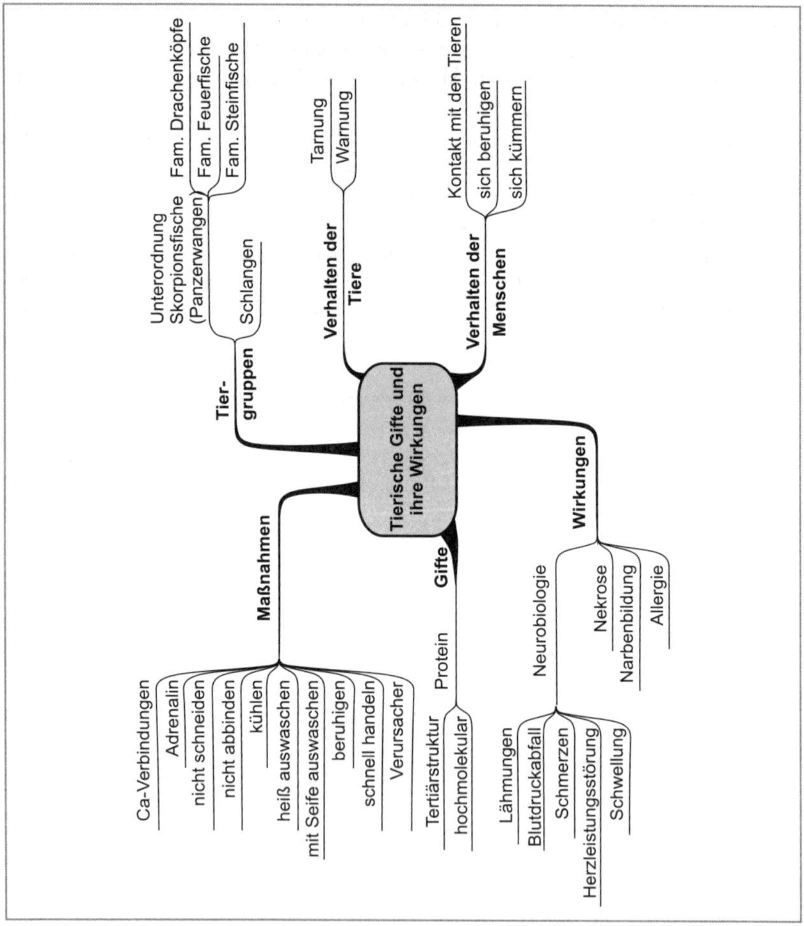

2 *Die Lösung dieser relativ offenen Aufgabe hängt vor allem von der Struktur Ihrer Mindmap aus Aufgabe 1 ab. Sollten Sie dieses Verfahren nicht kennen, können Sie auch durch eine eigene grafische Darstellung die „Problemfelder" erarbeiten und zwei dieser Problemfelder auswählen. Innerhalb dieses Feldes sollen Sie dann alle in der Mindmap genannten Begriffe in die Erläuterung mit einbeziehen. Ziehen Sie auch die Informationen der anderen Problemfelder hinzu, um die beobachteten Phänomene möglichst detailliert erklären zu können (Beispiel: Um die allergene Wirkung der Toxine zu erläutern, muss beachtet werden, dass es sich um hochmolekulare Proteine handelt).*
Die folgende Lösung ist untergliedert in eine Musterlösung, in der detailliert das in Material 1 beschriebene „Verhalten der Tiere" sowie die „Gifte" besprochen werden, und einen ergänzenden Teil, in dem die weiteren Möglichkeiten der Bearbeitung dargestellt sind.

Verhalten der Tiere
Das Verhalten von Tieren ist von Reflexen, Instinkten und Erfahrung (Lernen) gesteuert.
Da die Skorpionsfische nicht fliehen können, schützen sie sich vor Fressfeinden durch **Tarnung**. Dabei können sich die Drachenköpfe und Steinfische – vermutlich reflexartig ohne Beteiligung kognitiver Vorgänge – ihrer jeweiligen Umgebung anpassen.
Dieser **Reflex** ist vermutlich eine Reiz-Reaktions-Kette, bei denen ein Rezeptor (in diesem Fall vermutlich ein Lichtrezeptor des Auges oder der Haut) den Lichtreiz der Umgebung erkennt und über eine neuronale Verschaltung (Reflexbogen) Veränderungen in den Hautschichten oder Hautzellen hervorruft.

Nähert sich ihnen trotzdem ein (Fress-)Feind, so wehren sie sich durch ihre Giftstacheln. Optische, akustische oder taktile Reize (räumliche Nähe eines potenziellen Feindes) lösen zunächst **Warnreaktionen** (Farbveränderung, Formveränderungen, Aufstellen von Stacheln etc.) aus. Reagiert der „Feind" auf diese Signale der Abschreckung nicht, kommt es zum Einsatz der Gifte.
Diese Verhaltensweisen der Skorpionsfische stellen **Instinktreaktionen** dar: Das Annähern eines Feindes (Gefahr) kann als Auslöser verstanden werden, auf die das Tier entsprechend mit formkonstantem Warn- und später Angriffsverhalten reagiert.
Beide Verhaltensweisen können durch Lernvorgänge ergänzt werden (z. B. Habituation, Gewöhnung an die Nähe von ungefährlichen Lebewesen).

Gifte
Die Gifte der Skorpionsfische werden als hochmolekulare Proteine beschrieben.
Der Aufbau von Proteinen kann auf vier Ebenen beschrieben werden:
- Primärstruktur: Die Aminosäuresequenz der Polypeptidkette ist entscheidend für dessen Struktur und Wirkung. Sie ist in der Basensequenz der DNA codiert und wird im Verlauf der Genexpression realisiert (kovalente Verknüpfung der Aminosäuren durch Peptidbindungen nach der „Bauanleitung" auf der mRNA).

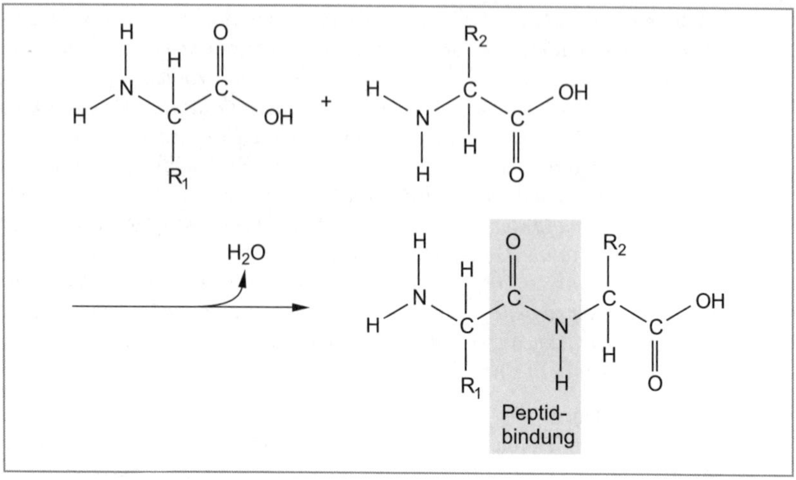

- Sekundärstruktur: Durch Wasserstoffbrückenbindungen zwischen den an den Peptidbindungen beteiligten Gruppen können sich in mehr oder weniger ausgedehnten Bereichen einer Polypeptidkette geordnete Strukturen ergeben. So entsteht bei der Verknüpfung nahe beieinander liegender Peptidbindungen die α-Helix. Bestehen die Wasserstoffbrückenbindungen zwischen antiparallel verlaufenden Abschnitten der Polypeptidkette, entsteht ein β-Faltblatt.
- Tertiärstruktur: Die Sekundärstrukturen eines Proteins können wiederum eine räumliche Anordnung einnehmen. Diese Proteinkonformation wird durch reversible oder kovalente Bindungen zwischen den Seitenketten der Aminosäuren (z. B. hydrophobe Wechselwirkungen, van-der-Waals-Bindungen, Disulfidbrücken) stabilisiert.
- Quartärstruktur: Einige (zusammengesetzte) Proteine können aus mehreren Polypeptid-Untereinheiten bestehen, die ebenfalls durch Bindungen zwischen den Seitenketten der Aminosäuren zusammengehalten werden.

Die meist thermolabile und pH-labile **Tertiärstruktur** der Toxine ist die Grundlage für den Erfolg einer sofortiger Behandlung mit heißen Wasser oder Seifenlauge: Durch die Einwirkung werden die reversiblen Bindungen gelöst, welche die Tertiärstruktur des Toxins bestimmen.
Offensichtlich ist die Konformation des Toxins für dessen Giftwirkung verantwortlich. Die verursachenden Gifte sind als biologische Produkte grundsätzlich neben ihrer toxischen Wirkung auch allergen und bewirken deshalb Schwellungen und evtl. sogar einen anaphylaktischen Schock.

Im Folgenden ist tabellarisch in Kurzform dargestellt, wie die Aspekte der drei anderen „Problemfelder" besprochen werden könnten. Es ist angegeben, an welchen Stellen eine Skizze möglich ist. Aus Zeitgründen sollten Sie sich aber in jedem Fall auf ***eine*** *Zeichnung beschränken.*

Wirkungen

Begriff in der Mindmap	Erläuterungen
Lähmungen	Lähmungserscheinungen der Eingeweide und Gliedmaßen entstehen durch Unterbrechung der Erregungsleitung durch Beeinträchtigung der Ca-Poren der Synapsen-Endköpfchen *(siehe „Maßnahmen": Gabe einer Calcium-Verbindung hilft)* (Skizze der Erregungsübertragung an der neuromuskulären Synapse, einzeichnen der Giftwirkung)
Blutdruckabfall	Ein plötzlicher Blutdruckabfall kommt zustande durch die Erweiterung der Gefäße. Dies kann sowohl auf die Vergiftung selber, aber auch auf die Herzleistungsstörungen oder einen (anaphylaktischen) Schock zurückzuführen sein.
Schmerzen	Unspezifische Erregung von freien Nervenendigungen durch das Gift und durch Produkte gereizter und zerstörter Zellen mit der Freisetzung von Histaminen und Prostaglandinen. In der Folge sinkt die Reizschwelle der Zellen.
Herzleistungsstörungen	Ursache kann eine Giftwirkung am Herzmuskel (evtl. Störung der Erregungsübertragung oder des Ionenhaushaltes der Herzmuskelzellen) und/oder am Sympatikus/Parasympatikus-System sein.
Schwellung	siehe Allergie
Nekrose, Narbenbildung	Die Membranveränderungen, die durch das Toxin ausgelöst werden, beeinträchtigen allgemein die Regeneration der Membranen (Narbenbildung) sowie unspezifische (Flüssigkeitsaustritt, Schwellungen) und spezifische Poren (neuronale Effekte).
Allergie	Die Proteine sind hochwirksame biologische Moleküle, die vom Immunsystem erkannt werden können (Antigen-Antikörper-Reaktion) und eine allergische Antwort auslösen können: Ausschüttung von Histamin (Serotonin) durch die Mastzellen; Verengung der Bronchien, Veränderung des Blutbildes, Schwellungen, anaphylaktischer Schock (Skizze des Verlaufs einer allergischen Reaktion)

Maßnahmen

Begriff in der Mindmap	Erläuterungen
Ca-Verbindungen	Ca^{2+}-Ionen spielen eine wichtige Rolle bei der Erregung der Synapse (Skizze der Erregungsübertragung an der neuromuskulären Synapse, einzeichnen der Giftwirkung)
Adrenalin	Das „Stress-Hormon" aus dem Nebennierenmark setzt Stoffwechsel-Reserven frei, verengt die Blutgefäße, etc.
nicht schneiden	keine zusätzliche Gewebezerstörung herbeiführen
nicht abbinden	Es droht Unterversorgung des Gewebes, z. B. mit Sauerstoff; Nekrosen können die Folge sein oder verstärkt werden.
kühlen	Verlangsamung von Verteilungsprozessen im Gewebe (RGT-Regel)
heiß auswaschen, mit Seife auswaschen	Entfernung des Giftes und Beeinträchtigung seiner Giftwirkung (Tertiärstruktur des Proteins)
beruhigen	Kreislaufstabilisierung, Verringerung der Blutzirkulation
schnell handeln	Eingrenzung des Schadens
Verursacher	Zur Spezifizierung des Giftes und entsprechender Maßnahmen (Kreislauf, Gegengifte, etc.) muss der Verursacher identifiziert werden.

Verhalten der Menschen

Begriff in der Mindmap	Erläuterungen
Kontakt mit den Tieren	Übersehen der Tiere aufgrund der Tarnung oder Ignorieren der Warnung; die Folge von Biss und Schmerz ist ein von Reflexen beeinflusstes Rückzugsverhalten (Erläuterung eines Reflexbogens mit hemmenden Synapsen auf antagonistische Muskeln, evtl. mit Skizze); Hinweis auf Lernvorgänge in den erlebten Situationen
sich beruhigen	Das Verhalten des vom Gift betroffenen Menschen ist von Schmerz, Schock und sich entwickelnder Angst bestimmt. Schock und Angst führen zu schnell gesteuerten (Mandelkern im Gehirn) komplexen Reaktionen, die mit dramatischen Änderungen von Puls, Blutdruck und Muskelspannung in zentralen und peripheren Bereichen verbunden sind. Rationale Reaktionen sind, individuell verschieden, vermutlich nur schwer möglich. Um die Ausbreitung des Giftes im Blutkreislauf zu verringern, müssen aber Puls und Blutdruck gesenkt werden.
sich kümmern	Begleiter handeln in Angst und aufgrund ihrer mehr oder weniger vorliegenden Kenntnisse, können ihre Angst aber leichter überwinden als der Betroffene und rational reagieren.

3 *Begründen Sie für jeden Punkt mithilfe der in den Materialien angegebenen Informationen kurz, warum der „Western-Ratschlag“ eher kontraproduktiv ist. Wenn möglich ergänzen Sie sinnvolle Alternativen.*

a Die Wunde darf auf keinen Fall ausgesaugt werden, da das Gift über die Schleimhäute des Helfers auf ihn wirken könnte. Statt dessen sollte die Wunde besser heiß oder mit Seife ausgewaschen werden, sofern dies in der Situation möglich ist.

b Da Gewebezerstörungen durch den Schnitt die Verbreitung des Giftes fördern und zusätzliche Infektionen bewirken können, ist auch dieser Ratschlag abzulehnen.

c Auf das Abbinden von Gliedmaßen sollte verzichtet werden. Nur leichtes und immer wieder gelockertes „Abbinden“, vor allem aber tief und kühl lagern, dagegen können die Verbreitung des Giftes verlangsamen.

d Nur der Helfer sollte schnell handeln. Der Betroffene muss sich möglichst ruhig verhalten, da eine Anregung des Kreislaufs die Belastung des Körpers erhöht und die Verbreitung des Giftes verstärkt.

e Nein. Die Folge des Alkohols wäre eine Anregung des Kreislaufs mit den o. g. Folgen.

Leistungskurs Biologie (Hessen)
Übungsaufgabe 4: Genetik

Menschliche Zwitter und ihr Schicksal

1 Fassen Sie die wesentlichen Aussagen zur Familie zusammen und skizzieren Sie einen Stammbaum der Großfamilie Stephanides. 14 BE

2 Entscheiden Sie, wer die Träger der Mutation sind und markieren Sie diese Personen im Stammbaum. 5 BE

3.1 Zeigen Sie die Wahrscheinlichkeiten für die verschiedenen Genotypen für die Kinder von
a Lefty und Desdemona,
b Milton und Tessi
auf.

3.2 Erläutern Sie die genetischen Hintergründe der von Desdemona berichteten Beobachtungen im Material 5. Gehen Sie dabei auch auf die sozialen Umstände ein, die im Text erwähnt werden. 12 BE

4 Erklären Sie die von Cal berichteten Merkmale seines Körpers und interpretieren Sie Cals Verhalten. Erörtern Sie die Frage der hormonellen und operativen Herstellung des „richtigen Geschlechts" bei Cal. 19 BE

50 BE

Übersicht über die Personen

Cal/Calliope
Lefty, der Großvater
Desdemona, die Großmutter
Lina, die Nichte der Großeltern
Tessi, Calliopes (Cals) Mutter, Linas Tochter
Milton, Calliopes (Cals) Vater, Leftys und Desdemonas Sohn

Orte der Geschichte

Vor 1922: Bythinos, ein griechisches Dorf in der Nähe von Smyrna (heute: Izmir), Türkei
Ab 1922: Ellis Island, Einwanderungszentrum in New York, USA
Detroit, Michigan, USA

Material 1

(…) Cal und Calliope sind das Produkt des innerfamiliären Einmaleins der Sippe Stephanides: Großvater heiratet Großmutter auf dem Schiff nach Ellis Island, wo man sich wie nirgends sonst selbst und neu erfinden kann, und Vater Milton heiratet die Tochter der Cousine der Eltern, Tessie. (…)

aus: Freund, Wieland: Der Elefant des Körpers, Die Welt, 10. Mai 2003, http://www.welt.de/data/2003/05/10/89758.html?s=2

Material 2

(…) Ich wurde zweimal geboren: zuerst, als kleines Mädchen, an einem bemerkenswert smogfreien Januartag 1960 in Detroit und dann, als halbwüchsiger Junge, in einer Notfallambulanz in der Nähe von Petoskey, Michigan, im August 1974. Fachleute unter den Lesern könnten mir in der Studie „Geschlechtliche Identität bei 5-alpha-Reduktase-Pseudohermaphroditen" von Dr. Peter Luce, 1975 erschienen im *Journal of Pediatric Endocrinology,* schon einmal begegnet sein. (…)

aus: Eugenides, Jeffrey: Middlesex, © Rowohlt Verlag Hamburg 2003, S. 11f.

Material 3

Ohne sich dessen bewusst zu sein, trugen meine Großeltern auf ihrem Weg nach Amerika beide ein einzelnes mutiertes Gen auf dem Chromosom fünf. Es war keine neue Mutation. Dr. Luce war der Auffassung, dass das Gen in meinem Erbgut erstmals um 1750 auftauchte, nämlich im Körper einer gewissen Penelope Evangelatos, meiner Urgroßmutter in der neunten Potenz. Sie gab es an ihren Sohn Petras weiter, der es wiederum an seine zwei Töchter weitergab, die es an drei ihrer fünf Kinder weitergaben, und so weiter und so fort. Da es rezessiv war, war seine Ausprägung wohl unregelmäßig. (…)

aus: Eugenides, Jeffrey: Middlesex,© Rowohlt Verlag Hamburg 2003, S. 106f.

Material 4

Ein Merkmal, das Jahrzehnte lang untertaucht, nur um dann, wenn alle es vergessen haben, aufs Neue zu erscheinen. So war das in Bithynios. Immer wieder wurde dort ein Hermaphrodit geboren, scheinbar ein Mädchen, das sich, als es heranwuchs, als etwas anderes erwies. (…)

aus: Eugenides, Jeffrey: Middlesex, © Rowohlt Verlag Hamburg 2003, S. 107f.

Material 5

„Mach dir keine Gedanken", sagte Lina. „Diese Ärzte übertreiben doch immer. Wäre es so schlimm, wenn man innerhalb der Familie heiratet, hätten wir doch alle sechs Arme und keine Beine." Aber Desdemona machte sich Gedanken. Sie dachte an Bithynios zurück, versuchte sich zu erinnern, wie viele Kinder mit einem Schaden geboren worden waren. Melia Salakas hatte eine Tochter, bei der mitten im Gesicht ein Stück fehlte. Deren Bruder Jorgos war sein ganzes Leben lang acht Jahre alt gewesen. Hatte es Neugeborene mit härenen Hemden[1] gegeben? Froschbabys? Desdemona erinnerte sich, dass ihre Mutter Geschichten erzählt hatte von sonderbaren Kindern im Dorf. Alle paar Generationen tauchten sie auf, Kinder, die in irgendeiner Weise krank waren, inwiefern, wusste Desdemona nicht mehr – ihre Mutter hatte sich nicht klar genug ausgedrückt. Immer mal wieder waren da diese Kinder, und immer nahmen sie ein tragisches Ende: Sie brachten sich um, sie liefen weg und wurden Zirkusartisten, man sah sie Jahre später in Bursa, wo sie bettelten oder sich prostituierten. Nachts allein im Bett, Lefty war bei der Arbeit, versuchte Desdemona, sich an Einzelheiten dieser Geschichten zu erinnern, aber es war schon zu lange her, und nun war Euphrosyne Stephanides tot, und es gab niemanden mehr, den sie fragen konnte. (…)

aus: Eugenides, Jeffrey: Middlesex,© Rowohlt Verlag Hamburg 2003, S. 169f.

Material 6

Eines sollte Ihnen klar sein: Ich bin nicht im Mindesten androgyn. Das 5-alpha-Reduktase-Mangelsyndrom ermöglicht Biosynthese und periphere Wirksamkeit von Testosteron, im Uterus, postnatal und in der Pubertät. Mit anderen Worten, ich funktioniere in der Gesellschaft als Mann. Ich gehe aufs Männerklo. Nie ans Urinal, immer in die Kabine. Im Umkleideraum meines Fitnessclubs dusche ich sogar, wenn auch diskret. Ich besitze sämtliche sekundären Geschlechtsmerkmale eines ganz normalen Mannes, bis auf eines: Da ich Dihydrotestosterone nicht synthetisieren kann, bin ich immun gegen Kahlheit. Über die Hälfte meines Lebens habe ich als Mann gelebt, und inzwischen hat sich alles eingespielt. Wenn Calliope an die Oberfläche dringt, ist das wie eine kindliche Sprachstörung. Plötzlich ist sie wieder da, streicht die Haare zurück oder prüft ihre Fingernägel. Es ist ein bisschen, als wäre man besessen. Callie steigt in mir auf, trägt meine Haut wie ein weites Gewand. Sie steckt ihre kleinen Hände in die schlabberigen Ärmel meiner Arme. Sie schiebt ihre Schimpansenfüße in die Hose meiner Beine. Auf dem Gehweg merke ich, wie ihr Mädchengang die Oberhand gewinnt, und diese Bewegung weckt eine Art Emotion, eine hoffnungslose und zugleich geschwätzige Sympathie für die Mädchen, die ich von der Schule nach Hause gehen sehe. Das hält noch ein paar Schritte an. Calliopes Haare kitzeln mich im Nacken. Ich spüre, wie sie zögernd meine Brust abtastet – ihre alte nervöse Angewohnheit, um zu spüren, ob sich dort etwas tut. Der kränkliche Saft der Pubertätsverzweiflung, der durch ihre Adern fließt, schwappt wieder in meine. Aber ebenso plötzlich verlässt sie mich, schrumpft und schmilzt in mir davon, (…) .

aus: Eugenides, Jeffrey: Middlesex, © Rowohlt Verlag Hamburg 2003, S. 65

---

1 starke Körperbehaarung

Lösungsvorschläge

In der Aufgabe thematisierte Unterrichtsinhalte sind:
Stammbaumanalyse: Ermittlung von Erbgängen und Genotypen
Ontogenese: Ablauf der normalen menschlichen Entwicklung bis zur Geburt, gestörte Entwicklung von Zelllinien, Festlegung des Geschlechts beim Menschen

1 *Ordnen Sie zunächst die in den Texten erwähnten Personen und ihre Merkmale zeitlich an und fassen Sie die Informationen noch einmal kurz zusammen. Dabei hilft Ihnen vor allem Material 1 sowie die Liste der Personen. Stellen Sie mithilfe dieser Informationen einen Familienstammbaum auf. Die Angaben aus Material 3 stellen lediglich den Zusammenhang der Familie mit der Geschichte ihres Dorfes her. Für den Stammbaum sind sie nicht von Bedeutung.*

Cal/Calliope ist ein Mensch mit weiblichen äußeren (primären) Geschlechtsmerkmalen. Er ist aber offensichtlich genetisch männlich, bis auf eine Mutation, die die Bildung eines Hormons (5-alpha-Reduktase) verhindert, und hat aus diesem Grund offensichtlich keinen Penis. Er wurde daher als Mädchen großgezogen. Der typisch männliche Körperbau (sekundäre Geschlechtsmerkmale) kam erst in der Pubertät zum Tragen.

Der Vater von Cal ist das Kind einer Geschwister-Ehe, er ist ohne besondere Merkmale, ein „normales Kind“. Seine Frau Tessi ist die Tochter einer Cousine seiner Eltern, ebenfalls ohne besondere Merkmale. Beide sind aber Überträger der Gene, die bei Cal sichtbar wird und für das Fehlen äußerer (primärer) männlicher Geschlechtsorgane verantwortlich sind.
Diese Mutation ist in der Abgeschlossenheit des heimatlichen Dorfes (Griechen in der Türkei Anfang des 20. Jahrhunderts) in der Familie ca. 170 Jahre früher entstanden und durch häufige Eheschließungen innerhalb der Familie weitergegeben und verbreitet worden.

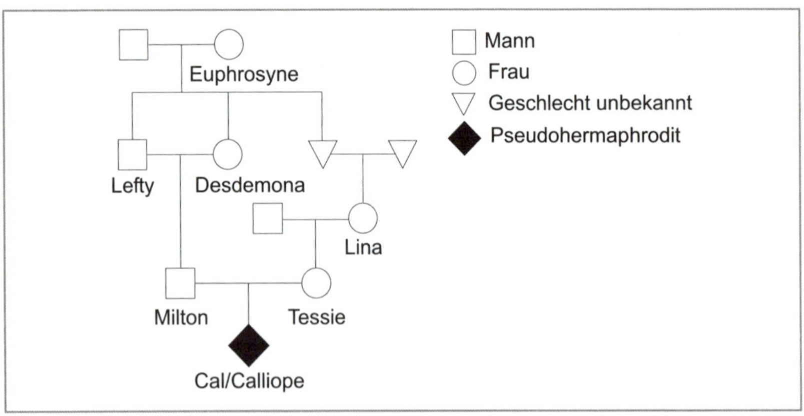

2 *In Material 3 wird angegeben, dass das Merkmal rezessiv vererbt wird. Dies ergibt sich auch aus der Tatsache, dass nach vielen phänotypisch gesunden Generationen plötzlich wieder ein Merkmalsträger auftritt. Cal muss also bezüglich der Mutation homozygot sein. Davon ausgehend können Sie auf die Genotypen der anderen Familienmitglieder zurückschließen.*

Einige der Vorfahren von Cal waren Überträger der Mutation des Gens der 5-alpha-Reduktase. Sein Vater Milton ist, da er selber merkmalsfrei ist, heterozygoter Überträger der Gene. Die Mutter Tessi und die Cousine Lina sind vermutlich bezüglich dieses Merkmals ebenfalls heterozygot.

Ebenso gut kann das mutierte Gen bei den Frauen aber auch homozygot vorliegen, da es bei ihnen im Phänotyp vermutlich nicht sichtbar werden würde. Dieser Fall ist aber eher unwahrscheinlich und wird hier nicht weiter besprochen.

Großvater Lefty und/oder Großmutter Desdemona müssen ebenfalls (heterozygote) Überträger sein. Einer der gemeinsamen Eltern von Desdemona und Lefty bzw. der Großeltern ihrer Cousine Lina müssen (heterozygote) Überträger gewesen sein, ebenso wie die Mutter oder der Vater von Lina.

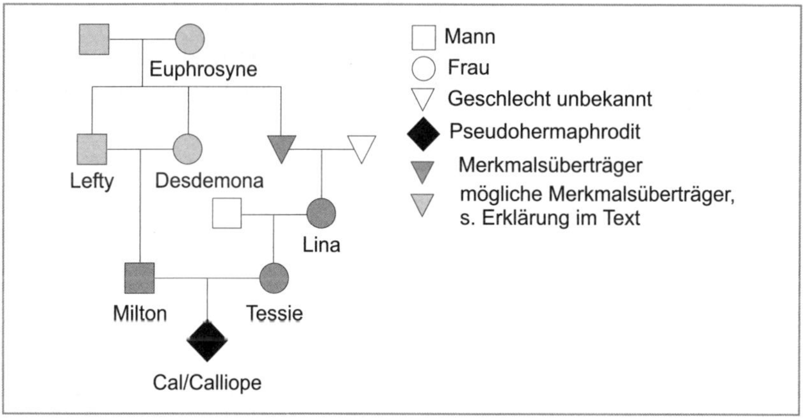

3.1 *Die Wahrscheinlichkeiten für die Genotypen der Kinder ermitteln Sie am einfachsten durch die Erstellung von Erbschemata. Beachten Sie dabei alle möglichen Genotypen der jeweiligen Eltern und geben Sie alle möglichen Lösungen an.*

a: Die Genotypen von Großvater Lefty und Großmutter Desdemona stehen nicht genau fest. Falls beide heterozygote Überträger sind, ist die Wahrscheinlichkeit dafür, dass ihre Kinder ebenfalls Überträger oder sogar erkrankt sind, größer.

1. Lefty <u>und</u> Desdemona sind beide heterozygot.

Desdemona \ Lefty	A	a
A	AA	Aa
a	Aa	aa

A = „normales“ Allel

a = mutiertes Allel

Vater Milton wäre demnach ein „Produkt“ der 50 % Wahrscheinlichkeit eines heterozygoten Überträgers des Merkmals. Neben der Gruppe der 25 % homozygot Unauffälligen hätten Milton und Desdemona in diesem Fall mit ebenfalls 25 % auch homozygote Merkmalsträger unter ihren Kindern haben können.

2. Lefty <u>oder</u> Desdemona ist heterozygot.

Desdemona \ Lefty	A	a
A	AA	Aa
A	AA	Aa

oder

Desdemona \ Lefty	A	A
A	AA	AA
a	Aa	Aa

Milton würde hierbei die 50 % Gruppe der heterozygoten Merkmalsträger repräsentieren. 50 % seiner (potenziellen) Geschwister wären homozygot gesund.

b: Milton und Tessi sind heterozygot.

Tessi \ Milton	A	a
A	AA	Aa
a	Aa	aa

Cal gehört zur 25 % Gruppe homozygoter Merkmalsträger. Daneben gibt es eine Wahrscheinlichkeit von 25 % für homozygot Gesunde und 50 % für Heterozygote.

3.2 *Untersuchen Sie die in Material 5 angegebenen Vorgänge in der kleinen, isolierten Dorfgemeinschaft unter (populations-)genetischen Gesichtspunkten. Welche Entwicklungen sind zu beobachten und welche Fachbegriffe können Sie zuordnen?*

Desdemonas Mutter Euphorsyne hat eine ganze Reihe von komplexen Phänomenen beschrieben, die in der Dorfgemeinschaft in unregelmäßigen Abständen immer wieder aufgetreten sind. Diese verschiedenen Erkrankungen (Hermaphrodite, Körperbehaarung, Deformationen etc.) waren wohl auf die gleiche bzw. auf ähnliche homozygot auftretende, rezessive Mutationen wie bei Cal zurückzuführen.

Durch die häufige Eheschließung zwischen Verwandten, die oft heteroyzgote Überträger der entsprechenden Mutation waren, konnten sich die mutierten Allele in der isolierten Population der Dorfgemeinschaft verbreiten. Die rezessiven Allele reichern sich in der Population an *(ihre Allelfrequenz steigt)*. Treffen zwei Konduktoren *(Überträger)* aufeinander, steigt das Risiko, ein erkranktes Kind zu bekommen (siehe Aufgabe 3.1).
Die häufig auftretenden Erkrankungen von Kindern verwandter Eltern wurden aber offensichtlich nicht hinterfragt, sondern als Schicksal angesehen. Auf die Praktizierung der Verwandtenehe hatte dies keinerlei Einfluss.
Der Kommentar von Lina weist darauf hin, dass (ihr) das Problem der Verwandtenehe trotz des allgemeinen Schweigeverhaltens durchaus bewusst war. Die besondere Situation einer griechischen und damit christlichen Enklave im türkischen, muslimischen Umfeld führte aber zu einer stark eingeschränkten Partnerwahl und wurde deshalb durch die schlichte Notwendigkeit legitimiert.
Den erkrankten Personen, die eine unausweichliche Folge der Verwandtenehen darstellten, wurde aber offensichtlich trotzdem keine positive Reaktion entgegengebracht; die Beschreibungen in Material 5 deuten daraufhin, dass sie von der Gemeinschaft (vielleicht aufgrund von Schuldgefühlen) ausgeschlossen wurden.
Aus dem Text geht ebenfalls hervor, dass Desdemona ihre Fragen gerne durch genauere Informationen geklärt hätte, auch um ihr eigenes Risiko für ein erkranktes Kind in ihrer Geschwisterehe besser einschätzen zu können.

4 *Für die Lösung der Aufgabe kommt es darauf an, die Körpermerkmale und Verhaltensweisen möglichst neutral zu analysieren und zu einer (nicht unbedingt persönlichen) Position zur Beurteilung der Situation zu gelangen.*
Bezüglich des operativen Eingriffs sind eine ganze Reihe von Argumentationen denkbar. Machen Sie sich vor Beantwortung der Fragestellung klar, wie Sie selbst mit der vorliegenden Situation umgehen würden.

Cal beschreibt sich im Material 5 als maskulin in körperlichen Merkmalen und im Verhalten. Er scheint lediglich in der Anatomie des Penis verändert zu sein bzw. ein sichtbarer Penis fehlt ganz. Er duscht „diskret", vermeidet aber das Standbecken (Urinal) und zeigt (in der Regel) männliches Verhalten. Er berichtet aber gelegentliche „flash-back"-Situationen in denen das (weibliche) Verhalten von Calliope auftaucht. Vielleicht ist dies aber lediglich eine Erinnerung an die Kindheit und frühe Jugend, vielleicht spielen aber tatsächlich ihre Hormonlage und die davon ausgelösten Emotionen eine Rolle.
Als Erwachsener scheint Cal keinerlei besondere soziale Beeinträchtigung zu erfahren. Er scheint sich nach den eigenen Angaben mit seiner besonderen Situation arrangiert zu haben und weitgehend zufrieden mit sich und seinem Leben zu sein.

Sollten die „flash-back"-Situationen in denen das (weibliche) Verhalten von Calliope auftaucht, hormonell bedingt sein, so könnte man ihnen mit einer Hormongabe entgegenwirken. Ansonsten wäre eine hormonelle Behandlung von Cal weder notwendig noch sinnvoll, da er sich vollständig als Mann fühlt und seine körperliche Entwicklung – unter Einfluss des männlichen Hormons Testosteron – bereits abgeschlossen ist.

Durch den nicht vollständig funktionsfähigen bzw. fehlenden Penis ist allerdings eine „normale" sexuelle Aktivität nicht gegeben. In den Texten wird nicht klar, ob dies für Cal ein Problem darstellt oder nicht. Dies sollte der ausschlaggebende Grund für eine Entscheidung für oder gegen einen operativen Eingriff sein. Gesellschaftliche Konventionen oder die Reaktion „der anderen" sollten dagegen keinen Einfluss auf diese Entscheidung nehmen. Aus gesellschaftlichem Druck heraus könnte jedoch eine psychologische Problemlage entstehen, durch die der Betroffene zur plastischen Operation gedrängt würde. Eine Penisplastik würde zwar männliches Aussehen geben und männliches Sexualverhalten ermöglichen, ist aber sicher nicht in allen Fällen erwünscht. Daher sollte auch eine bewusste Entscheidung gegen eine Operation gesellschaftlich akzeptiert werden und nicht zu einer Diskriminierung des Menschen führen.

Leistungskurs Biologie (Hessen)
Übungsaufgabe 5: Ökologie

Zur Ökologie der Ostsee

1 Fassen Sie die in Material 1 geschilderten ökologischen Besonderheiten der Ostsee zusammen. Ergänzen Sie die Abbildung 2 um die haline Sprungschicht. 8 BE

2 Analysieren Sie den Kurvenverlauf a in der Abbildung 3 in angemessener Fachsprache und erklären Sie, wie es zu dem – fast während des ganzen Jahres stabilen – Konzentrationsverlauf des Salzgehaltes kommt!
Berechnen Sie die Wasserbilanz und erläutern Sie, warum es trotz der Süßwasserzuflüsse nicht zu einer Aussüßung der Ostsee kommt! 10 BE

3 Werten Sie die Konzentrationsverläufe der in den Abbildungen 3 b–e dargestellten Wasserinhaltsstoffe **im Zusammenhang** aus. 16 BE

4 Erläutern Sie die ökologische Bedeutung der halinen Sprungschicht für den Stoffkreislauf im Wasser. Gehen Sie dabei auch auf den Begriff „Fettweide" ein! 8BE

5 Analysieren Sie Abbildung 4 und erläutern Sie die besondere Gefährdung des Lebensraumes Ostsee durch anthropogene Einflüsse. 8 BE

50 BE

Material 1

Die Ostsee ist ein flaches Schelfmeer mit einer mittleren Tiefe von nur 52 m, die größte Tiefe mit 463 m (Lansorttief) erreicht sie bei Gotland. In die Ostsee strömen Flüsse ihrer neun Anrainerstaaten, deren fast 80 Millionen Menschen im Einzugsgebiet zum Teil einen sehr hohen Lebensstandard haben. Damit umfasst das Einzugsgebiet dieses Binnenmeeres 1,7 Mio. km^2 und repräsentiert 17 % des europäischen Kontinents.

Die intensive Landwirtschaft der Anrainerstaaten und ihre teilweise stark umweltrelevanten Industrien sowie reger Schiffsverkehr tragen wesentlich zur Verunreinigung des marinen Lebensraums bei. Das von ihnen gebrauchte Wasser fließt oft ungenügend aufbereitet in die Ostsee ein. Das im Langzeitmittel erhöhte Nährstoffangebot hat neben der gesteigerten Primärproduktion bzw. Algenbiomasse auch zu einer Erhöhung der Biomasse der Tiere geführt. Die wichtigsten Ostseefische Hering, Sprotte und Dorsch scheinen sich ebenfalls vermehrt zu haben.

Der Wasserkörper der Ostsee ist alles andere als einheitlich (vgl. Abb. 1). Die Gewässergüte eines Meeres wird maßgeblich von seinen Wasserbewegungen bestimmt. Von entscheidender Bedeutung für eine Einschätzung der ökologischen Verhältnisse der Ostsee ist ihre Wasserbilanz, die durch die Faktoren Zufluss durch Flüsse, Niederschlag, Einstrom aus der Nordsee, Verdunstung und Abfluss in die Nordsee bestimmt wird. Im Mittel fließen der Ostsee jährlich 479 km^3 Süßwasser über die Flüsse vom Festland zu (Z), 737 km^3 durch den Einstrom salzreichen Nordseewassers (E) und 183 km^3 durch Niederschlag (N). Demgegenüber stehen Wasserverluste, die sich aus der Verdunstung (183 km^3) (V) und dem Ausstrom salzärmeren Wassers (A) in die Nordsee zusammensetzen. Zur Ausgleichung der Wasserbilanz beträgt der Oberflächenabfluss der Ostsee in die Nordsee insgesamt 1 216 km^3. Unter der Annahme, dass das Wasservolumen der Ostsee langfristig konstant bleibt, gilt die Beziehung: $A = Z + N + E - V$. Der Wasserüberschuss fließt über den Baltischen Strom mit einem mittleren Salzgehalt von ca. 2,1 % in die Nordsee ab. Dazu stehen lediglich drei enge Meeresstraßen zur Verfügung: Über den rund 18 km breiten Großen Belt werden 64 % des Wassers ausgetauscht, durch den ungefähr 6 km breiten Öresund 27 % und durch den nur etwa 1 km breiten Kleinen Belt 9 %.

Durch diese Meerstraßen ist auch ein Salzwasseraustausch möglich: Salzarmes, wärmeres Wasser aus der Ostsee fließt an der Oberfläche in Richtung Nordsee, während schwereres salzreiches, kühleres Tiefenwasser aus dem Skagerrak in die Ostsee strömt. Der durchschnittliche Einstrom beeinflusst die Wasserqualität nicht wesentlich, weil das Tiefenwasser die westlichen Untiefen (Darsser-, Bornholmer- und Stolper-Schwelle) normalerweise nicht überwindet. Dies vermögen nur Salzwassereinbrüche bei extremer Nordwestwindlage (November/ Dezember 1951 Einstrom von 200 km^3 salz- und sauerstoffreichen Nordseewasser). Seit 1976 sind die üblicherweise alle 2 bis 5 Jahre auftretenden schweren Nordweststürme ausgeblieben!

Berücksichtigt man bei der Süßwasser- und Salzwasserbilanz die Vermischung, so ergibt sich die mittlere Verweildauer des Wassers in der Ostsee von etwa 35 Jahren (zum Vergleich: Nordsee bei doppeltem Volumen und ähnlicher Oberfläche Austausch in 6 bis 36 Monaten).

Die Ostsee ist ein Brackwassermeer, das durch die Gestalt des Meeresbodens und eine ganzjährige dichte Sprungschicht zwischen salzärmerem Oberflächenwasser und salzreichem Tiefenwasser unterteilt wird. Der Salzgehalt liegt zwischen dem vom offenen Meer (35 Promille) und dem von Süßwasser (0,05 Promille), im Durchschnitt beträgt er 8 Promille (siehe Abb. 1). Diese haline Sprungschicht bildet eine mehr oder weniger schroffe Übergangszone vom Oberflächen- zum Tiefenwasser. Ihre Tiefe erreicht in der westlichen Ostsee 15 bis 20 m, für die Gotlandsee lässt sich die Lage der Sprungschicht mithilfe von Material 2 ermitteln. Diese Wasserschichtung in der Ostsee ist nicht stark temperaturabhängig, sodass ein vertikaler Wasseraustausch während des ganzen Jahres kaum stattfindet. Die Sprungschicht schirmt das kalte und schwere Tiefenwasser weitgehend vom Gasaustausch mit der Atmosphäre ab. Im Sommer wird diese Schichtung noch stabilisiert durch eine zusätzliche Temperatursprungschicht, die bei etwa 15 m liegt. Die Dichteunterschiede bewirken, dass durch absinkendes Plankton in der Salzgehaltssprungschicht eine um den Faktor 10 größere Planktonanreicherung als in den günstigsten darüber liegenden Gebieten des Wasserkörpers auftritt. Die Planktonanreicherung bezeichnet man auch als Fettweide. Das leichte, salzarme Oberflächenwasser liegt auf dem Bodenwasser wie ein Deckel auf dem Topf und schließt die Becken der Ostsee nach oben ab. An Brackwasser mit schwankendem Salzgehalt sind die wenigsten Meeresorganismen angepasst, die Artenfülle im Brackwasser ist begrenzt. In der Ostsee leben dreimal weniger Fischarten und achtmal weniger Muschel- und Krebsarten als in der Nordsee.

Wenn sich die Windverhältnisse ändern und tödliches Tiefenwasser an die Oberfläche drücken, sterben in Buchten und Förden Fische und Bodentiere. Besonders betrifft dies die relativ flachen westlichen Teilgebiete der Ostsee wie das Arkonabecken, die Mecklenburger, die Lübecker und die Kieler Bucht sowie das südliche Kattegat.

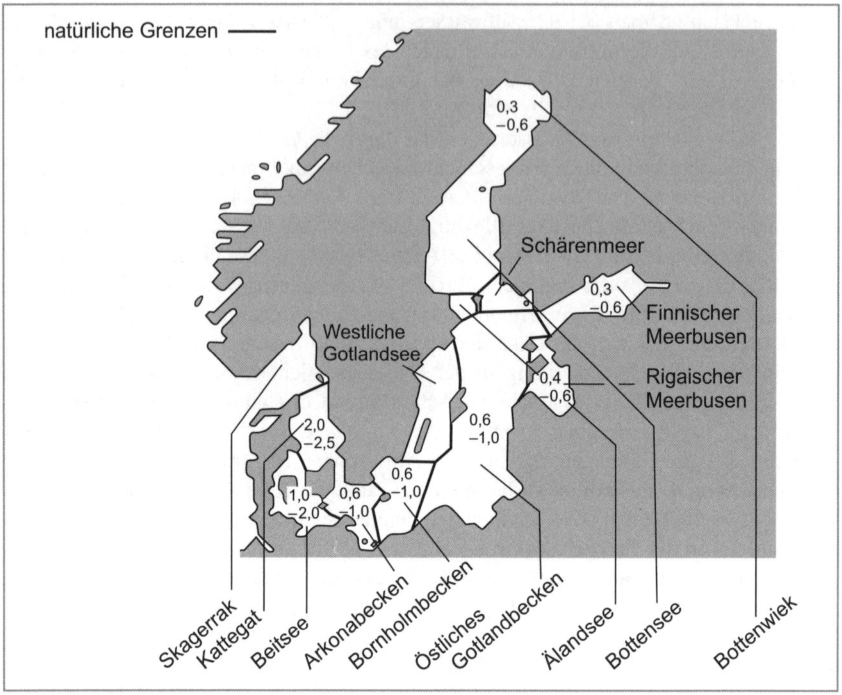

Abb. 1: Natürliche Gliederung und Salzgehalt (%) der Ostsee

verändert nach: Magaard, Lorenz: Meereskunde der Ostsee. Springer Verlag Berlin, Heidelberg, New York 1974, S. 11 u. 12

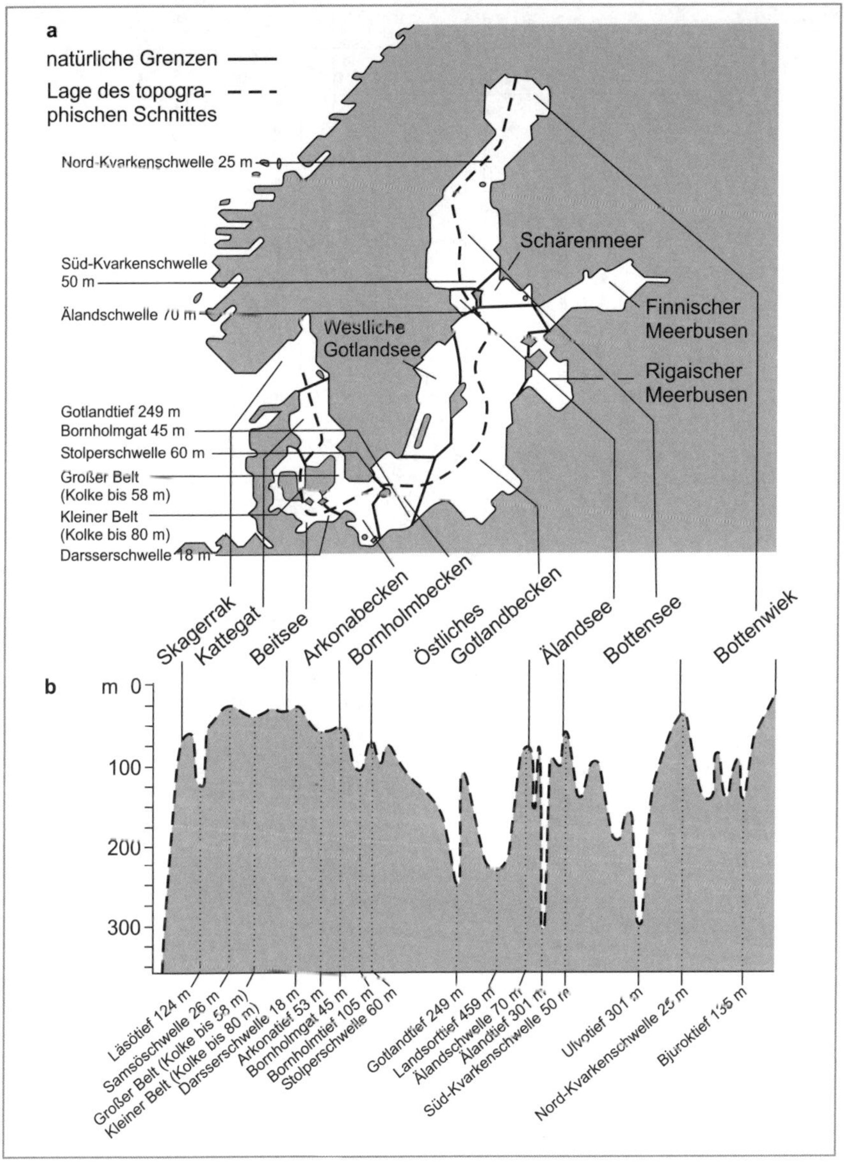

Abb. 2: Natürliche Gliederung der Ostsee (a) sowie Bodenprofil in der Längsachse (b)

verändert nach: Magaard, Lorenz: Meereskunde der Ostsee. Springer Verlag, Berlin, Heidelberg, New York 1974, S. 11 u. 12

Material 2

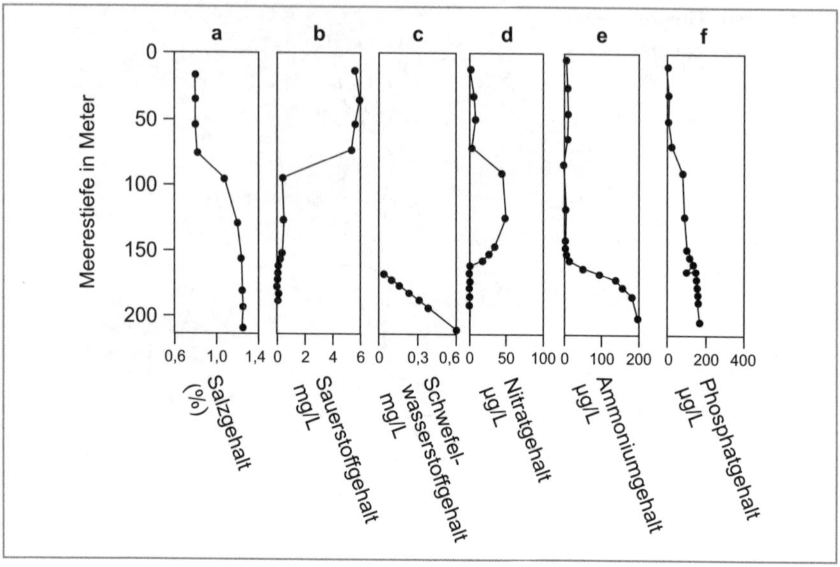

Abb. 3: Konzentrationsverläufe einzelner Wasserinhaltsstoffe mit der Wassertiefe im Gotlandtief im Juni 1991

verändert nach: Malle, Karl-Geert: Die Wasserqualität der Ostsee. Spektrum der Wissenschaft 2/92, Spektrum der Wissenschaft Verlagsgesellschaft Heidelberg 1992, S. 95–102

Material 3

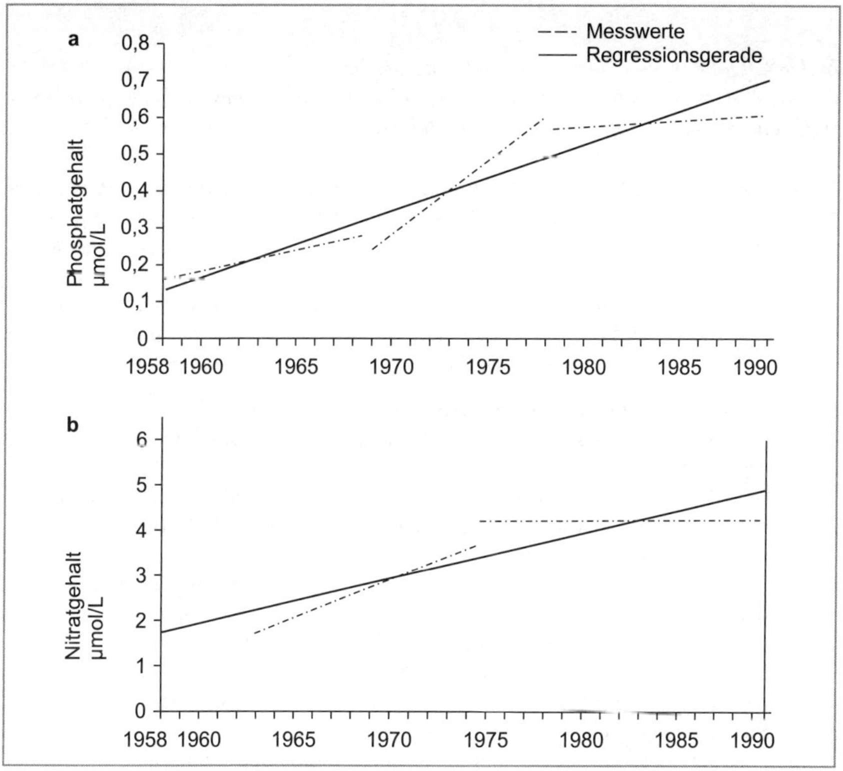

Abb. 4: Langzeitveränderungen der Gehalte an Phosphat (a) und Nitrat (b) der winterlichen Oberflächenschicht in der zentralen Ostsee

verändert nach: Nehring, Dietwart: Die Nährstoffbelastung der Ostsee. Spektrum der Wissenschaft 2/92, Spektrum der Wissenschaft Verlagsgesellschaft Heidelberg 1992, S. 110–118

Lösungsvorschläge

In der Aufgabe thematisierte Unterrichtsinhalte sind:
Ökologie: Geografische Gliederung von Lebensräumen; Gewässer, deren Inhaltsstoffe und Stoffkreisläufe; anthropogene Belastung von Gewässerökosystemen

1 – *Werten Sie das Material 1 daraufhin aus, was über ökologische Besonderheiten ausgesagt wird, die den Lebensraum Ostsee formen könnten. Ordnen Sie die Fakten in Ihrer Aufzählung nach Wichtigkeit, nicht nach der Reihenfolge, in der sie im Text genannt werden!*
– *Aus Abbildung 3a geht hervor, dass die haline Sprungsicht sich zwischen 75 und 100 m Tiefe befindet. Dies gilt natürlich nicht nur für das Gotlandtief sondern auch für alle anderen Stellen, die eine Tiefe > 75 m erreichen.*

Die wesentlichen Punkte, die die Ostsee charakterisieren, sind:
- Die Ostsee ist von der Nordsee weitgehend isoliert. Drei Meerengen behindern den Abfluss und den Eintrag von Wasser aus der Nordsee.
- Das Bodenprofil der Ostsee ist nicht einheitlich, sondern durch Tiefen und Untiefen stark strukturiert. So entstehen tiefe, stark isolierte Becken mit sehr geringem Wasseraustausch.
- Flüsse aus neun Anrainerstaaten mit hoher Industrialisierung, intensiver Landwirtschaft und hohem Lebensstandard tragen zur Wasserbilanz und auch entsprechenden Belastung der Ostsee mit Nährstoffen bei.
- Der hohe Anteil an zufließendem Süßwasser führt dazu, dass das Wasser der Ostsee einen geringeren Salzgehalt hat als andere Meere. Über den baltischen Strom gelangt dieses Wasser auch in die Nordsee.
- Aus der Nordsee strömt ständig je nach Wind- und Wetterlage kaltes und schweres Tiefenwasser in die Ostsee ein. Dieses salzhaltige Tiefenwasser erreicht aber selten die mittlere und obere Ostsee, da es die Untiefen der Darsserschwelle selten überwindet. In den tieferen Becken der Ostsee findet also nur bei den immer seltener werdenden Sturmfluten ein begrenzter Wasseraustausch statt.
- Durch den ständigen Süßwasserzustrom hat sich eine stabile Sprungschicht zwischen salzreichem, schwerem Tiefenwasser und salzarmem Oberfächenwasser gebildet.
- Die übliche Temperatursprungschicht, wie sie von Süßwasserseen bekannt ist, bildet sich im Sommer zwar aus, hat aber keinen Einfluss auf den Austausch von Stoffen. Dieser ist ganzjährig durch die stabile haline Sprungschicht behindert. Es gibt keinen Gasaustausch zwischen Tiefenwasser und der Atmosphäre.
- Absinkendes Plankton reichert sich wegen der größeren Dichte des Tiefenwassers in der Sprungschicht an und bildet so eine „Fettweide“ für Konsumenten 1. und 2. Ordnung.

- Im Tiefenwasser sinkt der Sauerstoffgehalt so stark ab, dass nur noch wenige aerobe Lebewesen dort überleben können. Wird dieses Tiefenwasser durch Salzwassereinbrüche aus der Nordsee bei Nordweststürmen nach oben gedrückt, hat dies tödliche Folgen für die Lebewesen in den oberen Wasserschichten.

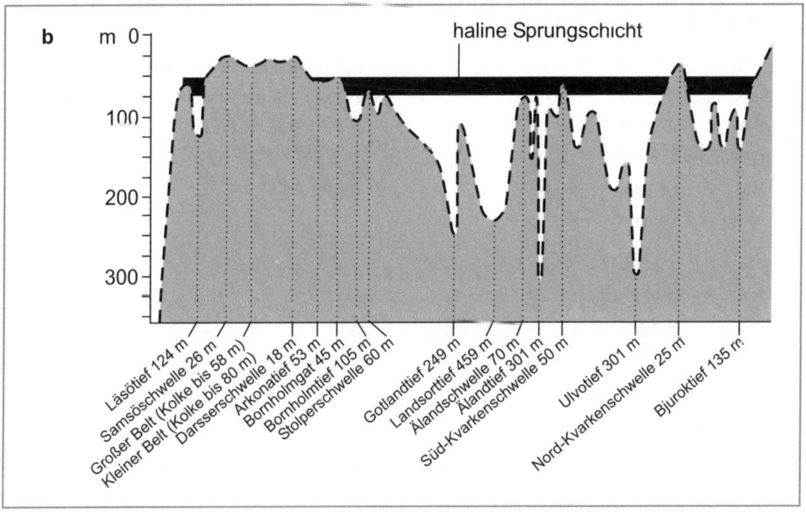

2 – *Geben Sie wieder, was Sie aus der Abbildung 3 zur Lage der halinen Sprungschicht entnehmen können und erläutern Sie anschließend den Grund für die Ausbildung dieser stabilen Schichtung von Wasser mit unterschiedlichem Salzgehalt. Nutzen Sie sich dabei auch Informationen aus Material 1.*
– *Die Ein- und Austräge durch Niederschlag und Verdunstung bleiben bei der Berechnung der Wasserbilanz unberücksichtigt, da sie sich ausgleichen.*

Die haline Sprungschicht liegt im Gotlandtief zwischen 75 und ca. 100 m. In dieser Tiefe steigt die Salzkonzentration um 3 Promille. In den tieferen Schichten erhöht sich der Salzgehalt noch einmal um 1,5 Promille.

Salziges Wasser ist spezifisch schwerer als salzarmes Wasser. Die Sprungschicht liegt zwischen dem leichten Oberflächenwasser und dem schweren Tiefenwasser: Die ausgeprägten Schichten, die aufgrund des Salzgehaltes eine stark unterschiedliche Dichte aufweisen, verhindern den vertikalen Wasseraustausch.
Die Dichte ist außer von der Salinität prinzipiell noch von der Wassertemperatur abhängig, was aber in der Ostsee nicht von Bedeutung ist. Selbst wenn die Dichte an der Oberfläche durch Abkühlung (im Herbst/nachts) erhöht wird, sind die Dichteunterschiede noch so groß, dass die haline Sprungschicht auch im Winter nicht aufgebrochen wird. Laut Text ist auch durch Ausbleiben der Nordweststürme seit 1976 kein Salzwassereinbruch aus der Nordsee mehr erfolgt, sodass auch dadurch keine Konzentrationsänderung erfolgte.

Der Wasserzufluss aus den Flüssen entspricht einem Süßwasserüberschuss. Eine Aussüßung der Ostsee wird aber dadurch verhindert, dass eine Vermischung zwischen Flusswasser und tiefem Ostseewasser aufgrund der Dichteunterschiede nicht zustande kommt.
Der Süßwasserzufluss (Z) = 479 km³ (= $479 \cdot 10^{12}$ Liter) mit einen Salzgehalt von 0,05 ‰ (= 0,05 g/L) entspricht einem Salzeintrag von

$479 \cdot 10^{12} \cdot 0{,}05\ \text{g} = 23{,}95 \cdot 10^{6}\ \text{t}$

Andererseits drückt hin und wieder einströmendes Nordseewasser mit hoher Dichte leichteres und damit salzärmeres Wasser nach oben. Eine Durchmischung findet aber ebenfalls nicht statt, da sie neben den Unterschieden im Salzgehalt durch das Bodenprofil und die Meerenge zur Nordsee verhindert wird.

Salzwassereinstrom (E) = 737 km³ mit einen Salzgehalt von 35 ‰ (= 35 g/L) entspricht einem Salzeintrag von

$737 \cdot 10^{12} \cdot 35\ \text{g} = 2{,}58 \cdot 10^{10}\ \text{t}$

Der gesamte Salzeintrag beträgt also $2{,}58 \cdot 10^{10}$ t.

Dem steht ein Salzwasseraustrom (A) = 1 216 km³ gegenüber. Bei Annahme eines mittleren Salzgehalts des abfließenden Wassers von 2,1 % (= 2,1 g/L) ergibt dies einen Salzaustrag von

$A = 1\,216 \cdot 10^{12} \cdot 2{,}1\ \text{g} = 2{,}55 \cdot 10^{10}\ \text{t}$

Da sich Salzein- und -austrag mehr oder weniger entsprechen, ist eine Aussüßung der Ostsee nicht zu erwarten.

3 *In dieser Aufgaben sollen Sie die Kurvenverläufe der einzelnen Abbildungen a bis e (nicht f!) analysieren und einen Zusammenhang zwischen ihnen herstellen. Dazu gehört auch, die einzelnen Kurvenverläufe zu begründen. Da die in Abbildung a sichtbare Strukturierung des Wasserkörpers auch für die anderen Kurvenverläufe relevant ist, bietet sich folgende Dreiteilung der Erklärungen an:*

Oberflächenwasser:

- Der Sauerstoffgehalt ist mit 5–6 mg/L bis in eine Tiefe von 70 m recht hoch. Dies kommt zustande durch den Gasaustausch mit der Atmosphäre, durch die Sauerstoffproduktion des Phytoplanktons bei der Fotosynthese während der warmen Jahreszeit und infolge der Durchmischung des Wassers im Winter.
- Nitrat wird bei Wachstum und Vermehrung des Phytoplanktons verbraucht, so weit der Lichteinfluss reicht (70 m).
- Unter aeroben Bedingungen sind H_2S und Ammonium nicht bzw. kaum vorhanden.

Haline Sprungschicht:

- Es zeigt sich eine starke Abnahme des Sauerstoffgehaltes von 5,5 auf 0 mg/L infolge des Verbrauchs durch Konsumenten und aerobe Destruenten.
- Gleichzeitig nimmt die Nitratkonzentration von 0 auf fast 50 mg/L zu, da der Verbrauch durch das Phytoplankton wegfällt und die im Wasser lebenden

aeroben Nitrifizierer das vorhandene Ammonium über Nitrit zu Nitrat *(Nitrifikation)* umsetzen, sodass der Ammoniumgehalt weiterhin nahezu null ist.

Tiefenwasser:

- Es herrschen anaerobe Bedingungen.
- Es gibt nochmals einen leichten Anstieg der Nitratkonzentration auf 50 mg/L in 130 m Tiefe danach Abfall auf 0 mg/L in 170 m Tiefe. Ab dieser Tiefe steigt der Ammoniumgehalt von 0 auf über 200 mg/L. Solange noch Nitrat verfügbar ist, setzen anaerob lebende Denitrifizierer dies in elementaren Stickstoff um *(Denitrifikation)* und eliminieren damit Stickstoff aus dem Ökosystem Ostsee. Unter anaeroben Bedingungen werden die organischen Stickstoffverbindungen zu Ammonium mineralisiert, da die Nitrifikation unterbleibt, steigt die Ammoniumkonzentration stark an.
- Anstieg des Schwefelwasserstoffgehaltes von 0 in 170 m Tiefe auf 0,6 mg/L in 210 m Tiefe, da anaerobe Bakterien Sulfat zu Schwefelwasserstoff reduzieren und organischer Abfall (Eiweiße) anaerob zersetzt wird (Fäulnis). Dabei entsteht aus dem organisch gebundenen Schwefel Schwefelwasserstoff.

4 *Dem Text in Material 1 und der Auswertung des Materials 3 in den Aufgaben 2 und 3 können Sie die Bedeutung der halinen Sprungschicht für das Ökosystem entnehmen. Erklären Sie die Vorgänge des Stoffkreislaufes auf dem Hintergrund Ihres Wissens über Binnenseen – die Mechanismen sind hier vergleichbar.*

Die haline Sprungschicht ist verantwortlich für den gestörten Stoffkreislauf in der Ostsee. In der meist gut durchlüfteten Oberflächenschicht findet Primärproduktion statt. Ein Teil des Planktons gelangt direkt ins Nahrungsnetz, während der andere Teil absinkt und sich in der Dichtesprungschicht anreichert, wo dann ein reichhaltiges Nahrungsangebot für Primärkonsumenten und nachfolgende trophische Stufen entsteht – „Fettweide“.
Gemäß dem hohen Biomasseanteil in der Sprungschicht sinkt während und nach der Vegetationsperiode totes Pflanzen- und Tiermaterial ins Tiefenwasser und wird dort unter Sauerstoffmangel bakteriell abgebaut (z. T. anaerob). Je nach anaerober Destruentenkette entstehen Methan und Schwefelwasserstoff. Sauerstoffmangel und H_2S-Produktion machen das Milieu so lebensfeindlich für höhere Organismen, dass vor allem die Senken der Ostsee biologisch verwüsten. Fehlende winterliche vertikale Konvektion verhindert nicht nur den Eintrag von Sauerstoff in die Tiefenregionen, sondern auch den Transport löslicher Nährsalze in die Oberflächenschicht als Grundlage für die Primärproduktion. Nur starke Wassereinbrüche aus der Nordsee bei Nordweststürmen können dies kompensieren.

5 – *Bei der Analyse der Abbildung 4 beachten Sie bitte, dass für die Besprechung der Phosphat-Werte die Regressionsgerade gut herangezogen werden kann, während sie im Fall des Nitratgehaltes die tatsächlichen Messwerte nicht gut wiedergibt. Hier sollten Sie also besser die Messwerte besprechen, die einen anderen Verlauf als die Regressionsgerade zeigen!*
– *Aufgrund der Angaben im Text in Material 1, Ihrer Analysen und Ihres Hintergrundwissens über Eutrophierungen können Sie nun die Herkunft und Auswirkung der beiden Eutrophierungsfaktoren Phosphat und Nitrat für den Lebensraum Ostsee erläutern.*

Nach Abbildung 4a (Regressionsgerade) hat sich der Phosphatgehalt zwischen 1958 und 1989 ungefähr verdreifacht.
Ähnlich stark hat zwischen 1965 und 1989 der Nitratgehalt zugenommen. Insgesamt ist der Nährstoffgehalt vor allem von 1969 bis 1978 stark angestiegen und blieb in etwa auf dem damals erreichten hohen Niveau (untere Messwerte).

Nitrate und Phosphate sind Dünger und werden z. B. aus landwirtschaftlichen Flächen in die Flüsse und damit in die Ostsee eingetragen. Weitere Einträge erfolgen aus industriellen und Haushaltsabwässern, die nur unzureichend geklärt wurden.
Phosphat und Nitrat sind Eutrophierungsfaktoren. Mit Zunahme dieser beiden Nährstoffe im Oberflächenwasser nimmt bei ausreichendem Licht in der warmen Jahreszeit das Algenwachstum zu. Es kann zu sog. Algenblüten kommen. Dadurch wird auch das stagnierende Tiefenwasser in der Ostsee belastet: Das absinkende tote organische Material wird durch Destruenten abgebaut, wobei Sauerstoff verbraucht wird. Dadurch verarmt das Tiefenwasser noch stärker an Sauerstoff. Es können nur noch anaerobe Abbauprozesse stattfinden, bei denen z. B. H_2S gebildet wird. Außerdem trübt das infolge der Eutrophierung zunehmende Phytoplankton das Wasser, sodass das Licht weniger tief eindringt und die Fotosynthese der Algen beeinträchtigt.

Leistungskurs Biologie (Hessen)
Übungsaufgabe 6: Genetik

Feuerameisenköniginnen klonen sich selbst

1 Skizzieren Sie die Chromosomensätze der in Material 2 genannten Keim- und Körperzellen.
(Hinweis: Die genaue Zahl der Chromosomen ist unbekannt, stellen Sie exemplarisch zwei Chromosomen dar.) 10 BE

2 Fassen Sie kurz in Ihren eigenen Worten zusammen, wie die in Material 2 beschriebenen Vorgänge zur Trennung des männlichen und weiblichen Genpools bei den Feuerameisen führen. 10 BE

3 Entwickeln Sie Hypothesen, welche zellbiologischen Prozesse (und dabei notwendigen Moleküle) die Fortpflanzungs-Vorgänge bei der Kleinen Feuerameise möglich machen. 20 BE

4 Erläutern Sie detailliert, wie man väterliche und mütterliche Gene in den Chromosomensätzen der Arbeiterinnen der Kleinen Feuerameise molekularbiologisch unterscheiden bzw. identifizieren kann. 10 BE

50 BE

Material 1

Im Gegensatz zum Menschen oder der Fruchtfliege wird das Geschlecht der Ameisen – wie vieler anderer Hautflügler – nicht durch spezielle Chromosomen bestimmt, sondern nur durch die An- oder Abwesenheit der Befruchtung: Unbefruchtete Eier entwickeln sich normalerweise zu Männchen, befruchtete hingegen zu Weibchen. Die Männchen sind daher immer haploid. Nur die Königin des Nestes kann sich sexuell fortpflanzen, da sie z. B. spezielle chemische Stoffe produziert, die die Fruchtbarkeit der Arbeiterinnen unterdrückt. Eine Königin wird in ihrem Leben meist nur einmal befruchtet und speichert die Spermien dann ihr Leben lang in einer speziellen Spermathek. Die Königin kann bei ihren Eiern entscheiden, ob daraus Männchen oder Weibchen werden sollen, indem sie die Eier in ihren Eierleitern mit den gespeicherten Samen befruchtet oder nicht. Männchen und Arbeiterinnen gehen dabei aus dem gleichen Typ von Eizellen hervor. Neue Königinnen gehen aus einer speziellen Art von Eiern hervor, die größer sind und ein spezielles Polplasma enthalten, dass der Embryo der zukünftigen neuen Königin zu seiner Entwicklung braucht.

Material 2

Der „kleine Unterschied" ist bei der Kleinen Feuerameise *(Wasmannia auropunctata)* ein großer: Der weibliche und der männliche Genpool dieser Art sind vollständig voneinander getrennt.
Sowohl die Königinnen als auch die Männchen eines Ameisennests sind untereinander genetisch identisch, entdeckten französische Forscher. Sie vermuten, dass sowohl die Königinnen als auch die männlichen Feuerameisen sich selbst „klonen". Der Ablauf der Fortpflanzung unterscheidet sich dabei grundlegend von der anderer Ameisenarten: Die Königinnen entstehen parthenogenetisch (durch die sog. Jungfernzeugung) und entwickeln sich demnach aus unbefruchteten Eiern. Die Männchen entstehen aus befruchteten Eiern, in denen das mütterliche Erbgut vernichtet wird. So schotten sie sich genetisch vom anderen Geschlecht ab und deshalb bleiben die Genpools der Königinnen und der männlichen Feuerameisen getrennt.
Die Arbeiterinnen der Kleinen Feuerameise entstehen auf normalem Wege durch sexuelle Fortpflanzung, sind aber wie bei allen Ameisenarten steril.
Wie sich diese einzigartige Fortpflanzungsweise entwickelt hat und wie genau die Vernichtung des weiblichen Erbgutes zur Entstehung von Männchen vor sich geht, ist bislang nicht bekannt. Vor allem der Mechanismus, mit dem offensichtlich das Spermium induziert, ob aus einem befruchteten Ei ein Männchen oder eine Arbeiterin entsteht, gibt den Wissenschaftlern bislang ein ungelöstes Rätsel auf.

verändert nach: Fournier, D. et al.: Clonal reproduction by males and females in the little fire ant, Nature, Bd. 435, S. 1230

Lösungsvorschläge

In der Aufgabe thematisierte Unterrichtsinhalte sind:
Ontogenese: Ablauf der Entwicklung, Festlegung des Geschlechts
Kartierung und Identifizierung von Genen: Methoden der Gentechnik, Diagnoseverfahren

1 *Material 1 informiert Sie über den normalen Weg der Geschlechtsentstehung bei Ameisen. Aus dem Material 2 können Sie entnehmen, wie die drei unterschiedlichen Chromosomensätze der Königin, der Männchen bzw. der Arbeiterinnen bei der Kleinen Feuerameise zusammengesetzt sind. Überlegen Sie zunächst, wie sich dazu die Fortpflanzung der Feuerameisen von dem in Material 1 dargestellten Mechanismus unterscheiden muss.*
Zeichnen Sie dann als einfache, beschriftete Strichzeichnung für jede der drei Formen exemplarisch an ein oder zwei Chromosomen, wie der Chromosomensatz in der Zygote zustande kommt. Erklären Sie Ihre Zeichnungen kurz.

a Die Feuerameisen-Königin bildet in den Ovarien *(Keimdrüsen)* spezielle haploide „Königinnen-Eizellen“, die (im Gegensatz zu allen anderen Ameisenarten) von ihr nicht mit dem in der Spermathek befindlichen Sperma befruchtet werden. Der einfache Chromsomensatz verdoppelt sich und ein in allen Genen homozygotes diploides Weibchen entsteht. Dieses Weibchen ist zu 100 % mit dem Mutter-Individuum identisch und entwickelt sich zu einer neuen Königin.

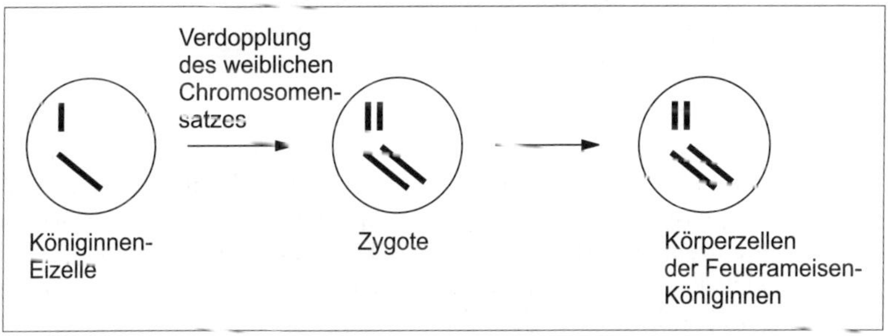

b Aus „normalen“ Eizellen entstehen nach der Befruchtung durch haploide Spermien aus dem Vorrat der Spermathek zunächst diploide Zygoten. Die Chromosomen der Königin werden anschließend vernichtet. Ein haploides Männchen entsteht, das nur den väterlichen Chromosomensatz trägt und daher genetisch mit seinem Vater-Individuum identisch ist.

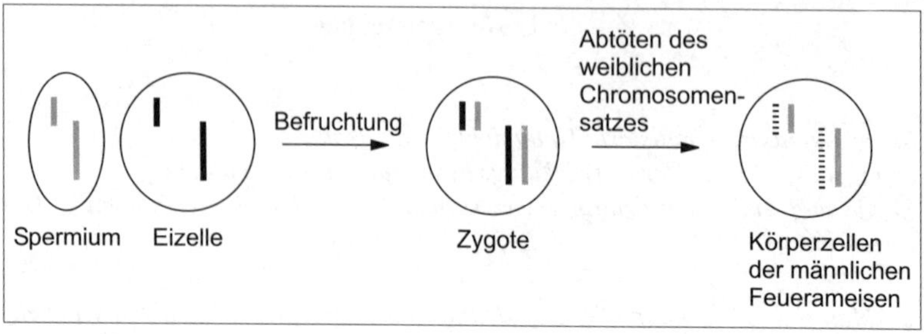

c Wenn die „normalen" Eizellen von einem haploiden Spermium befruchtet werden und das weibliche Erbgut erhalten bleibt, entwickelt sich aus der diploiden Zygote eine unfruchtbare Arbeiterin.

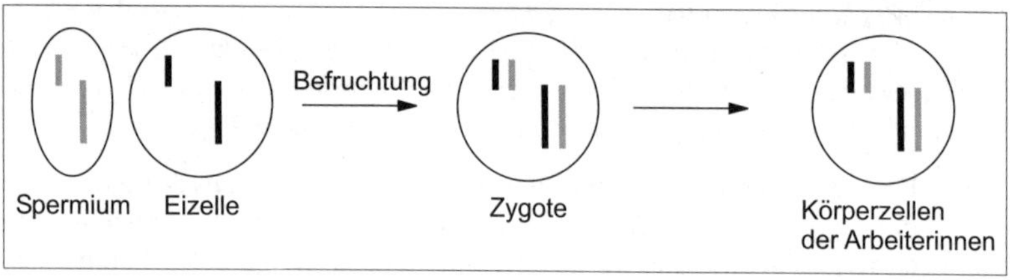

2 *Beschreiben Sie in dieser Aufgabe auf der Grundlage Ihrer Überlegungen in Aufgabe 1 noch einmal die wesentlichen Vorgänge bei der Fortpflanzung der Feuerameisen im Vergleich zu den anderen Ameisenarten.*
Beachten Sie dabei, dass die Erläuterung der zellbiologischen Hintergründe erst in Aufgabe 3 verlangt wird!

a Die Feuerameisen-Königin verwendet wie die anderen Ameisen-Arten vermutlich besondere „Königinnen-Eier" zur Bildung von neuen Königinnen. Im Gegensatz zu den anderen Ameisenarten entstehen diese aber ohne die Befruchtung durch die Spermien in der Spermathek der Königin, sondern durch Jungfernzeugung. Die Feuerameisen-Königinnen müssen also die Fähigkeit entwickelt haben, durch Hormone oder andere Signalstoffe die fertigen Eizellen ohne Befruchtung zur Verdopplung ihres Chromosomensatzes zu veranlassen. Während der Chromosomensatz bei Königinnen anderer Ameisenarten aus sexueller Rekombination der väterlichen und mütterlichen Anteile während der Meisose entsteht, ist er bei den Feuerameisen-Königinnen mit der Mutter 100 %-ig identisch, sie klonen sich also selbst. Da zur Entstehung der neuen Königinnen die Spermien nicht benötigt werden, haben die männlichen Gene keinen Anteil am Genpool der Königinnen.

b Im Gegensatz zu anderen Ameisenarten entstehen männliche Individuen bei den Feuerameisen aus befruchteten Eiern. Da die Männchen aber auch hier haploid sind, müssen die mütterlichen Chromosomen in den Zygoten „irgendwie erkennbar" sein. Nach der Befruchtung wird der weibliche Anteil aufgelöst und die Nachkommen sind 100 %-ig genetisch mit ihrem Vater identisch. Damit klonen sich bei den Feuerameisen auch die Männchen selbst und der Genpool der Männchen ist von dem der Königinnen komplett getrennt.

c Die diploide Zygote entwickelt sich nach der Befruchtung „regelhaft“ zu einer diploiden Arbeiterin. Hier vermischen sich zwar der männliche und der weibliche Genpool, wie bei anderen Ameisenarten sind die Arbeiterinnen aber unfruchtbar (durch Signalstoffe der Königin) und tragen daher nichts zur Weitergabe der Gene bei.

3 *Hier geht es nun darum, mögliche zell- und molekularbiologischen Hintergründe der in Aufgabe 2 dargestellten Vorgänge genauer zu beleuchten. Erläutern Sie detailliert aufgrund Ihres Wissens die zur Entwicklung eines Embryos bzw. zur „Zerstückelung“ von DNA benötigten Stoffe und Mechanismen. Sie können sich hierbei auf die beiden „besonderen“ Fälle der Königinnen und der Männchen beschränken, da der dritte Fall der normalen sexuellen Fortpflanzung entspricht und Ihnen daher bekannt sein sollte.*

a In einem Ameisennest sind von den weiblichen Individuen nur die Königinnen zur Keimzellbildung und damit zur Fortpflanzung fähig. Dazu müssen die Königinnen gegen die eigenen Signalstoffe, die die Unfruchtbarkeit der Arbeiterinnen bedingen, immun sein. Dies wird vermutlich bereits in der Embryonalentwicklung der zukünftigen Königinnen (z. B. durch die unterschiedliche Ausstattung der Eizellen mit Polplasma) initiiert.
In der Oogenese (Eizellenbildung) der Königinnen wird der diploide Chromosomensatz der Urkeimzellen vermutlich durch Meiose reduziert. Um die unterschiedlichen Eiertypen produzieren zu können, muss die Oogenese durch Signalstoffe (vermutlich Hormone, die in Abhängigkeit von bestimmten Außensignalen produziert werden), variabel sein.
Da die Königinnen in allen Genen homozygot sind, können auch bei einer Rekombination im Laufe der Keimzellenbildung keine Veränderungen der genetischen Substanz zustande kommen. Damit sind die Eizellen genetisch identisch mit der Trägerin.
Entsteht ein „Königinnen-Ei“, wird der haploide Chromosomensatz der Eizelle / Zygote anschließend durch eine DNA-Replikation ohne anschließende Mitose wieder identisch verdoppelt. Wie bei allen genetischen Prozessen können dabei Mutationen entstehen. Da diese aber relativ selten auftreten (und dazu evtl. noch durch das intakte Allel unterdrückt werden können), ist auch das Tochterindividuum mit der Mutter praktisch genetisch identisch.
Diese DNA-Verdopplung muss durch spezielle Signalstoffe (Enzyme, Hormone etc.) gesteuert werden, die im speziellen Polplasma der Eizelle gespeichert bzw. produziert werden. Aus der diploiden Zelle entwickelt sich dann analog zu den anderen Ameisenarten ein diploides Weibchen.

b In der Oogenese der Königinnen entstehen ähnlich wie oben beschrieben diejenigen Eier, aus denen sich nach Befruchtung ein haploides Männchen oder eine diploide Arbeiterin entwickelt.
Nach der Befruchtung muss in den Eiern, die später haploide, männliche Individuen ausbilden sollen, der weibliche Chromosomensatz aufgelöst werden. Da die Spermien bei der Befruchtung außer der DNA nichts mit in die Eizelle bringen, muss die Information dafür auf den männlichen Chromosomen zu finden sein und in der frühen Embryonalentwicklung abgelesen werden.
Es entstehen vermutlich Enzyme *(Restriktionsenzyme)*, die spezifisch die weibliche DNA zerschneiden und damit gezielt die weiblichen Chromosomen denaturieren. Dazu muss die männliche DNA ein „Erkennungszeichen" tragen, das sie vor der Wirkung des Enzyms schützt *(oder umgekehrt: die weibliche DNA trägt ein Erkennungszeichen, das das Enzym braucht, um wirksam zu werden)*. Aus der haploiden Eizelle entwickelt sich dann das für die Hautflügler typische haploide Männchen.

Über einen bisher unbekannten Mechanismus wird dabei gesteuert, ob sich eine befruchtete Eizelle zu einem Männchen oder zu einer sterilen Arbeiterin entwickelt. Eventuell bilden die Männchen zwei Sorten von Spermien: Eine, in der das Gen für das Restriktionsenzym aktiv werden kann, und eine, in der es abgeschaltet bleibt.

4 *Erläutern Sie hier detailliert eine molekularbiologische Methode Ihrer Wahl zur Identifizierung von bestimmten DNA-Sequenzen. Setzen Sie, wenn möglich, zur Erläuterung der Vorgänge einfache beschriftete Skizzen ein. Dies könnte z. B. so aussehen:*

Wie oben beschrieben sind die Genpools von Männchen und Königinnen genetisch getrennt. Da es keinerlei Rekombination gibt, kann sich die genetische Ausstattung durch Mutationen in unterschiedliche Richtungen entwickeln. In den sterilen, diploiden Arbeiterinnen lässt sich die Herkunft von unterschiedlichen Genen daher durch den Einsatz von Gensonden bestimmen:
Aus den Zellen der männlichen Individuen wird die genomische DNA isoliert. Mithilfe der PCR werden Abschnitte von Genen mit bekannter Sequenz vermehrt und dabei radioaktiv markiert *(z. B. durch Einbau von ^{14}C-dThymidin)* oder mit einem Fluoreszenzfarbstoff verbunden. Auf dem gleichen Weg können aus weiblichen Zellen entsprechende „Marker" gewonnen werden. Voraussetzung hierfür ist, dass sich die Sequenzen der Gene bei Männchen und Königinnen stark genug unterscheiden.

Damit die Bindung der Sonde an die Sequenz verhindert wird, müssen wenigstens 10–12 aufeinander folgende Basen verschieden sein.

Die so gewonnenen Gensonden werden nun in einer DNA-Hybridisierung eingesetzt: Genomische DNA der Arbeiterinnen wird aus deren Zellen isoliert und mit einem Restriktionsenzym gespalten. Nach der Spaltung werden die Fragmente elektrophoretisch aufgetrennt und auf eine spezielle Folie übertragen.

Durch Erhitzen oder Behandlung mit Alkalien werden die DNA-Doppelstränge der genomischen DNA und der Gensonde in Einzelstränge aufgetrennt.
Fügt man nun die „weibliche" bzw. die „männliche" Gensonde zu zwei separaten Folien hinzu, hybridisieren (binden) sie mit komplementären Sequenzen der DNA-Fragmente. Nachdem man nicht gebundene Sonden abgewaschen hat, kann man die radioaktiv markierten Bereiche der Folien nachweisen. Ist im Genom der Arbeiterinnen das Gen vorhanden, dessen Sequenz derjenigen der jeweiligen Gensonde entspricht, färbt sich ein aufgelegter Röntgenfilm an dieser Stelle schwarz bzw. der Bereich leuchtet unter UV-Licht auf.

Eine weitere mögliche Lösung wäre die Charakterisierung der unterschiedlichen Chromosomensätze durch „genetic fingerprinting"*: Nach der Isolation der DNA aus den Zellen der Arbeiterinnen werden bestimmte Bereiche mit der PCR-Technik vermehrt und anschließend mithilfe geeigneter Restriktionsenzyme geschnitten. Es entstehen unterschiedliche kurze Sequenzen, die sich mit der Methode der Gelektrophorese nach Länge sortieren lassen. Die entstehenden Muster sind charakteristisch für die männliche bzw. die weibliche DNA. Im Vergleich mit Isolaten aus den Zellen von Königinnen und den Männchen wird sichtbar, dass in den Zellen der Arbeiterinnen beide Chromosomensätze kombiniert vorliegen.*
Man könnte auch die Basensequenz des fraglichen DNA-Abschnitts mittels DNA-Sequenzierung bestimmen. Dazu werden z. B. bei der Methode der Kettenabbruch-Sequenzierung unterschiedlich lange Kopien eines der beiden DNA-Stränge hergestellt, die jeweils mit einem markierten „Kettenabbruch-Nukleotid" enden. Der Sequenzierreaktion (mit zu sequenzierender DNA, DNA-Polymerase und einem Primer) werden dazu neben den normalen Desoxynukleotiden (dNTPs) auch Didesoxynukleotide (ddNTPs) zugefügt, an denen die Kettenverlängerung abbricht. Je nach Base (A, T, C, G) sind diese ddNTPs unterschiedlich farbig markiert. Das entstehende Gemisch wird elektrophoretisch aufgetrennt. Mithilfe eines Detektors wird dann die Abfolge der Farben der unterschiedlich langen Fragmente in die Basenabfolge übersetzt.
Im Fall der heterozygoten Weibchen hätte man allerdings zwei unterschiedliche Sequenzen im Gemisch. Dies könnte Probleme bei der Sequenzierung verursachen.

Abiturprüfung 2007 Leistungskurs Biologie (Hessen)
A: Genetik

Chorea Huntington

1 Beschreiben Sie den molekularen Vorgang der identischen Reduplikation der DNA und erklären Sie das Entstehen der Triplett-Wiederholungen bei Chorea Huntington nach dem Polymerase-Slippage-Modell (Material 1 und 2). 17 BE

2 Stellen Sie anhand der Materialien 1, 3 und 4 den Zusammenhang dar zwischen der Länge des HD-Allels und
– der Wahrscheinlichkeit des Ausbruchs der Krankheit,
– dem zu erwartenden Erkrankungsalter der Personen. 11 BE

3 Interpretieren Sie das Ergebnis der Gelelektrophorese (Material 5) für die untersuchten Personen und entwickeln Sie eine Prognose für die zukünftige Gesundheit der Betroffenen unter Berücksichtigung der Materialien 1, 3 und 4. 14 BE

4 Diskutieren Sie die Durchführung einer pränatalen Untersuchung bei einer gesunden schwangeren Frau, deren Lebensgefährte heterozygote Anlagen für Chorea Huntington trägt, unter Berücksichtigung der theoretischen Erkrankungswahrscheinlichkeit des Ungeborenen. 8 BE

50 BE

Material 1

Chorea Huntington

Die Chorea Huntington (Huntington Disease, HD) wurde 1872 von dem New Yorker Arzt George Huntington ausführlich beschrieben. Es ist eine der häufigsten erblich bedingten, autosomal-dominanten Hirnstörungen mit einer Häufigkeit von ca. 1 : 10 000, die meist erst im mittleren Lebensalter auftritt und mit vorzeitigem Tod enden kann. Sie beruht auf einer Zerstörung von Nervenzellen, die für die Steuerung von Bewegungsabläufen zuständig sind. Neben Bewegungsstörungen kommen psychische Veränderungen hinzu, im Endstadium tritt der Verlust geistiger Fähigkeiten ein (Demenz). Die Einnahme von Medikamenten kann die Symptome vermindern, eine Heilung gibt es jedoch nicht. Das krankmachende Gen (Huntingtin-Gen) liegt auf dem kurzen Arm des Chromosoms 4. Schon bei gesunden Menschen wiederholt sich dort das Basentriplett CAG mehrfach. Bei HD-Kranken ist die Anzahl der sich wiederholenden Tripletts (repeats) verändert und lässt sich schon bei Ungeborenen durch Elektrophorese nach einer Amniozentese oder Chorionzottenbiopsie (zwei vorgeburtliche Untersuchungsmethoden) nachweisen. Als Ursache für dieses „Stottergen“ wird das so genannte Slippage angenommen, ein „Verrutschen“ der DNA-Polymerase vermutlich nur in Bereichen der DNA mit Wiederholungsmustern.

verändert nach: Gesamtband Biologie Oberstufe, Cornelsen 2001, S. 186 f.

Material 2

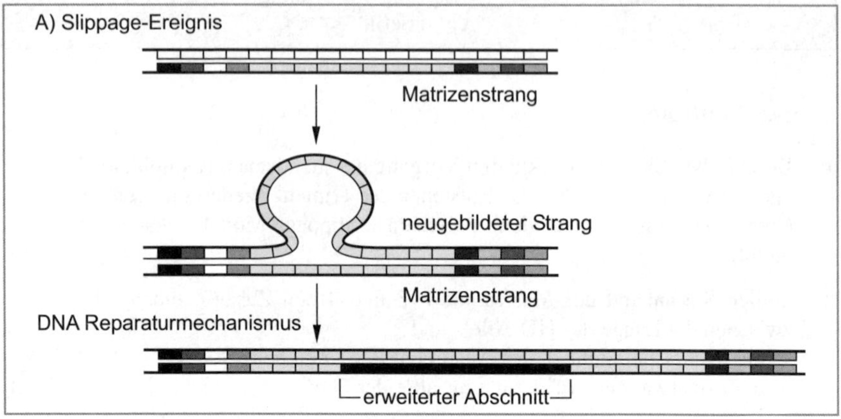

verändert nach: www.stanford.edu/group/hopes/causes/mutation/f_q05slippage.gif

Material 3

Die Tabelle zeigt die Länge des HD-Allels (Anzahl der Wiederholungen der CAG-Tripletts) auf Chromosom 4 bei Gesunden und bei HD-Patienten.

Anzahl der Wiederholungen der Tripletts CAG	Gesunde (%)	HD-Kranke (%)
> 48	0	59
36–47	0	41
30–35	1	0
25–30	1	0
< 24	98	0

verändert nach: Gesamtband Biologie Oberstufe, Cornelsen 2001, S. 187

Material 4

Die Abbildung zeigt die Abhängigkeit des Erkrankungsalters von der Anzahl der Triplett-Wiederholungen.

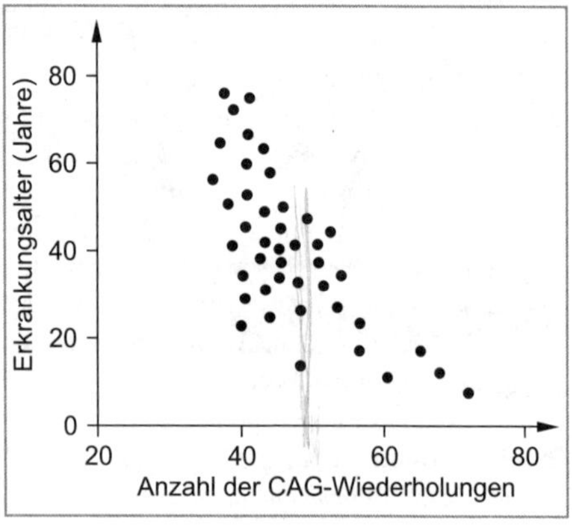

verändert nach: Handbuch für den Unterricht, Biologie Oberstufe, Cornelsen 2003, S. 175

Material 5

Die Abbildung zeigt die Gen-Analyse einer Familie, in der beide Eltern die Krankheit Chorea Huntington (HD) haben. Das Geschlecht der Kinder wurde nicht berücksichtigt. Als Analysenmethode wird die Gelelektrophorese eingesetzt. Bei dieser Methode wandern Moleküle je nach Länge/Größe unterschiedlich weit. Das Ergebnis der Gelelektrophorese ist ein Bandenmuster. Dieses lässt erkennen, dass jede Person zwei Allele für das Huntingtin-Gen besitzt. Sie werden nach den Mendel'schen Regeln vererbt. Die Spuren 9 und 10 sind Vergleichsspuren, sie dienen als Größenmarker und zeigen Banden mit 18 (Spur 9) bzw. 48 (Spur 10) CAG-Wiederholungen.

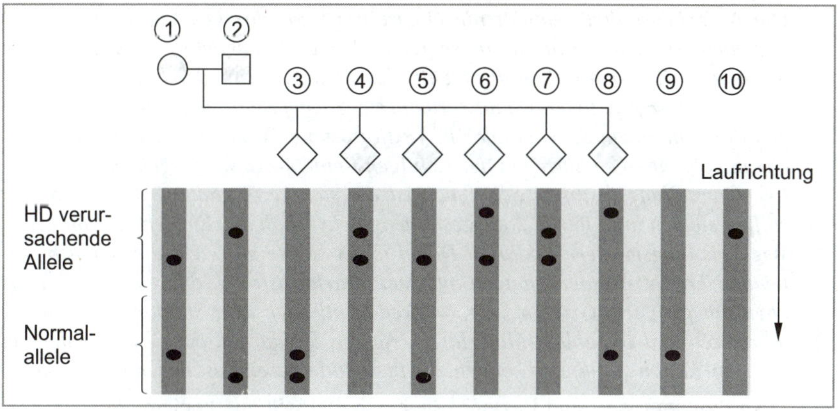

verändert nach: Handbuch für den Unterricht, Biologie Oberstufe, Cornelsen 2003, Seite 175

Lösungsvorschläge

In der Aufgabe thematisierte Unterrichtsinhalte sind:

- *Molekulare Grundlagen der Genetik: Bausteine der DNA, Doppelhelix, semikonservative Reduplikation, Funktion der DNA-Polymerase, Triplettcode, DNA-Reparaturmechanismen*
- *Stammbaumanalyse*
- *Biologische Arbeitsmethoden: Gelelektrophorese, Auswertung von Autoradiogrammen und x-y-Diagrammen*

1 *Die Aufgabenstellung enthält die Operatoren „beschreiben" und „erläutern" und umfasst so die Anforderungsbereiche I und II. Zunächst müssen Sie Ihre Kenntnisse über den Ablauf der identischen Reduplikation der DNA in eukaryotischen Zellen reaktivieren und Strukturen, Sachverhalte und Zusammenhänge detailliert in einem Schema oder in Textform unter Verwendung der Fachsprache in vollständigen Sätzen in der richtigen Reihenfolge wiedergeben. Die jeweilige Darstellung in ihrem Schulbuch ist die sichere Grundlage dafür. Danach sollten sie den in Material 2 dargestellten Sachverhalt der Entstehung von CAG-Wiederholungsmustern erklären. Dabei ist es sicher hilfreich, die schon bestehenden Triplett-Wiederholungen auf dem Matritzenstrang, dargestellt als Kästchen mit gleichem Grauton, vor, während und nach dem Slippage-Ereignis zu markieren und zu zählen (Material 2). Achten Sie darauf, dass zwei Fehler bei der Replikation stattfinden können, die in unmittelbaren Zusammenhang stehen.*

DNA-Polymerasen sind Enzyme, die einen DNA-Strang kopieren können. Dabei stellen sie einen kompletten komplementären Strang zum Matrizenstrang her. Die Synthese des neuen Stranges erfolgt aus in der Zelle verfügbaren Nucleotid-Triphosphaten. Die Energie zur Verknüpfung der Nucleotide wird jeweils durch die Abspaltung zweier Phosphatgruppen aus dem Triphosphat bereitgestellt. DNA-Polymerasen brauchen einen **Primer** zum Start der Synthese, an ihn wird das erste Nukleotid angeknüpft. Die Polymerasen können den neuen DNA-Strang an der Matrize nur in 5' → 3'-Richtung synthetisieren. Die Replikation beginnt bei Eukaryoten mit der Trennung des Doppelstranges an den sogenannten Replikationsursprüngen durch das Enzym **Helicase**. Es bilden sich mehrere Replikationsblasen, die an jedem Ende eine **Replikationsgabel** besitzen. In jeder Replikationsgabel katalysieren RNA-Polymerasen, sogenannte Primasen die Synthese kurzer RNA-Startmoleküle, die Primer. Ausgehend von den Primern verläuft die DNA-Neusynthese am 3' → 5'-**Matritzenstrang** kontinuierlich, da dort die DNA-Polymerase der Verschiebung der Replikationsgabel folgt. Am anderen Elternstrang kann die Synthese nur stückweise in der weiterschreitenden Replikationsgabel erfolgen. Diese, nach ihrem Entdecker benannten, „**OKAZAKI-Stücke**" werden nach dem Herauslösen der RNA-Primer und Auffüllen der Lücken mit DNA-Nukleotiden mithilfe des Enzyms Ligase zu einem geschlossenen Strang verknüpft. Da die Stränge nun jeweils aus einem alten und neu syn-

thetisierten DNA-Strang bestehen, bezeichnet man die Art der Replikation als semikonservativ.
Die vermehrten CAG-Triplett-Wiederholungen auf dem kurzen Arm von Chromosom 4 entstehen durch eine fehlerhafte Replikation im Bereich schon vorhandener **CAG-Wiederholungen**.
Hypothese 1: Die DNA-Polymerase verharrt an einem Punkt des Matrizenstranges und synthetisiert weitere CAG-Nukleotide. Dadurch entsteht eine Schlaufe im neu gebildeten Strang. Daraus resultiert Hypothese 2: Nun setzt der DNA Reparaturmechanismus am falschen Strang an. Statt die überzähligen CAG-Nukleotide aus dem neuen Strang zu schneiden, wird der Matritzenstrang um die entsprechende Anzahl komplementärer Tripletts ergänzt.
Im konkreten Beispiel hat sich die Anzahl der sich wiederholenden CAG-Nukleotide verdoppelt (siehe Material 2). Das HD-Allel erhält so im Verlauf der Generationen unterschiedlich lange Triplett-Wiederholungen.

*Die Darstellung in Material 2 impliziert, dass dieses **Slippage Ereignis** tatsächlich die Voraussetzung für eine spätere Erkrankung sei. Diese Neumutation ist nur bei 5–10 % der Patienten anzunehmen. Der überwiegende Teil der Chorea Huntington Patienten hat das defekte Gen von ihren Eltern geerbt, d. h. das erwähnte Slippage-Ereignis hat vermutlich vor vielen Generationen bei einem der Vorfahren als besondere Form der Mutation stattgefunden.*

2 *Die veränderte Anzahl der sich wiederholenden CAG-Tripletts (repeats) ist schon in Aufgabe 1 geklärt worden. Anhand der Materialien 3 und 4 können Zusammenhänge zwischen der Länge des HD-Allels, dem Erkrankungsalter und der Wahrscheinlichkeit des Ausbruchs der Krankheit hergestellt werden. Diese Zusammenhänge sollen strukturiert und fachsprachlich einwandfrei wiedergegeben werden. Dazu sollten Sie zunächst Material 3 interpretieren. Achten Sie darauf, die beiden Personengruppen getrennt zu betrachten und festzustellen, wie groß die Anzahl der CAG-Wiederholungen sein muss, damit der Phänotyp Chorea Huntington auftritt. Zur Bearbeitung von Material 4 verschieben Sie ihr Lineal parallel zur Y-Achse des Grafen und erfassen das mögliche Erkrankungsalter bei der jeweiligen Anzahl der CAG-Wiederholungen. Jeder Punkt ist ein Erkrankungsfall. Ergänzen Sie die Grafik um Hilfslinien für 30 – 35 – 45 – 50 – 55 CAG-Wiederholungen sowie für 25 – 30– 35 – 45 – 50 – 55 – 65 – 70 – 75 Jahre und erleichtern Sie sich damit die Orientierung, Beschreibung und Argumentation.*

Der Zusammenhang zwischen der Länge des **HD-Allel**s und dem Ausbruch der Krankheit stellt sich wie folgt dar:
- Gesunde Personen zeigen nach dieser Untersuchung eine Anzahl von CAG-Wiederholungen von bis zu 35. Bis zu 24 CAG-Wiederholungen finden sich bei 98 % der Gesunden.
- Ab 36 Wiederholungen tritt die Krankheit auf.
- In der untersuchten Personengruppe hatten 41 % der Erkrankten 36–47 Wiederholungen und 59 % mehr als 48 Wiederholungen.

Der Zusammenhang zwischen der Länge des HD-Allels und dem zu erwartenden Erkrankungsalter stellt sich wie folgt dar:

- Bei 36–38 CAG-Wiederholungen liegt das Erkrankungsalter jenseits von 40 bis zu 78 Jahren.
- Bei 39–46 CAG-Wiederholungen liegt das Erkrankungsalter zwischen 22 und 77 Jahren, wobei die meisten Personen zwischen 35 und 45 Jahren erkranken.
- 46–60 CAG-Wiederholungen lassen die Krankheitssymptome zwischen 10 und 43 Jahren erscheinen.
- Bei 65–80 Wiederholungen liegt das Erkrankungsalter unter 20 Jahren. Auch Kleinkinder können schon erkranken.

Fazit: Ab 36 Wiederholungen sind also alle untersuchten Personen vom Ausbruch der Krankheit betroffen. Je größer die Zahl der CAG-Wiederholungen, desto früher bricht die Krankheit aus, und desto größer ist die Wahrscheinlichkeit, dass die Krankheit überhaupt auftritt. Bei Häufigkeiten von 36–38 ist es möglich (d. h. die Wahrscheinlichkeit groß), dass der HD-Allelträger sein Lebensende erreicht, bevor die Krankheit ausbricht.

3 *Interpretieren ist ein anspruchsvoller Operator, der von Ihnen verlangt, die in Material 5 vorliegenden Sachverhalte in Form von experimentellen Ergebnissen auf Erklärungsmöglichkeiten hin zu untersuchen, diese gegeneinander abzuwägen und auf das ursprüngliche Problem zu beziehen. Das bedeutet, das Ergebnis der Gelelektrophorese ausgehend von den möglicherweise schon erkrankten Eltern für jede einzelne Person zu deuten. Dabei ist unter Berücksichtigung der Laufrichtung und der Vergleichsspuren zunächst die Zahl der CAG-Wiederholungen größer, gleich oder kleiner als 48 bzw. 18 repeats zu bestimmen. Setzen Sie sich Hilfslinien aus den Ergebnissen der Spuren 9 und 10. Weiter ist zu bestimmen, ob die Personen heterozygot oder homozygot bzgl. des HD-Allels sind. Aus diesen Daten und den gewonnenen Erkenntnissen aus den Materialien 1, 3 und 4 kann nun für jede Person eine medizinische Prognose erstellt werden.*

Interpretation der Gelelektrophorese:

Mutter 1	heterozygot, weniger als 48 CAG-Wiederholungen auf einem Allel, potenziell krank
Vater 2	heterozygot, 48 CAG-Wiederholungen auf einem Allel, potenziell krank
Kind 3	homozygot, weniger als 18 CAG-Wiederholungen, gesund
Kind 4	homozygot, 48 CAG-Wiederholungen auf einem Allel, potenziell krank
Kind 5	heterozygot, weniger als 48 CAG-Wiederholungen auf einem Allel, potenziell krank
Kind 6	homozygot, mehr als 48 CAG-Wiederholungen (mehr als der Vater), potenziell krank
Kind 7	homozygot, 48 CAG-Wiederholungen, potenziell krank

Kind 8 heterozygot, mehr als 48 CAG-Wiederholungen auf einem Allel (mehr als der Vater), potenziell krank

Die HD-Allele der Kinder 6 und 8 zeigen längere Wiederholungsmuster als die des Vaters und werden u. U. schon früh in einem Alter zwischen 20–30 Jahren erkranken. Die Kinder 4 und 7 und der Vater (falls nicht schon erkrankt) tragen das Risiko zwischen 20–45 Jahren zu erkranken. Kind 5 und die Mutter (falls nicht schon erkrankt) könnten schon früh (ab 22 Jahren) aber auch erst sehr spät, mit 60 Jahren, erkranken. Nur Kind 3 ist homozygot gesund.

4 *Der Operator diskutieren ist ebenfalls komplex und beinhaltet, dass Argumente und Beispiele zu dem Sachverhalt pränatale genetische Untersuchung einander gegenübergestellt und abgewogen werden sollen. Klären Sie zunächst unter Anwendung der Mendel'schen Regeln das mögliche Erkrankungsrisiko des Ungeborenen. Es wird hier ein neuer Fall beschrieben, der Vater des Kindes ist heterozygot, über die Mutter ist nicht bekannt, dass HD-Allele vorliegen. Man muss annehmen, dass die Mutter keine HD-Allele trägt. Wägen Sie dann die Argumente pro und contra einer pränatalen Untersuchung ab.*

Das Risiko, das HD-Allel des heterozygoten Vaters zu erben beträgt bei einer bzgl. des HD-Allels homozygot gesunden Mutter nach der Rückkreuzungsregel 50 %. Das ist ein hohes Risiko für das Ungeborene HD-Allelträger zu sein.

- Da das Untersuchungsrisiko, z. B. Herbeiführung eines Abortes, gering ist (unter 1 %), ist eine pränatale Untersuchung bei vorliegendem Befund aus medizinischen Gründen sicher zu befürworten. Das Gesetz lässt einen Abbruch der Schwangerschaft in diesem Falle zu.
- Hier wäre sicher wichtig zu klären, ob die Zahl der CAG-Wiederholungen bei diesem Ungeborenen bestimmt werden kann, um eine Prognose für den Erkrankungsbeginn anzustellen. Die Eltern, letztlich aber die Mutter muss diese schwere Entscheidung treffen, d. h. mit ihrem Gewissen und ihrem Glauben vereinbaren können.
- Eine Entscheidung für die Abtreibung wird aus einer Sicht sicher positiv bewertet, denn das Kind könnte schon als junger Erwachsener erkranken. Was werden die Auswirkungen auf sein Leben sein?
- Betrachtet man die Konsequenzen für das Kind und seine Eltern, sollten sie sich für das Leben des mit dem HD-Allel belasteten Kindes entscheiden: Kann man mit dem Wissen um die zukünftige Erkrankung des Kindes leben? Wird man das Kind über seinen Gendefekt und die Konsequenzen informieren? Verantwortliches Handeln beinhaltet hier die Information des Kindes über sein Krankheitsrisiko. Dabei ist nicht klar, ob ein junger Mensch diese Zukunftsoption ohne psychische und seelsorgerische Betreuung verkraftet.
- Unabhängig vom medizinisch machbaren stellt sich die Frage, ob einmal entstandenes Leben durch die Abwägung von Risiken an seiner Entwicklung gehindert werden soll. Ist es ethisch-moralisch vertretbar einen Embryo zu töten, weil er ein Gen in sich trägt, das zu einem Zeitpunkt X zu einer schwer-

wiegenden Erkrankung mit Todesfolge führt? Dieser Zeitpunkt könnte ja jenseits des Alters 60 Jahre liegen, also nach einem weitgehend unbeschwerten erfüllten Leben.

- Nüchtern betrachtet trägt eine Entscheidung für die Abtreibung zur Eliminierung des defekten Gens aus dem Genpool bei. Das Risiko, diesen Gendefekt in Zukunft zu erben, wird verringert.

Abiturprüfung 2007 Leistungskurs Biologie (Hessen)
B: Ökologie und Stoffwechsel

Die Fotosynthese der CAM-Pflanzen

1 Beschreiben Sie die Grundvorgänge der lichtabhängigen Reaktionen der Fotosynthese bis zur Entstehung von NADPH + H^+ und ATP unter Berücksichtigung des Protonengradienten (Material 2). 14 BE

2 Beschreiben Sie unter Einbeziehung des Materials 3 die Aufnahme und Fixierung von CO_2 in den lichtunabhängigen Reaktionen der Fotosynthese bei der Bohne.
Vergleichen Sie mit den Vorgängen bei der CO_2-Fixierung beim Brutblatt (Material 4). 19 BE

3 Analysieren Sie anhand von Material 4 und 5, welche physiologischen Mechanismen den CAM-Pflanzen die Besiedlung der in Material 1 genannten Lebensräume ermöglichen. 17 BE

50 BE

Material 1

Als der Engländer HEYNE 1815 am Morgen und am Abend desselben Tages ein paar Blätter des als Zimmerpflanze beliebten Brutblattes zerbiss, fiel ihm auf, dass sie abends weniger sauer schmeckten als morgens. Diese Feststellung führte in der Folgezeit zu systematischen Untersuchungen an dieser und an anderen sukkulenten Pflanzen.

Sukkulenten sind Wasserspeicherpflanzen, deren Blätter oder Sprossachsen fleischig verdickt sind, wie z. B. das Brutblatt. Viele Sukkulenten gehören zu den sogenannten CAM-Pflanzen (CAM = *crassulaceen acid metabolism*). Bei ihnen verlaufen die lichtabhängigen Reaktionen der Fotosynthese genauso wie bei Pflanzen unserer Breiten, z. B. normalen Samenpflanzen wie der Bohne. Allerdings gibt es bei Sukkulenten auch Besonderheiten: So verlieren einheimische Samenpflanzen bei der fotosynthetischen Erzeugung von 1 g Trockenmasse ca. 1 000 g Wasser, eine CAM Pflanze jedoch nur 50–100 g. Ferner gibt es Unterschiede bei den lichtunabhängigen Reaktionen der Fotosynthese.
Sukkulenten besiedeln Lebensräume, für die Wassermangel, starke Sonneneinstrahlung und hohe Tagestemperaturen typisch sind.

verändert nach: Biologie heute SII, Schroedel-Verlag, Hannover 2004

Material 2

Vorgänge an den Thylakoidmembranen

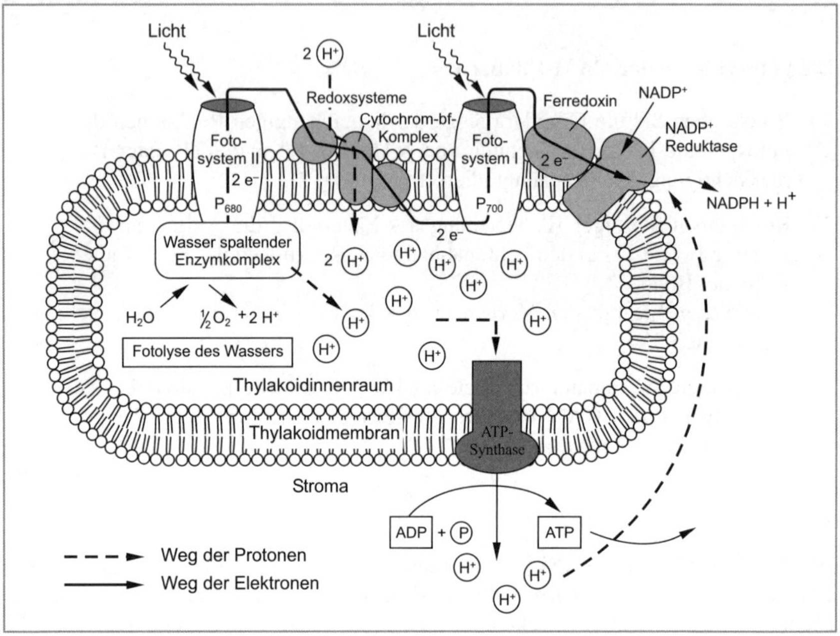

verändert nach: Biologie heute SII, Schroedel-Verlag, Hannover 2004, S. 103

Material 3

CO_2-Umsatz bei einer sukkulenten Pflanze (Brutblatt) und einer einheimischen Samenpflanze (Bohne).

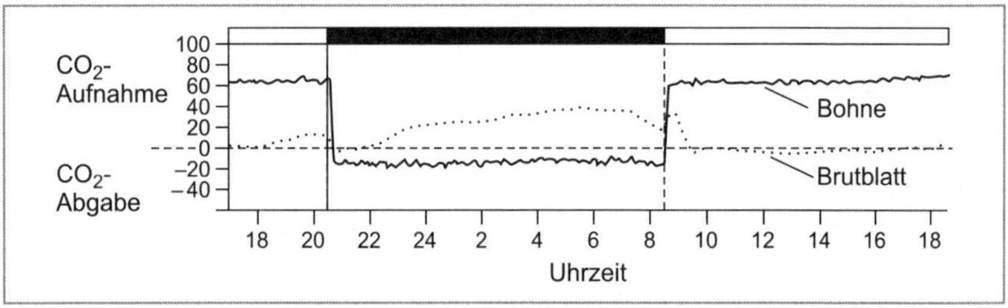

verändert nach: Mohr, Schopfer, Lehrbuch der Pflanzenphysiologie, 3. korrigierte Auflage 1985, Springer Verlag Berlin Heidelberg New York, S. 239

Material 4

Fotosynthesereaktionen bei CAM-Pflanzen

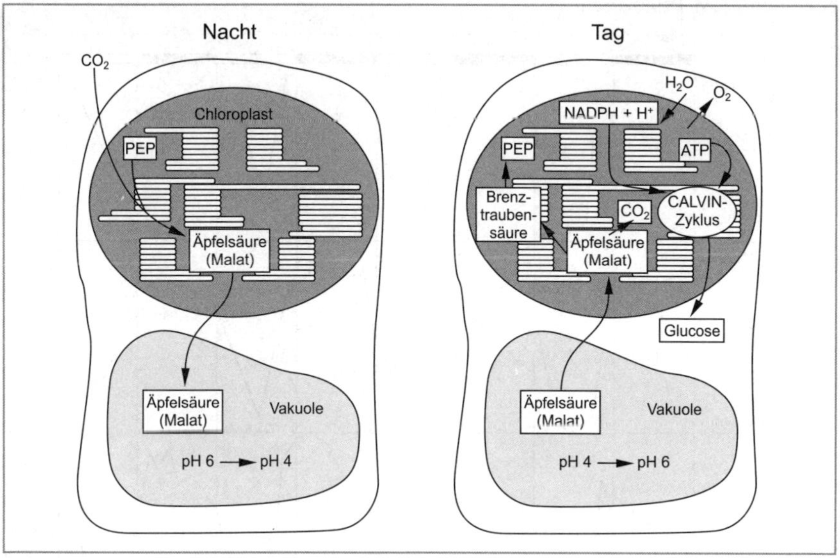

Legende:

PEP:	Phosphoenolpyruvat (Phosphoenolbrenztraubensäure)
Brenztraubensäure:	C_3-Körper
Malat (Äpfelsäure):	C_4-Körper

verändert nach: Stoffwechselphysiologie, Materialien für den Sekundarbereich II, Schroedel-Verlag, Hannover 1999, S. 120, Abbildung 120.1

Material 5

Rhythmus von CO_2- und Wasserdampf-Austausch sowie Spaltöffnungsbewegungen bei einer CAM-Pflanze.

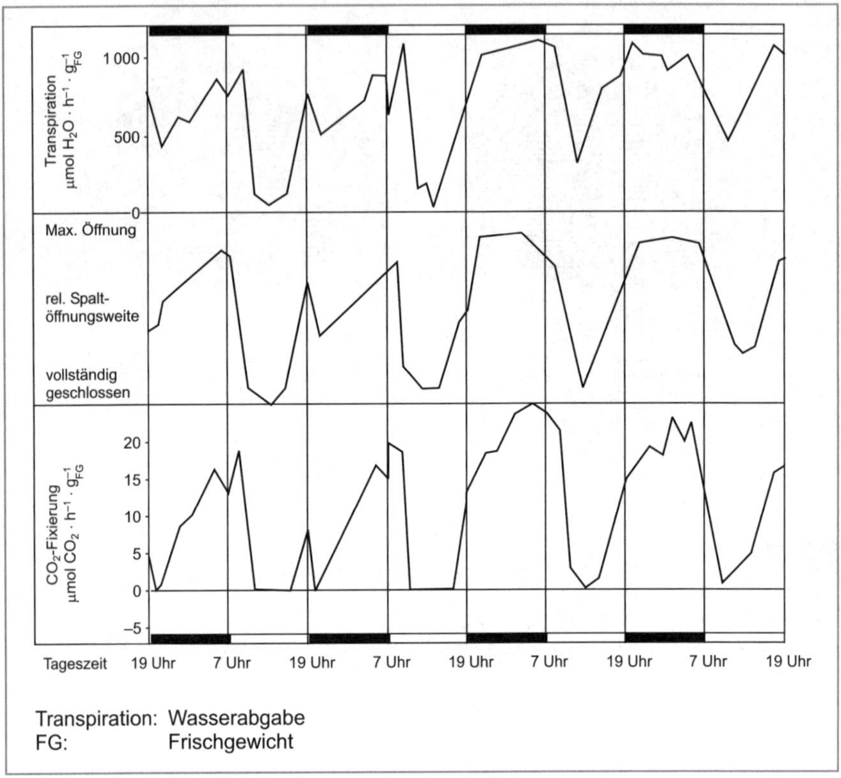

aus Natura, Stoffwechsel, Lehrerband, Klett-Verlag, Stuttgart 1995, S. 118

Lösungsvorschläge

In der Aufgabe thematisierte Unterrichtsinhalte sind:

- *Die lichtunabhängigen und die lichtabhängigen Reaktionen der Fotosynthese: Prinzip der ATP-Bildung aus ADP + P über einen Protonengradienten, Nutzung der Protonen aus der Wasserspaltung zur Reduktion von $NADP^+$, Aufnahme und Fixierung von CO_2 in den lichtunabhängigen Reaktionen der Fotosynthese (Calvin-Zyklus), Nutzung von NADPH + H^+ und ATP bei der Reduktion von Glycerinsäure-3-phosphat zu Glycerinaldehyd-3-phosphat, Energiefluss (Recycling von $NADP^+$ und ADP + P)*
- *Hydroregulation bei Pflanzen: Blattanatomie, Transpiration, Anpassung an trockene und heiße Standorte durch Tag/Nacht-Rhythmus*
- *Kennzeichen von Ökosystemen: Ökologische Nische, Zuordnung von Kenntnissen abiotischer und biotischer Faktoren zur Deutung der Anpassungsstrategien an extreme Lebensräume*

1 *Die Aufgabe enthält den Operator „beschreiben" aus den Anforderungsbereichen I und II. Es sollen die grundlegenden Strukturen, Sachverhalte und Zusammenhänge beim Ablauf der Lichtreaktion der Fotosynthese in Textform unter Verwendung der Fachsprache in vollständigen Sätzen dargestellt werden. Dabei ist die bildliche Darstellung in Material 2 eine Hilfe. Identifizieren Sie im Material 2 die einzelnen Elemente des Vorgangs, markieren Sie diese und beschreiben Sie die Teile der Abbildung. Ordnen Sie dann ihre Vorkenntnisse zu. Bewährt hat sich, den Weg der Elektronen vom Ort ihrer Freisetzung im Fotosystem II bis zur Reduzierung des $NADP^+$ zu verfolgen. Danach klärt man die Frage, wie das Elektronendefizit des Chlorophyll a im Fotosystem II durch die Wasserspaltung ausgeglichen wird. Als Letztes ist die Frage nach dem ATP-Aufbau und dem Antrieb dafür zu beantworten. Beachten Sie, dass Sie die hier vorliegende Schemadarstellung für die Bearbeitung verwenden. Sie wird sich z. T. von den Schemata aus Ihrem Unterricht bzw. Schulbuch unterscheiden.*

Unter Belichtung mit den entsprechenden Wellenlängen des sichtbaren Spektrums (680 nm) werden Elektronen der Chlorophyll a-Moleküle (Chl a) im Zentrum der **Lichtsammelfalle** des **Fotosystems II** durch direkte Absorption oder Weiterleitung absorbierter Lichtenergie durch Antennenpigmente (Chl b und Carotinoide) in einen angeregten Zustand versetzt, aus dem heraus Elektronen an die in der Thylakoidmembran eingelagerten **Redoxsysteme** abgegeben werden.
Die Übergabe der Elektronen von einem Redoxsystem an das in der Thylakoidmembran benachbarte ist mit Freisetzung von Energie verbunden, die z. B. im Falle des **Cytochrom-bf-Komplex**es dazu genutzt wird, Protonen gegen das Konzentrationsgefälle aus dem Stroma in den Thlylakoidinnenraum zu transportieren und dort anzureichern (aktiver Transport). Dabei sinkt der pH-Wert im Innenraum, da die Konzentration der Protonen zunimmt.
Analog werden Chlorophyll a-Moleküle im Zentrum der Lichtsammelfalle des **Fotosystems I** direkt (700 nm) oder durch Antennenpigmente angeregt und ge-

ben Elektronen an den benachbarten Redoxpartner **Ferredoxin** ab. Dieser überträgt die Elektronen an das Enzym **$NADP^+$-Reduktase**, wo je zwei zur Reduktion von **$NADP^+$** genutzt werden. Dabei wird $NADP^+$ durch die Bindung von jeweils zwei Protonen zu **NADPH + H^+**. Der an das Coenzym gebundene Wasserstoff wird in der lichtunabhängigen Reaktion der Fotosynthese zur Bildung von Kohlenhydraten aus CO_2 genutzt.

Zusammenfassung der Vorgänge:
Zum Aufbau von Kohlenhydraten im Calvin-Zyklus sind neben CO_2, H_2O und NADPH + H^+ Energieäquivalente in Form von **ATP** nötig. Sie entstehen aus ADP und anorganischem Phosphat an der **ATP-Synthase**, einem Membranprotein, welches die durch das große Konzentrationsgefälle der H^+-Ionen entstandene osmotische Energie nutzt, um ATP zu synthetisieren.
Das durch die Anregung entstehende Elektronendefizit des Chlorophyll a wird in beiden Fotosystemen auf unterschiedliche Weise ausgeglichen:

- Im Fotosystem II werden die Elektronen aus der enzymatischen Spaltung von Wasser in 2 H^+, ½ O_2 und 2 e^- nachgeliefert. Dabei wird der Thylakoidinnenraum weiter mit Protonen angereichert, sodass das Konzentrationsgefälle innen/außen weiter ansteigt.
- Im Fotosystem I wird das Elektronendefizit durch die vom Fotosystem II abgegebenen Elektronen gedeckt.

2 *Gehen Sie bei dieser Aufgabe systematisch vor. Markieren und beschreiben Sie zunächst den Verlauf der Kurven für die CO_2-Aufnahme der Bohnenpflanze und dem des Brutblattes. Vergleichen Sie dann die beiden Kurven. Damit erfassen Sie die unterschiedlichen Modalitäten der CO_2-Aufnahme und -Abgabe, welche weitere Schlüsse zulassen. Gehen Sie anschließend auf die Darstellung der Fixierung des CO_2 im Rahmen des Calvin-Zyklus ein. Die Aufgabe ist reproduktiv angelegt; am besten stellen Sie den Zyklus mithilfe einer Skizze dar.*
Im zweiten Teil dieser Teilaufgabe beschreiben Sie zuerst die am Tag und in der Nacht ablaufenden Prozesse in den abgebildeten fotosynthetisch aktiven Zellen der CAM-Pflanzen. Zuletzt vergleichen Sie den gesamten Ablauf der Fotosynthese bei C3- und CAM-Pflanzen, stellen Unterschiede heraus (Zwischenprodukt bei CAM, zeitliche Trennung) und weisen auf Gemeinsamkeiten (Zwischenprodukte und Produkte) hin.

Bohnenpflanzen nehmen von 8.30 Uhr am Morgen bis 20.30 Uhr am Abend, d. h. zu Zeiten der Belichtung der Pflanzen, eine konstante Menge CO_2 auf. Über die tatsächliche Menge kann keine Aussage getroffen werden, da die Ordinate der grafischen Darstellung nur relative Einheiten ausweist. In der Nacht ist eine ebenfalls konstante aber geringe CO_2-Abgabe festzustellen. Das Brutblatt nimmt zwischen 9.30 Uhr am Vormittag und 18.00 Uhr am Abend weder CO_2 auf noch gibt es welches ab. In den Abendstunden und in der Nacht nimmt die Pflanze zunehmend mehr CO_2 auf. Am Morgen kommt die CO_2-Aufnahme um 9.30 Uhr zum Erliegen.

Die Befunde weisen darauf hin, dass die Bohnenpflanze ihre Spaltöffnungen am Tag und in der Nacht zumindest partiell geöffnet hat, um Gaswechsel zu betreiben. Die hohe CO_2-Aufnahme am Tag weist auf Fotosyntheseaktivität und damit auf Fixierung des CO_2 im **Calvin-Zyklus** hin. In der Nacht wird deutlich, dass die Pflanze energiereiche organische Substanz veratmet. Endprodukte der Atmung sind CO_2 und Wasser. Am Tag wird das in der Atmung freigesetzte CO_2 gleich wieder in den Prozess der Fotosynthese eingebunden und ist somit nicht messbar. Beim Brutblatt sind die Spaltöffnungen, im Gegensatz zur Bohne, in der Nacht geöffnet und nicht zu der Zeit der Belichtung, wenn die Lichtreaktion abläuft (siehe Teilaufgabe 1).
Die Fixierung und Reduzierung des CO_2 erfolgt im Calvin-Zyklus, der hier skizziert ist:

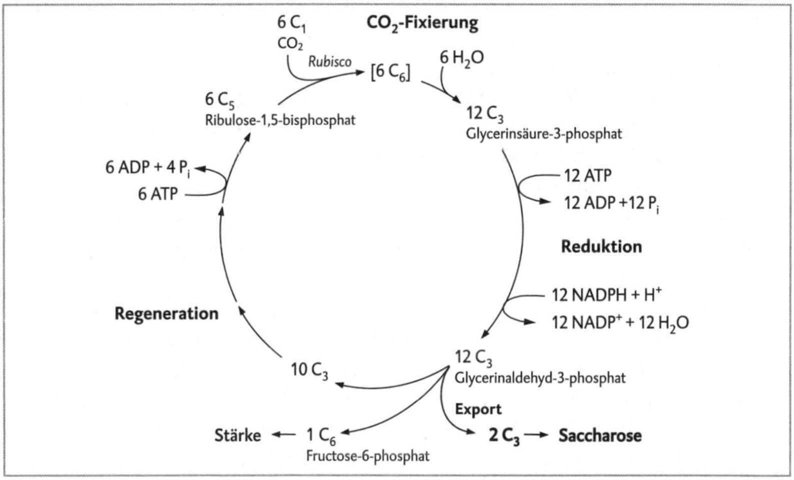

CAM-Pflanzen nehmen in der Nacht CO_2 auf und binden es in den fotosynthetisch aktiven Zellen an Phosphoenolpyruvat, einen C3-Körper. Dabei entsteht Äpfelsäure, welche in die Vakuolen der Zellen diffundiert bzw. transportiert wird und dort in wässriger Lösung dissoziiert und damit den pH-Wert der Lösung von 6 auf 4 absenkt. Die Vakuole fungiert sozusagen als CO_2-Speicher. Am Tag läuft unter Belichtung die lichtabhängige Reaktion der Fotosynthese in den Chloroplasten ab. Dabei werden ATP und NADPH + H^+ für die Fixierung des CO_2 im Calvin-Zyklus bereitgestellt. Für die Produktion von Kohlenhydraten (Glucose) kann nun bei geschlossenen Spaltöffnungen aus der Vakuole durch Spaltung von Äpfelsäure CO_2 freigesetzt und verarbeitet werden. Dabei entsteht **Brenztraubensäure**, die wieder zu **Phosphoenolpyruvat** umgewandelt wird, welches in der Nacht bei geöffneten Spaltöffnungen wieder mit CO_2 aus der Luft zu Äpfelsäure reagiert.

Vergleicht man die Vorgänge der CO_2-Fixierung bei C3- und CAM-Pflanzen, so stellt man fest, dass der Ablauf der Fotosynthese, lichtabhängige und lichtunabhängige Reaktion, gleich ist. Lediglich die CO_2-Aufnahme ist bezüglich der Tageszeit und der Akzeptoren, an die das CO_2 primär gebunden wird, unterschiedlich.

3 *Der verwendete Operator „analysieren" verlangt, eine Materialvorgabe (hier Material 1, 4 und 5) auf ihre Elemente hin zu untersuchen und Beziehungen zwischen den Elementen zu erfassen. Dazu ist es nötig, die in Material 1 beschriebenen Lebensbedingungen der CAM-Pflanzen in ihren Lebensräumen und den Wasserverlust der C3- und CAM-Pflanzen im Vergleich noch einmal aufzunehmen. Material 4 ist bereits ausreichend ausgewertet und muss hier in die Lösung eingearbeitet werden. Neu ist in dieser Teilaufgabe, Material 5 zu analysieren. Der Zusammenhang zwischen Spaltöffnungsweite, CO_2-Fixierung und Wasserdampfabgabe ist dann aus der Korrelation der Kurvenverläufe in Material 5 herzustellen und auf die Aussagen in Material 1 bzw. das Ergebnis aus der Betrachtung von Material 4 zu beziehen. Am Schluss sollte klar werden, warum CAM-Pflanzen Lebensräume besiedeln können, die für C3-Pflanzen den sicheren Tod bedeuten würden.*

Ermöglicht wird die Besiedlung trocken-heißer Standorte dadurch, dass CAM-Pflanzen sehr sparsam mit der Ressource Wasser umgehen. Dies ist aus Material 5 zu entnehmen.
Im Verlauf des frühen Abends und die ganze Nacht hindurch werden die Spaltöffnungen zunehmend weiter geöffnet und in den frühen Morgenstunden relativ rasch geschlossen. Dabei ist die Spaltöffnungsweite an den betrachteten Tagen durchaus geringfügig unterschiedlich bei gleichem Grundmuster. In den frühen Abendstunden und die ganze Nacht hindurch steigt analog zur Spaltöffnungsweite die **Transpiration** an, um in den frühen Morgenstunden ein Maximum zu erreichen und in den Tag hinein rapide abzunehmen. Die Transpirationsleistung korreliert mit der Spaltöffnungsweite. Der Verlauf der CO_2-Fixierung entspricht dem Verlauf der Spaltöffnungsweite und dem Verlauf der Transpiration (Material 5).
Dadurch, dass die Sukkulenten nur in den späten Abendstunden, in der Nacht und am frühen Morgen CO_2 aufnehmen und für den Tag in der Vakuole zwischenlagern (Material 4), können sie am Tag in der Fotosynthese Zucker synthetisieren ohne die Spaltöffnungen zwecks CO_2-Aufnahme zu öffnen. Dadurch verringert sich der Wasserverlust durch Transpiration an sonnig-heißen Tagen stark. In der Nacht ist es für diese Pflanzen unproblematisch die Spaltöffnungen geöffnet zu halten, da es kühl und die Luftfeuchte höher als am Tag ist. Der Wasserverlust ist ebenfalls gering. Dadurch ist ein Überleben in den heißen Klimaten möglich ohne auszutrocknen bzw. wegen CO_2-Mangels zu „verhungern".

Abiturprüfung 2007 Leistungskurs Biologie (Hessen)
C: Verhaltensbiologie

Synaptische Vorgänge und Lerneffekte

1 Beschreiben Sie die Vorgänge an einer normalen erregenden chemischen Synapse, die zwei Neuronen miteinander verbindet. 10 BE

2 Erläutern Sie die in Material 2 dargestellten Prozesse an NMDA (N-Methyl-D-Aspartat)-Synapsen und benennen Sie die Unterschiede zu „normalen“ erregenden Synapsen. 25 BE

3 Stellen Sie dar, über welche Prozesse Second Messenger die Kommunikation zwischen zwei Nervenzellen „verstärken“ können und inwieweit sich damit Lernvorgänge aus neurophysiologischer Sicht erklären lassen (Material 1 und 2). 15 BE

50 BE

Material 1

Die Fähigkeit, Sinneseindrücke festzuhalten und bei wiederholtem Erleben als bekannt wiederzuerkennen, beruht auf einer selektiven aktivitätsabhängigen Verstärkung synaptischer Wechselwirkungen. Beim erneuten Auftreten eines bereits gespeicherten Reizmusters werden die gebahnten Verbindungen bevorzugt aktiviert, das Muster wird wiedererkannt.

Durch Lernen verändern sich also die synaptischen Verbindungen zwischen Nervenzellen. Werden bestimmte Nervenzellen mit hoher Frequenz oder mehrfach gleichzeitig über verschiedene präsynaptische Zellen gereizt, erhöhen sich dadurch auf Dauer deren postsynaptische Potenziale; dieses Phänomen wird mit dem Begriff der *„Langzeitpotenzierung“ (= LTP)* bezeichnet. Außerdem verändern sich langfristig die Synapsen, indem sie beispielsweise mehr Rezeptoren ausbilden.

verändert nach: Unterricht Biologie, Heft 233, 22. Jahrgang, April 1998, Friedrich Verlag

Material 2

In den Abbildungen ist eine N-Methyl-D-Aspartat (NMDA)-Synapse aus dem Gehirn dargestellt. Diese Synapsen sind maßgeblich an Lernprozessen beteiligt. Die NMDA-Synapse wird in zwei unterschiedlichen Erregungssituationen dargestellt.

Die synaptischen Vorgänge bei **niedrigfrequenter** Reizung

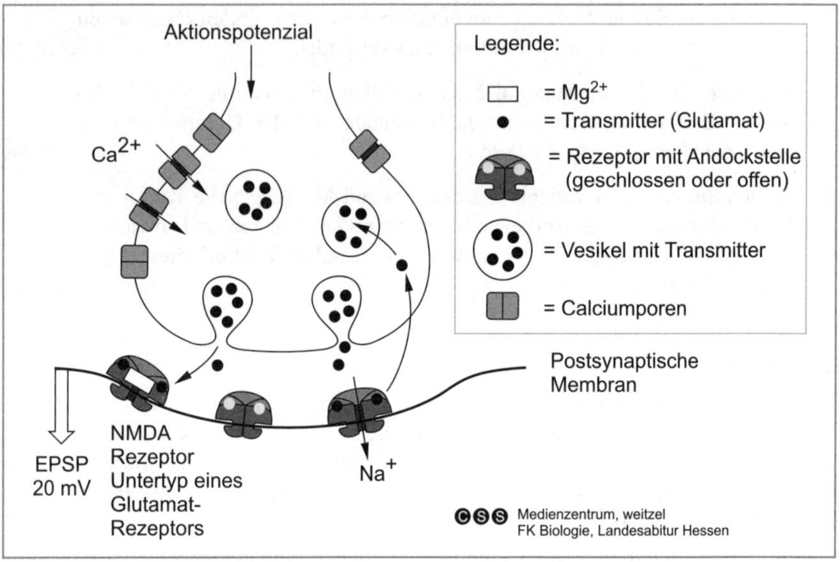

Die synaptischen Vorgänge bei **hochfrequenter** Reizung

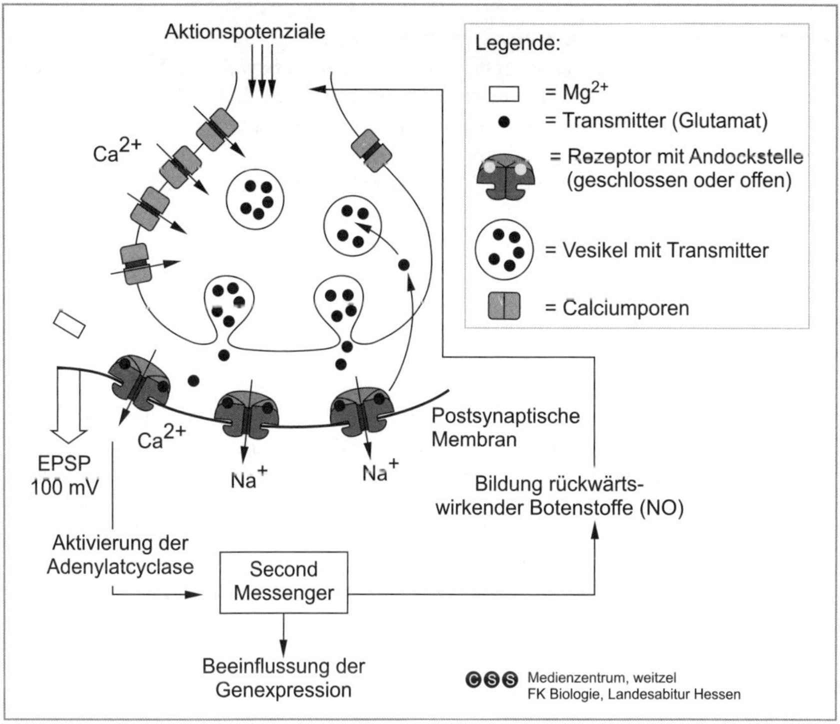

verändert nach: Unterricht Biologie, Heft 233, 22. Jahrgang, April 1998, Friedrich Verlag, S. 31 ff.

Lösungsvorschläge

In der Aufgabe thematisierte Unterrichtsinhalte sind:

- *Aufbau und Funktion einer zentralen erregenden chemischen Synapse: Transmitter, Acetylcholin, Erregungsübertragung, postsynaptisches Potenzial*
- *Prozesse an unterschiedlichen Synapsen: Unterscheidung zwischen den Effekten bei niedrigfrequenter und hochfrequenter Erregung*
- *Bildung und Wirkung von Second Messenger Systemen: Calcium-Ionen-Einstrom, Bildung von Adenylat-Cyclase, retrogade Messenger (NO), Second Messenger (cAMP), Beeinflussung der Genexpression*
- *Lernen: Bahnung, selektive aktivitätsabhängige Verstärkung synaptischer Übertragungen, langfristige Änderung von Synapsen durch Ausbildung von mehr Rezeptoren*

1 *Die Aufgabe enthält zwar den Operator „beschreiben", beschränkt sich aber weitestgehend auf Anforderungsbereich I. Hier sollen zunächst die grundlegenden Strukturen, Sachverhalte und Zusammenhänge beim Ablauf der Erregungsübertragung an einer ihnen bekannten chemischen Synapse unter Verwendung der Fachsprache in vollständigen Sätzen dargestellt werden. Dabei ist die bildliche Darstellung in Material 2 u. U. eine Hilfe. In der Regel ist im Unterricht die Funktion einer cholinergen erregenden Synapse behandelt worden, die hier als Modell dienen kann. Beschreiben sie die zeitliche Abfolge von Prozessen an den entsprechenden Strukturen vom Eintreffen einer AP-Frequenz im Axonendknöpfchen der präsynaptischen Zelle bis zur Bildung des analogen exzitatorischen postsynaptischen Potenzials in der postsynaptischen Zelle.*

Einzelne **Aktionspotenziale** bzw. Aktionspotenzialfrequenzen werden im Axon der erregten präsynaptischen Zelle fortgeleitet und treffen im Axonendknöpfchen ein. Die spannungsgesteuerten Calciumkanäle in der Membran des Endknöpfchens öffnen sich durch die Potenzialumkehr, Ca^{2+}-Ionen strömen in das Cytoplasma des Endknöpfchens ein.

Im Axonendknöpfchen gibt es eine große Zahl membranumhüllter **synaptischer Vesikel**, die beim Anstieg der Ca^{2+}-Ionen-Konzentration mit der präsynaptischen Membran verschmelzen und die Transmittermoleküle in den synaptischen Spalt entlassen. Die **Transmitter**moleküle, hier als Beispiel **Acetylcholin**, diffundieren durch den synaptischen Spalt und erreichen nach etwa 0,1 Millisekunden die postsynaptische Membran. Dort besetzen sie nach dem Schlüssel-Schloss-Prinzip für sehr kurze Zeit die Acetylcholin-Rezeptoren von Ionenkanälen.

Natriumkanäle in der postsynaptischen Membran werden durch die Bindung geöffnet und Na^{+}-Ionen strömen in die postsynaptische Zelle ein. Dies führt zu einer Depolarisation der postsynaptischen Membran. Das entstehende **postsynaptische Potenzial** (**EPSP**) ist der ausgeschütteten Transmittermenge proportional. Die in der postsynaptischen Zelle einlaufenden Erregungen werden analog verrechnet. Bei insgesamt überschwelliger Depolarisation werden nach etwa

ein bis fünf Millisekunden am Axonhügel dieses Neurons ein oder mehrere neue Aktionspotenziale generiert und fortgeleitet.
Der Ausgangszustand nach einer synaptischen Übertragung wird wie folgt wiederhergestellt: Die Acetylcholinmoleküle lösen sich nach ca. einer Millisekunde wieder vom Rezeptor und werden vom Enzym **Acetylcholinesterase** in Cholin und Acetat-Ionen gespalten. Acetylcholinesterase befindet sich sowohl im synaptischen Spalt als auch in der postsynaptischen Membran. Ohne Acetylcholin verändert sich der räumliche Aufbau des Ionenkanals wieder und Na^{+}-Ionen können die postsynaptische Membran nicht mehr passieren. Das Cholin und die Acetat-Ionen diffundieren zurück zur präsynaptischen Membran und werden dort aktiv ins Axonendknöpfchen aufgenommen. Unter ATP-Verbrauch findet hier die Resynthese der Transmitter statt, die dann in Vesikel eingelagert werden.

2 *Übertragen Sie Ihr oben dargestelltes Wissen über chemische Synapsen auf die Abbildungen in Material 2. Stellen Sie den für Sie neuen Sachverhalt an einer NMDA-Synapse so anschaulich dar, dass er für andere verständlich wird. Benennen und erläutern Sie dann die Unterschiede zu der von Ihnen vorher beschriebenen cholinergen Synapse bei geringfrequenter und hochfrequenter Erregung der präsynaptischen Zelle.*

Bei niedrigfrequenter Erregung läuft die synaptische Übertragung im Wesentlichen wie in Aufgabe 1 beschrieben ab:
- AP-Frequenz erreicht Axonendknöpfchen und Ca^{2+}-Ionen strömen ein
- Transmitterausschüttung, in diesem Falle **Glutamat**
- Diffusion des Glutamats zur postsynaptischen Membran und Besetzen des Ionenkanals
- Na^{+}-Ionen strömen in die postsynaptische Zelle ein und führen dort zur Depolarisation
- Trennung des Transmitters vom Ionenkanal, Schließen des Ionenkanals
- Rückführung des Transmitters in die synaptischen Vesikel des Axonendknöpfchens

Die postsynaptische Zelle wird um 20 mV depolarisiert. Aus der Darstellung in Material 2 ist nicht zu entnehmen, ob der Transmitter analog zum Acetylcholin enzymatisch gespalten und resynthetisiert wird. Neben diesen bereits bekannten Prozessen spielen in einer **NMDA-Synapse** weitere Strukturen und Prozesse eine Rolle. In der postsynaptischen Membran befinden sich Untertypen des Glutamat-Rezeptors, die **NMDA-Rezeptoren**, welche bei niedrigfrequenter Erregung zwar von Transmittermolekülen besetzt werden aber ihren Ionenkanal nicht öffnen. Der Ionenkanal ist von einem zweiwertigen Magnesium-Ion verschlossen.

Bei hochfrequenter Erregung der präsynaptischen Zelle ist die Transmitterausschüttung entsprechend höher und mehr Rezeptoren werden an der postsynaptischen Membran besetzt. Die Depolarisation erreicht den 5-fachen Wert (100 mV). Unter diesen Bedingungen öffnet sich der offensichtlich spannungsabhängige Ionenkanal des besetzten NMDA-Rezeptors. Hier strömen Ca^{2+}-

Ionen ein, welche die **Adenylatcyclase** aktivieren und die Bildung von **zyklischem Adenosinmonophosphat** (**cAMP**) aus ATP katalysiert. Dies ist der sogenannte „**Second Messenger**". CAMP seinerseits aktiviert weitere Enzyme, die die Genexpression beeinflussen. Dadurch wird die Produktion von Proteinen gesteuert, die rückwirkend mit diesen Prozessen in Verbindung stehen: Strukturproteine und Enzyme dieser Nervenzelle. Gleichzeitig wird der rückwirkende Botenstoff **Stickstoffmonoxid** (NO, **retrograder Messenger**) gebildet, der aus der Zelle diffundiert, von der präsynaptischen Zelle aufgenommen wird und dort seine Wirkung entwickelt. Im Vergleich zu einer cholinergen Synapse werden nach hochfrequenter Erregung Sekundärprozesse in Gang gesetzt, die zu einer Veränderung der Synapse im prä- und postsynaptischen Bereich und in der Synthesesteuerung der präsynaptischen Zelle führen.

3 *Sie sollen die Modellvorstellung einer selektiven aktivitätsabhängigen Verstärkung synaptischer Wechselwirkungen strukturiert und fachsprachlich einwandfrei wiedergeben. Kenntnisse bezüglich der Wirkung retrogader Messenger (NO) müssen Sie mitbringen oder entsprechend als Hypothese formulieren. Einen Teil der Lösung finden Sie im zweiten Absatz des Textes in Material 2: Stellen Sie zunächst (erneut) dar, was sich bei hochfrequenter Erregung an der NMDA-Synapse verändert (vgl. Teilaufgabe 2) und welche Konsequenzen es für zukünftige Reizsituationen hat („Verstärkung", Bildung von Strukturen, vgl. oben). Formulieren Sie dann, was Lernen aus neurophysiologischer Sicht bedeutet.*

Bei hochfrequenter Erregung verändern sich NMDA-Synapsen langfristig in der Weise, dass ankommende Signale verstärkt (potenziert) werden. Dies geschieht auf zwei Wegen:

Enzymkaskaden, ausgelöst durch den Second Messenger, führen zu einer veränderten Genexpression, die die Bildung neuer Rezeptoren, also deren Vermehrung nach sich zieht. Dies führt bei jeder nachfolgend einlaufenden Erregung an der Synapse zu einem verstärkten Einstrom von Na^+-Ionen und zu einem deutlich erhöhten erregenden postsynaptischen Potenzial. Damit erhöht sich die Wahrscheinlichkeit der Bildung von Aktionspotenzialen am Axonhügel der postsynaptischen Zelle.
Der Second Messenger beeinflusst ebenfalls die Bildung rückwirkender Botenstoffe. Der retrograde Messenger NO wirkt in der Weise, dass sich die Transmittermenge in der präsynaptischen Zelle erhöht. Dadurch kommt es bei jeder Erregung zu einer vermehrten Transmitterausschüttung und damit zur Besetzung von mehr Rezeptoren an der postsynaptischen Membran. So haben einzeln ankommende Aktionspotenziale einen größeren Effekt als zuvor.
Insgesamt wird damit an NMDA-Synapsen eine lang anhaltende, wenn nicht dauerhafte Potenzierung der synaptischen Effektivität in häufig genutzten Verbindungswegen geschaffen. Die Aktivierung dieser gebahnten Verbindungen erfolgt zukünftig leichter und damit bevorzugt, da schon geringe Reizintensitäten z. B. optische Reize zu einer Aktivierung dieser gebahnten Verknüpfungen führen. Wiedererkennen eines Reizmusters wird somit gelernt.

Abiturprüfung 2008 Leistungskurs Biologie (Hessen)
A: Genetik

Knochenerkrankungen BE

1 Erklären Sie, was man unter Genexpression versteht und beschreiben Sie ausführlich den in Material 1 dargestellten Teilprozess der Genexpression bei Eukaryonten. 11

2 Ordnen Sie der in Material 2 angegebenen Aminosäuresequenz für normales Kollagen sowie den Aminosäuresequenzen, welche zur Glasknochenkrankheit Osteogenesis imperfecta (O. i.) und zum Ehlers-Danlos-Syndrom (EDS) führen, jeweils einen möglichen codogenen DNA-Strang zu (Material 4). 9

3 Analysieren Sie a) den vorliegenden Stammbaum zur Glasknochenkrankheit hinsichtlich des zugrunde liegenden Erbganges und b) den jeweiligen Genotyp der Familienmitglieder 1 bis 15 (Material 3). 12

4 Stellen Sie den möglichen Zusammenhang zwischen der Aminosäuresequenz und der Knochenfestigkeit sowie die mögliche genetische Ursache für die Entstehung von O. i. und EDS dar. Entwickeln Sie eine Hypothese, wie die unterschiedliche Ausprägungsstärke der Symptome von O. i. erklärt werden könnte (Material 2). 18

50

Material 1

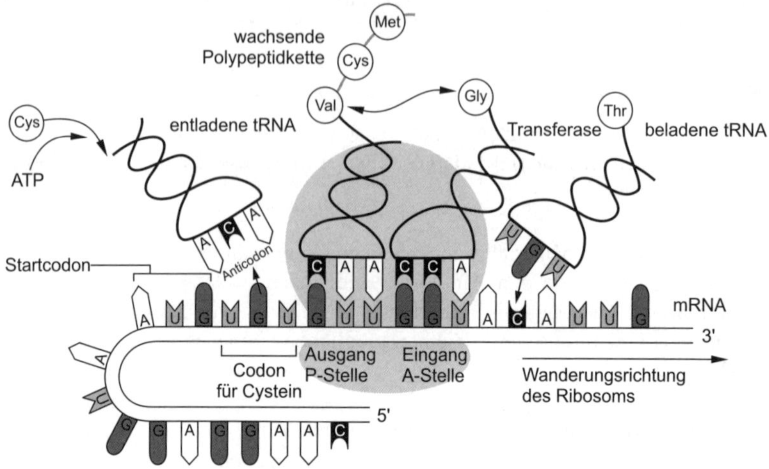

P: Peptid-Bindungsstelle, Ausgang
A: Aminosäure-Bindungsstelle, Eingang

Transferase: katalysiert den Wechsel der Aminosäure von einer t-RNA an die wachsende Polypeptidkette

verändert nach: Baron, D. et al., Materialien S II – Biologie Genetik, Bildungshaus Schulbuchverlage Westermann Schroedel Diesterweg Schönigh Winklers GmbH, Braunschweig 2004, S. 73

Material 2

Deckknochen entstehen, indem sich zunächst unspezifische Zellen zu Knochenbildungszellen differenzieren, welche eine weiche Grundsubstanz aus Proteinen abgeben. In diese werden zunächst Kollagenfasern eingebaut. Erst später wird die Substanz durch Einlagerung von Calciumsalzen zu eigentlichen Knochen.
Das im Gewebe wichtige Stützprotein Kollagen, welches für die Gewebsfestigkeit verantwortlich ist, besitzt eine α-Helix-Struktur. Die Kollagenfasern bestehen aus Bündeln von solchen α-Helices. In den Polypeptidketten der Kollagenfasern liegt in dauernder Wiederholung die folgende Aminosäuresequenz vor:

5' -- [– Glycin (Gly) – Alanin (Ala) – Prolin (Pro) –]$_n$ -- 3'

Bei der Glasknochenkrankheit Osteogenesis imperfecta (O. i.), einer erblichen Gewebserkrankung, findet man anstelle des Glycins die Aminosäure Cystein im Kollagen-Polypeptid.
Die Aminosäure Cystein hat die Möglichkeit mit anderen Cystein-Molekülen Disulfidbrücken zu bilden.
Die Symptome bei O. i. – wie z. B. die abnorme Knochenbrüchigkeit und -verformung – können bei Betroffenen verschieden stark ausgeprägt sein.

Eine weitere erbliche Bindegewebsschwäche an Haut, Muskulatur, Gelenken und Gefäßen ist das Ehlers-Danlos-Syndrom (EDS), bei welchem u. a. überstreckbare Gelenke auftreten. Anstelle des Glycins befindet sich beim EDS die Aminosäure Serin in den Polypeptidketten der Kollagenfasern.

Die Aminosäure Glycin, Serin, und Cystein besitzen verschiedene „Reste“:
Glycin: –H
Serin: $-CH_2OH$
Cystein: $-CH_2SH$

Textgrundlage: Lehninger, Biochemie, Springer-Verlag, Heidelberg 2001; Mörike, Betz, Mergentaler (Hrsg.), Biologie des Menschen, Quelle & Meyer-Verlag, Wiesbaden 1989

Material 3

Stammbaum einer Familie mit erblicher Glasknochenkrankheit, Osteogenesis imperfecta

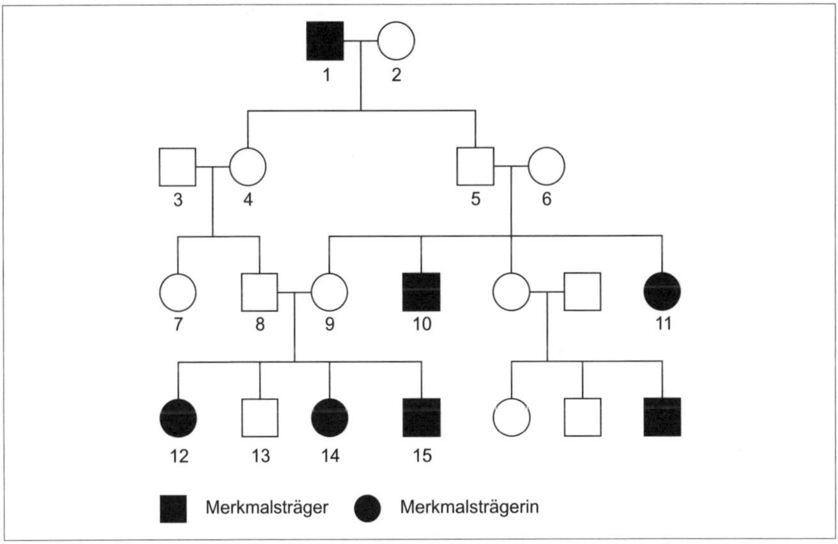

verändert nach: Baron, D. et al., Genetik, Bildungshaus Schulbuchverlage Westermann Schroedel Diesterweg Schönigh Winklers GmbH, Braunschweig 2004, S. 165

Material 4

Die Code-Sonne der mRNA

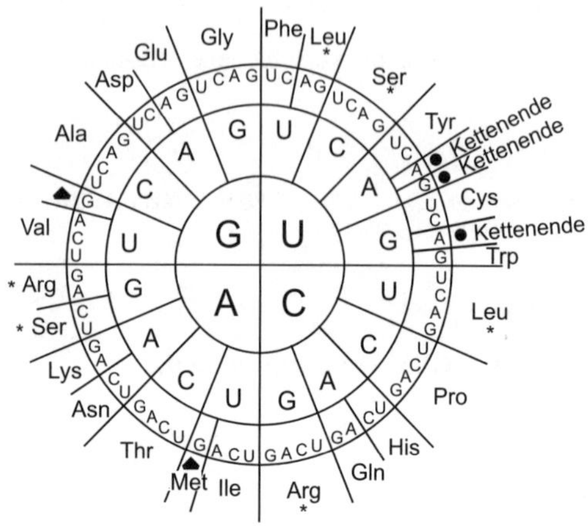

Ala	Alanin
Arg	Arginin
Asn	Asparagin
Asp	Asparaginsäure
Cys	Cystein
Gln	Glutamin
Glu	Glutaminsäure
Gly	Glycin
His	Histidin
Ile	Isoleucin
Leu	Leucin
Lys	Lysin
Met	Methionin
Phe	Phenylalanin
Pro	Prolin
Ser	Serin
Thr	Threonin
Trp	Tryptophan
Tyr	Tyrosin
Val	Valin
*	zweimal auftretende Aminosäure

● Terminations-Codonen

▲ Starter-Codonen, die am Anfang der Translation stehend stets das Start-Methionin einbauen, in der Mitte des Messengers aber die in der Sonne angegebenen Aminosäuren.

verändert nach: Bayrhuber, H., Kull, U. (Hrsg.), Linder Biologie Arbeitsbuch, Metzler-Verlag, 1983

Lösungsvorschläge

- *Genexpression: DNA als Erbsubstanz, Transkription, Translation, Proteinfunktion, Merkmale*
- *Translation bei Eukaryonten im Detail: Ribosom, genetischer Code, Umgang mit der Code-Sonne, codogener DNA-Strang, Codon, Anticodon, tRNA, Enzyme*
- *Stammbaumanalyse*
- *Genmutation, Raumstruktur der Proteine*

1 *Zunächst fordert der Operator „erklären" den Sachverhalt der Genexpression auf seine wesentlichen Gesetzmäßigkeiten zurückzuführen (hier: das Gen als die in einem DNA-Abschnitt enthaltene Information für die Produktion von Proteinen, welche Stoffwechselfunktionen bzw. Strukturmerkmale bedingen). Wesentliche zu erklärende Prozesse sind die Transkription, das DNA-Processing (Eukaryonten) und die Translation. Der Operator „beschreiben" bezieht sich hier ausschließlich auf den Prozess der Translation, der im Detail dargestellt werden soll. Die Abbildung in Material 1 sollen Sie als strukturelle Grundlage für die Prozessbeschreibung unbedingt nutzen.*

Bei der Genexpression wird die Information eines Gens bei der Proteinbiosynthese in Proteine umgesetzt, die im Rahmen des Zellstoffwechsels als Enzyme Prozesse katalysieren, die zu Merkmalen führen oder die direkt als Strukturproteine Merkmale bedingen. Expression auf der DNA-Ebene entspricht bei Eukaryonten der Transkription eines Abschnitts des codogenen Stranges der DNA zu einer prä-mRNA, die dann noch im Zellkern einem *Processing* unterworfen wird *(splicing)*, bei dem Introns herausgeschnitten werden und die zusammengefügten Exons als „reife mRNA" den Kern durch die Kernporen verlassen.
Im Zytoplasma findet dann die in Material 1 dargestellte Übersetzung der in Form einer Sequenz von Basentripletts vorliegenden genetischen Information in eine Aminosäuresequenz statt. Im Detail verläuft diese Translation wie folgt (vgl. Material 1).
Die große und die kleine Untereinheit des Ribosoms (Ort der Proteinsynthese) haben sich schon zusammengesetzt. Das Ribosom bewegt sich vom 5'-Ende der mRNA zum 3'-Ende und hat das Startcodon AUG bereits hinter sich gelassen. Die dem Startcodon entsprechende Aminosäure Methionin befindet sich am Anfang einer wachsenden Polypeptidkette, die mit ihrem letzten Glied, der Aminosäure Valin über die für Valin spezifische tRNA am Codon GUU mit dem passenden Anticodon CAA der tRNA im Ausgang (P-Stelle) des Ribosoms gebunden ist. Im Eingang des Ribosoms (A-Stelle) hat eine tRNA mit dem Anticodon CCA angedockt. Sie transportiert die Aminosäure Glycin. Das letzte Glied der schon bestehenden Aminosäuresequenz, hier Valin, wird nun durch das Enzym Transferase mit der Aminosäure Glycin über eine Peptidbindung verknüpft. Rückt das Ribosom nun in 3'-Richtung um eine Position (3 Basen) weiter, so löst sich die Bindung zur tRNA in der P-Stelle. Die für Glycin spezifische tRNA rückt in die P-Stelle und trägt nun die inzwischen 4 Glieder lange Aminosäure-

kette. Die A-Stelle des Ribosoms ist nun frei und die nächste beladene tRNA mit dem passenden Anticodon kann in der A-Stelle andocken, hier die mit Threonin beladene.

Alle tRNA-Moleküle, die ihre Aminosäure im Ribosom abgegeben haben, werden mit im Zytoplasma frei verfügbaren Aminosäuren unter ATP-Verbrauch mithilfe des Enzyms Aminoacyl-Transferase neu beladen, hier gezeigt am Beispiel Cystein. Erreicht das Ribosom ein Stopp-Codon auf der mRNA, trennen sich die beiden Untereinheiten von der mRNA, die Translation des Genabschnitts ist beendet.

2 *Eine kurze, sich ständig wiederholende Sequenz aus drei Aminosäuren bildet das Polypeptid des Kollagens. Die Zuordnung dieser kurzen Aminosäuresequenz und der entsprechenden mutierten Sequenzen bei der Glasknochenkrankheit Osteogenesis imperfecta (O. i.) bzw. des Ehlers-Danlos-Syndroms (EDS) zu einem Ausschnitt aus dem codogenen Strang der DNA erfordert zunächst die Rückübersetzung der repetetiven AS-Sequenz in eine mRNA-Sequenz mithilfe der Code-Sonne (Material 4). Es wird von außen nach innen gelesen. Dabei wird deutlich, dass für jede Aminosäure 4 verschiedene Tripletts auf der mRNA in Frage kommen und somit auch 4 verschiedene DNA-Tripletts, da der Code degeneriert ist. Die Aufgabenstellung verlangt ausdrücklich nur je eine mögliche Lösung für normales Kollagen, O. i., und EDS. Nachfolgend sind, der Vollständigkeit halber, alle Möglichkeiten aufgezeigt.*

In der Tabelle unten sind alle möglichen Tripletts aufgezeigt, für die mRNA vom 5' zum 3'-Ende und für die DNA vom 3' zum 5'-Ende.

	Sequenzen für normales Kollagen			**Sequenzen für Kollagen bei O. i.**			**Sequenzen für Kollagen bei EDS**		
mRNA	GGA	GCA	CCA		GCA	CCA	UCU	GCU	CCU
	GGC	GCC	CCC	**U**GC	GCC	CCC	**A**GC		
	GGG	GCG	CCG		GCG	CCG	UCA	GCA	CCA
	GGU	GCU	CCU	**U**GU	GCU	CCU	**A**GU		
							UCG	GCG	CCG
							UCC	GCC	CCC
DNA	CCT	CGT	GGT		CGT	GGT	AGA	CGT	GGT
	CCG	CGG	GGG	**A**CG	CGG	GGG	**T**CG	CGG	GGG
	CCC	CGC	GGC		CGC	GGC	AGT	CGC	GGC
	CCA	CGA	GGA	**A**CA	CGA	GGA	**T**CA	CGA	GGA
							AGG		
							AGC		
AS	**Glycin**	Alanin	Prolin	**Cystein**	Alanin	Prolin	**Serin**	Alanin	Prolin

3 *Analysieren eines Stammbaumes bedeutet gezielte Fragestellungen an die Vererbbarkeit eines Merkmals zu stellen, Zusammenhänge am Beispielstammbaum herauszuarbeiten und die Ergebnisse darzustellen. Die Fragen sind:*

- *Wird das Merkmal (hier Glasknochenkrankheit) dominant oder rezessiv vererbt? Dies lässt sich klären, indem man prüft, ob das Merkmal von Eltern vererbt wird, die das Merkmal selbst nicht tragen. Ist dies so, so wird das Merkmal rezessiv vererbt. Bei Dominanz des Merkmals muss dieses in jeder Generation auftauchen.*
- *Liegt Kodominanz vor (intermediärer Erbgang)? Dies ist nur möglich, wenn das Merkmal in seiner Ausprägung intermediär auftritt (z. B. Blütenfarbe rosa aus rot und weiß oder Blutgruppe AB aus A und B).*
- *Liegt das Gen oder die Gene auf den Autosomen oder auf den Gonosomen (Frage nach der Geschlechtsgebundenheit der Vererbung)? Hierzu prüft man, ob Männer und Frauen gleichermaßen betroffen sind. Sind vorwiegend Männer betroffen kann ein X-chromosomaler Erbgang angenommen werden, bei dem die Frauen in der Regel nur Konduktorinnen sind. Sie können nur dann selbst Merkmalsträgerin sein, wenn die Mutter Konduktorin (heterozygot bzgl. des X-Chromosoms) und der Vater Merkmalsträger war.*
- *An welchen Stellen des Stammbaumes kann ich Belege für meine Annahmen finden? Wie müssen dann die Genotypen aussehen?*

Wenn alle Genotypen eingetragen sind und sich keine Widersprüche ergeben, so sind die Annahmen über die Erblichkeit des Merkmals richtig.

Das Merkmal Glasknochenkrankheit taucht nicht in jeder Generation auf, was auf einen dominant-rezessiven Erbgang hindeutet. Da die Eltern 5 und 6 beide gesund sind, aber zwei kranke Kinder haben, muss das Merkmal Glasknochen rezessiv vererbt werden. Dominant ist hier das Gen für die Ausbildung normalen Kollagens.
Beide Geschlechter sind gleichermaßen von der Krankheit betroffen, was eine geschlechtsgebundene Vererbung unwahrscheinlich macht. Bei X chromosomaler Vererbung wären die kranken Frauen Nr. 12 und 14 nicht möglich, da der Vater gesund ist und in jedem Falle ein intaktes X-Chromosom weitergibt. Unter der Voraussetzung, dass die Krankheit X-chromosal vererbt würde, kann eine kranke Frau (11) in der 3. Generation nur entstehen, wenn Vater und Mutter (5 / 6) je ein defektes X-Chromosom vererben. Der Vater (5) müsste von der Krankheit betroffen sein.
Die Glasknochenkrankheit wird demnach autosomal-rezessiv vererbt. Dabei führt das rezessive Allel g nur bei Homozygotie (gg) zur Ausbildung der Glasknochenkrankheit, da bei heterozygoten Menschen (Gg) das dominante Allel G für normales Kollagen für die entsprechende Knochenfestigkeit sorgt.

Zuordnung der Genotypen zu den Personen im Stammbaum:
(gg) = homozygot und krank: 1, 10, 11, 12, 14 und 15
(Gg) = heterozygot und gesund: 4, 5, 6, 8 und 9
(GG oder Gg) = homozygot oder heterozygot und gesund: 2, 3, 7 und 13

4 *Hier soll zunächst der Zusammenhang zwischen Ursache und Wirkung, das heißt zwischen der intakten repetetiven und der durch Mutation in Triplett 1 veränderten DNA-Sequenz sowie dem normalen bzw. veränderten Aufbau des Kollagens hergestellt werden. Dazu ist es nötig, Kenntnisse über die Raumstruktur der Proteine anzubringen und die Informationen über den Aufbau des intakten bzw. des degenerierten Kollagens aus Material 2 zu extrahieren. Die zugehörige Frage an das System ist: Hat der Austausch der ersten Aminosäure in einer repetetiven Sequenz Wirkungen auf die Ausbildung der α-Helices oder ist die Ausprägung der Tertiärstruktur (Anordnung der Helices im Raum und zueinander) betroffen? Ist dies geklärt und erläutert, lässt sich auch eine fundierte Hypothese entwickeln, die die unterschiedliche Ausprägung der Symptome der Krankheiten erklären kann.*

Die Raumstruktur einer Kollagenfaser entscheidet mit über die Festigkeit und Brüchigkeit eines Knochens und auch über Bindegewebsschwäche, die zur Überstreckbarkeit der Gelenke führt. In jedem Falle verdreht sich die Polypeptidkette ungeachtet der AS-Sequenz aufgrund der sich bildenden Wasserstoffbrücken zwischen den Peptidbindungen zu einer Helix (Sekundärstruktur), da die Abstände zwischen den Peptidgruppen immer gleich ist. Die Sekundärstruktur kann also nicht für etwaige Veränderungen in der Eigenschaft des Kollagens verantwortlich sein. Das Problem taucht auf bei der Ausbildung von Tertiär- bzw. Quartärstrukturen, d. h. der Faltung der Helices im Raum und der Verknüpfung von Helices untereinander, welche über die Reste der Aminosäuren gebildet werden. Ändert sich die AS-Sequenz, ändern sich auch die Verknüpfungsmöglichkeiten zur Ausbildung der Tertiärstruktur.

Die Veränderung der AS-Sequenz durch das Einfügen von Cystein statt Glycin führt zur Glasknochenkrankheit (O. i.), da die Wechselwirkungen der AS-Reste zu einer veränderten Raumstruktur führen. So können schwefelhaltige Cysteinreste z. B. untereinander Disulfidbrücken ausbilden und Inhomogenitäten in den Kollagenfasern hervorrufen, wodurch die Festigkeit der Knochen ab- und deren Brüchigkeit zunimmt. Die Veränderung der AS-Sequenz durch das Einfügen von Serin statt Glycin bei der Krankheit EDS kann ebenfalls zu einer anderen Faltung der Helices im Raum durch veränderte Bindungen zwischen den AS-Resten führen. Hier ist die Wirkung auf die Eigenschaften des Kollagens eine andere und führt z. B. zur Bindegewebsschwäche. Die polaren OH-Gruppen der Aminosäure Serin können Wasserstoffbrücken ausbilden und so die Raumstruktur verändern.

Ursache für die Entstehung beider Krankheitsbilder ist eine Punktmutation (vgl. Bearbeitung Aufgabe 2, Kennzeichnung der mutativ ausgetauschten Basen) in der repetetiven Sequenz der Tripletts in der DNA.

Eine Hypothese zur unterschiedlichen Ausprägungsstärke der Knochenbrüchigkeit bei O. i. ergibt sich aus der Tatsache, dass das Polypeptid aus einer Wiederholungssequenz dreier Aminosäuren aufgebaut ist. Basenaustausch im ersten Triplett ist eine Mutation, die auch mehrfach in einer DNA vorkommen kann. Damit wird die AS Cystein häufiger eingebaut und so die Raumstruktur des Kollagens noch häufiger durch Ausbildung von Disulfidbrücken gestört. Die Knochenfestigkeit nimmt mit jedem Basenaustausch weiter ab und die Brüchigkeit nimmt zu.

Abiturprüfung 2008 Leistungskurs Biologie (Hessen)
B: Ökologie und Stoffwechselphysiologie

Welwitschia mirabilis, **eine der eigenartigsten Wüstenpflanzen der Welt**		BE
1	Beschreiben und erläutern Sie die morphologischen Anpassungen der Pflanze an die abiotischen Faktoren ihres Standortes (Material 1).	16
2	Beschreiben Sie die Messergebnisse zum Gaswechsel eines *Welwitschia*-Blattes (Material 2) und geben Sie die vollständige Summengleichung der Fotosynthese an.	15
3	Analysieren Sie anhand von Material 3 die Anpassungen einer CAM-Pflanze an trockene heiße Standorte.	11
4	Begründen Sie anhand von Material 2 und 3, ob man *Welwitschia mirabilis* zu den CAM-Pflanzen zählen kann.	8
		50

Material 1

An dieser Pflanze ist alles ein wenig merkwürdig. Die Verwandte des „Tannenbaums" hat einen unterirdischen Stamm und nur zwei „Nadeln", die dafür aber bis zu 2,5 Meter lang werden können. Die Rede ist von *Welwitschia mirabilis* (Abb. 1.1). Entdeckt wurde dieses „lebende Fossil" vom österreichischen Forscher WELWITSCH im Jahre 1850.

Das Verbreitungsgebiet der Pflanze ist die Namib-Wüste im südwestlichen Afrika. Die Namib ist eine Küstenwüste von ca. 200 km Breite und erstreckt sich vom südlichen Wendekreis nordwärts bis nach Angola. An den Standorten von *Welwitschia* spielt der in Wüsten normalerweise bedeutsame Niederschlag in Form von Nebeln keine Rolle. Es treten seltene Regenfälle auf. Die *Welwitschia*-Vorkommen stellen an ihrem Standort z. T. die Grundlagen für kleine, eigene lokale Ökosysteme dar.

Die Pflanzen können über 1 000 Jahre alt werden; selbst ein Alter von ca. 2 000 Jahren erscheint – nach jüngsten Forschungen – nicht ausgeschlossen. *W. mirabilis* bildet lediglich zwei ca. 30 cm breite Blätter aus, eigentlich Nadeln, die immer weiter wachsen und an den Enden verwittern. Die Wachstumsgeschwindigkeit der Blätter, die vielfach auch der Länge nach aufreißen und damit Vielblättrigkeit vortäuschen, hängt stark von der Wasserversorgung der Pflanzen ab. Bei extremer Dürre können sich die Blätter von den Spitzen her soweit mechanisch abnutzen, dass nur ein kleiner Teil mit teilungsfähigem Gewebe verbleibt.

Die Blätter weisen typische Anpassungen an den heißen und trockenen Standort auf (Abb. 1.1 und 1.3). Der oberirdische, zum Teil verholzte Teil von *Welwitschia* kann bis zu 1,5 Meter hoch werden. Der Stamm ist zum Teil in den Boden verlagert und speichert große Mengen Wasser (Abb. 1.2). *Welwitschia* verfügt über ein geschichtetes und tief greifendes Wurzelsystem.

Die Einzigartigkeit dieser Pflanzenart, ihr extremer Standort und das stammesgeschichtlich vermutlich hohe Alter wecken seit vielen Jahren das Interesse von Pflanzenphysiologen. Zur Messung der Fotosyntheseaktivität am natürlichen Standort wurden Blattabschnitte mit Messkammern umschlossen und der Gaswechsel genauer untersucht (Material 2).

Abbildung 1.1

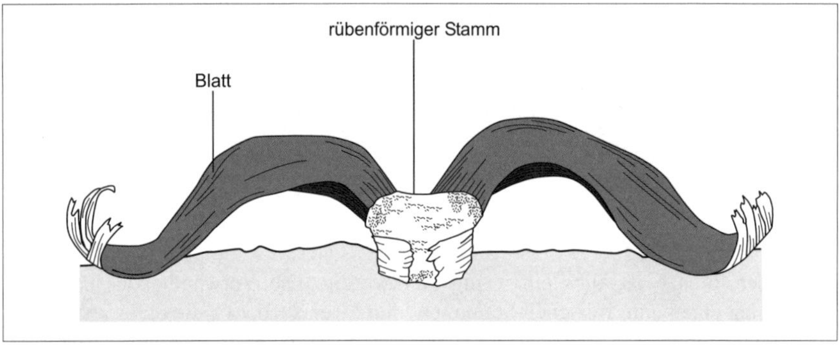

verändert nach: Walter, H., Breckle, S.-W., Ökologie der Erde Band 2, Elsevier, München 2004

Abbildung 1.2: Das Wurzelsystem von *Welwitschia*

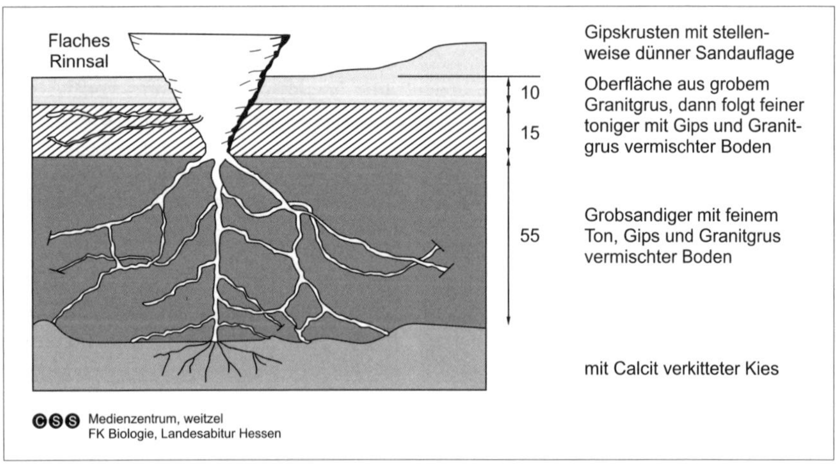

Es wurde eine *Welwitschia*-Pflanze untersucht, die an einem leicht ansteigenden Hang steht, an dem sich zu Zeiten von Niederschlägen kleine Rinnsale bilden können. Die Seitenwurzeln in 10 cm Tiefe wurden bis 1,2 Meter seitwärts verfolgt, sie können mehrere Meter erreichen. Die Hauptwurzelverzweigung ist in 25 cm Bodentiefe. Zwischen 25 cm und 80 cm Tiefe wird im Boden reichlich Wasser kapillar gespeichert. (Grus: kleine, durch Verwitterung entstandene Gesteinsbrocken / Calcit: Kalkspat, ein Mineral)

Abbildung 1.3: Schematischer Querschnitt durch den oberen Blattbereich von *Welwitschia*

(Kutinisierung: Veränderung von Zellwänden, um sie wasserundurchlässiger zu machen)

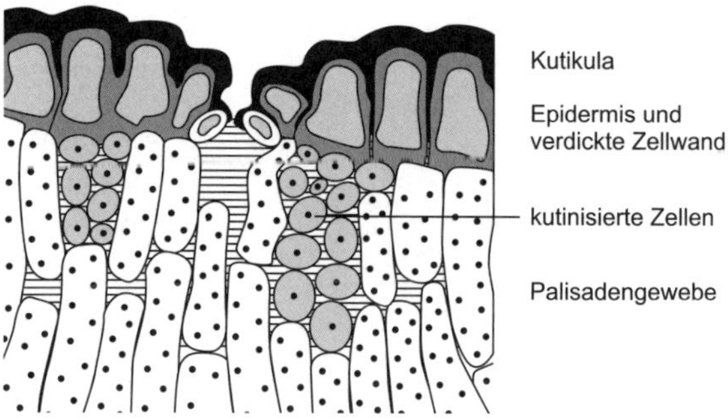

Medienzentrum, weitzel
FK Biologie, Landesabitur Hessen

Material 2

Obere Abbildung: Tagesgang der CO_2-Assimilation eines *Welwitschia*-Blattes
Zur Messung wurde das Blatt in eine Messkammer eingeschlossen.

Mittlere und untere Abbildung: Tagesgang der Messung unterschiedlicher Faktoren
(Globalstrahlung: Die auf einen Ort an der Erdoberfläche eintreffende solare Strahlung; gemessen in Watt/m^2)

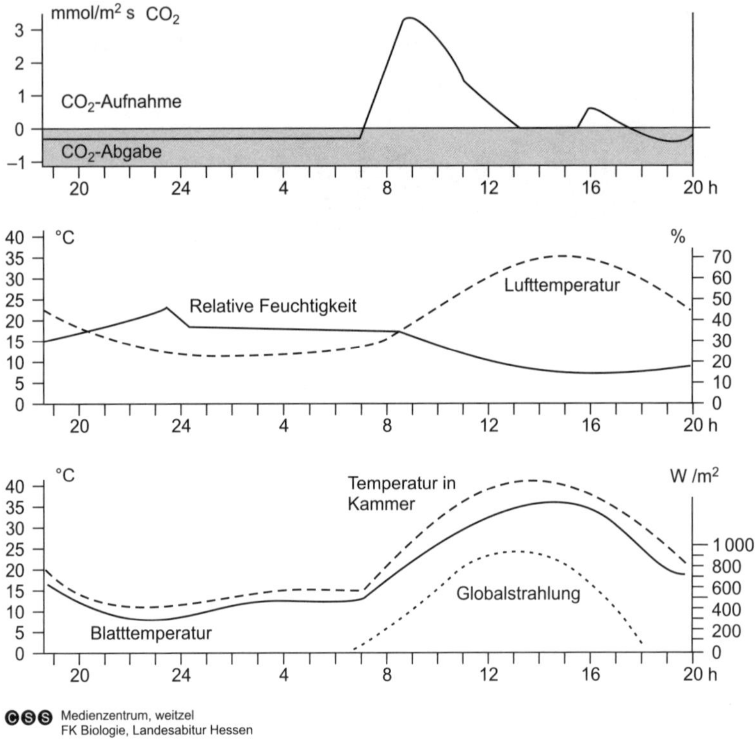

Material 3

Die Grafiken geben die Fotosynthesevorgänge einer CAM-Pflanze wieder. (CAM: *Crassulacaeen Acid Metabolism*). CAM-Pflanzen zählen zu den C4-Pflanzen. Diese haben ihren Namen deswegen erhalten, weil bei ihnen C4-Moleküle wie zum Beispiel Malat (Äpfelsäure) eine bedeutende Rolle im Fotosyntheseprozess spielen. CAM-Pflanzen sind in der Regel dickblättrige Pflanzen, die heiße Standorte besiedeln können.

Abbildung 3.1: Fotosyntheseprozesse in einer CAM-Pflanze

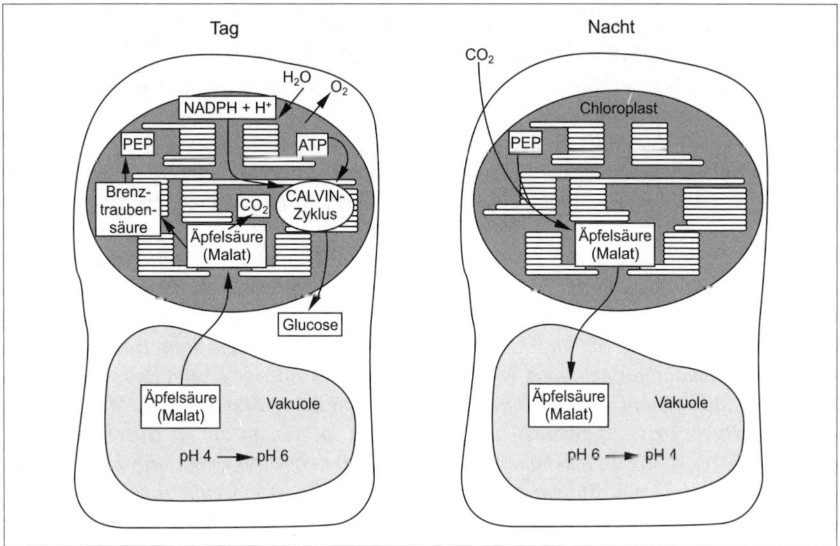

verändert nach: Scharf, K. H., Weber, W., Stoffwechselphysiologie, Materialien für den Sekundarbereich II, Schroedel-Verlag, Hannover 1999, S. 120, Abbildung 120.1

Abbildung 3.2: Tages- und Nachtgänge des Äpfelsäure(Malat)- und Stärkegehaltes einer CAM-Pflanze

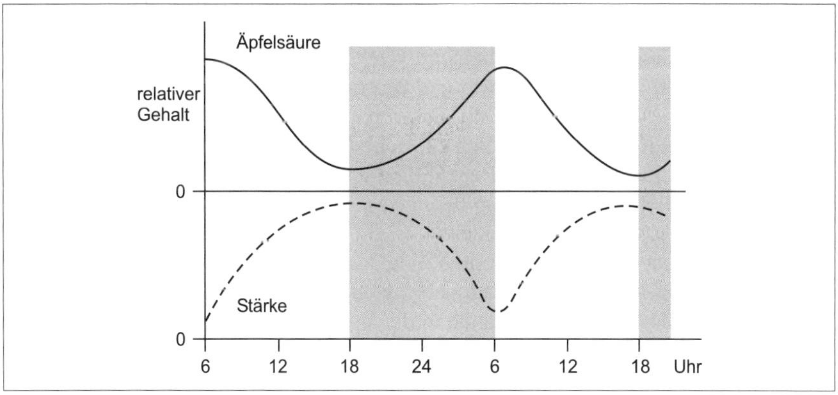

verändert nach: www.bossert-bcs.de/biologie/abientw/sukpflanze

Lösungsvorschläge

In der Aufgabe thematisierte Unterrichtsinhalte sind:
- *Wirkung abiotischer Faktoren auf Pflanzen (hier: Wasser)*
- *Aufbau und Wasserhaushalt der höheren Pflanzen; Anpassungsstrategien an trockene und heiße Standorte*
- *Xeromorphe Merkmale an Blatt, Stamm und Wurzel; Sukkulenz*
- *Fotosynthese: vollständige Summengleichung; Gaswechsel der Pflanzen; Strategien zur Überwindung limitierender Faktoren (hier: Trockenheit, Hitze)*

1 *In dieser Teilaufgabe soll eine korrekte Beschreibung des Vegetationskörpers von Welwitschia mirabilis gegeben werden. Dessen Anpassung an trockene und heiße Standorte soll aus dem Text und den Abbildungen 1.1–1.3 entnommen und fachsprachlich richtig auf der Grundlage von Vorkenntnissen über Blatt-, Wurzel- und Stammaufbau erläutert werden. Dabei ist es hilfreich, sich den Aufbau von Blatt, Stamm und Wurzel einer Pflanze gemäßigter Standorte in Mitteleuropa (z. B. Buche) zu vergegenwärtigen. Weiterhin sollte man die spezifischen Anpassungen an den beschriebenen Standort bezüglich Blatt (vgl. Abb 1.3), Wurzel (vgl. Abb. 1.2) und Stamm (siehe Abb. 1.1 und Text) getrennt zusammentragen. Texthinweise zu den Grafiken sollten Sie in Ihre Argumentation aufnehmen. Der Hinweis auf die Verwandtschaft mit Koniferen hat keine unmittelbare Bedeutung.*

Der Vegetationskörper von *Welwitschia mirabilis* besteht aus einer verdickten Wurzel mit vielen Seitenwurzeln, einem zum großen Teil im Boden steckenden, verholzten dicken Stamm und zwei daraus entspringenden großen grünen Blättern. Alle Teile der Pflanze weisen typische Anpassungen an den beschriebenen trockenen und heißen Standort auf, an dem Niederschläge selten sind.
Die Pflanze zeigt eine starke Stamm und Wurzelsukkulenz, die sie in diesem Bereich zur Wasserspeicherung befähigt. Der zum Teil in den Boden verlagerte Stamm verliert vermutlich nur wenig Wasser durch Verdunstung.
Die flächige Ausdehnung und die Schichtung des Wurzelsystems entsprechend der unterschiedlichen Bodenschichten, sichert die intensive Nutzung des Oberflächenwassers bei den seltenen Regenfällen und die Erschließung der Wasservorkommen im tiefer liegenden kapillaren System aus grobsandigem mit Ton, Gips und Granitgrus vermischtem Boden.
Der Blattaufbau ist stark xeromorph, wie aus der Beschreibung des Habitus und der Abbildung 1.3 (Teil des Blattquerschnitts) hervorgeht. Es gibt nur zwei Blätter, die eine durch dicke Zellwände in der Epidermis und eine dicke Kutikula ledrige Außenhaut besitzen und an ihrer Basis ständig nachwachsen. An den Enden verwittern diese Blätter und nutzen sich bei langer Dürre mechanisch stark ab, sodass oft nur ein kleiner Teil teilungsfähigen Gewebes übrig bleibt.
Im Blattquerschnitt sind neben der extrem dicken Kutikula und den starken Zellwänden der Epidermis weitere Anpassungen an den Standort zu erkennen. Doppeltes Palisadenparenchym, eingesenkte Stomata, wenig Interzellularen und kutinisierte Bereiche um die Stomata sind ebenfalls Anpassungen an stark besonnte, trockene und heiße Standorte.

2 *Am Anfang steht eine korrekte Beschreibung der Messkurven, wobei die obere Abbildung in Material 2 die wichtigste ist, da sie den in der Aufgabe genannten Gaswechsel zeigt. Vergegenwärtigen Sie sich: Der CO_2-Gaswechsel einer Pflanze dokumentiert ablaufende Stoffwechselvorgänge nach außen, Fotosynthese und Atmung. Hier ist eine direkte Beziehung zur Globalstrahlung herzustellen. Setzen Sie danach den Verlauf der Lufttemperatur und Luftfeuchte in Beziehung zum Verlauf des Gaswechsels. Was fällt auf? Markieren Sie ihre vergleichenden Beobachtungen (7.00 Uhr, 16.00 Uhr, 18.00 Uhr). In welcher Beziehung stehen diese Faktoren zur Globalstrahlung (Einbruch der Dunkelheit)? Zuletzt sollten die Temperatur in der Messkammer und die Blatttemperatur in Beziehung gesetzt werden.*

In den Nachtstunden von etwa 18.00 Uhr am Abend bis 7.00 Uhr am Morgen gibt *Welwitschia* kontinuierlich CO_2 ab, welches auf Atmungsvorgänge zurückzuführen ist.
Ab 7.00 Uhr am Morgen steigt die CO_2-Aufnahme der Pflanze mit zunehmender Globalstrahlung stark an. Die Pflanze betreibt Fotosynthese. Mit steigender Temperatur und gleichzeitig abnehmender Luftfeuchte nimmt die Fotosyntheseaktivi tät ab etwa 10.30 Uhr rapide ab und ist gegen 13.00 Uhr beendet. Nach 15.30 Uhr, bei sinkender Lufttemperatur und wieder leicht ansteigender Luftfeuchte wird *Welwitschia* noch einmal fotosynthetisch aktiv. Sie nutzt die noch vorhandene aber schwächer werdende Strahlung bis zur endgültigen Dunkelheit für eine zweite Phase der Fotosyntheseaktivität mit jedoch geringerer Intensität als in den Vormittagsstunden.
Die Kurven der Lufttemperatur und der Globalstrahlung haben am Tag einen synchronen Verlauf, wobei der Verlauf der Lufttemperatur leicht zeitversetzt ist. Relative Luftfeuchte und Lufttemperatur haben am Tag und in der Nacht einen reziproken Verlauf, die Schnittpunkte liegen bei 8.00 und 20.00 Uhr.
Grundsätzlich folgt die Blatttemperatur der Pflanze der Umgebungstemperatur im Verlauf, jedoch zeitlich verzögert, was dazu führt, dass die Blätter von *Welwitschia* in den Morgenstunden noch deutlich kühler sind als die Umgebung.

Die vollständige Summengleichung der Fotosynthese lautet:

$$6\,CO_2 + 12\,H_2O \longrightarrow C_6H_{12}O_6 + 6\,H_2O + 6\,O_2$$

3 *Analysieren ist ein anspruchsvoller Operator. Er beinhaltet, dass Sie die in Abbildung 3.1 und 3.2 vorgegebenen Materialgrundlagen zunächst untersuchen, einzelne Elemente identifizieren und Beziehungen zwischen den Elementen erfassen. Dies geht nur vor dem Hintergrund ihrer Kenntnisse über den Ablauf der lichtabhängigen und lichtunabhängigen Prozesse im Ablauf der Fotosynthese von C3-Pflanzen. Auf die Besonderheit des hier vorliegenden C4-Stoffwechsels ist im Text hingewiesen, ebenso auf die Tatsache, dass CAM-Pflanzen, ähnlich wie Welwitschia, Wasserspeicher besitzen und an trockenen und heißen Standorten zu finden sind.*

Stellen Sie sich zunächst zwei wesentliche Fragen zur Sache, um die entsprechende Sicht auf das Material zu bekommen.
1. Was ist das Hauptproblem der Pflanzen an trockenen und heißen Standorten?
2. Wie begegnen CAM-Pflanzen diesem Problem?
Vermeiden Sie bitte hier schon Bezüge zu Welwitschia herzustellen. Dies erfolgt in Teilaufgabe 4. Beachten Sie, dass in CAM-Pflanzen am Tag und in der Nacht unterschiedliche Stoffwechselaktivitäten ablaufen. Beziehen Sie sich in Ihrer Bearbeitung unbedingt auch auf Abbildung 3.2.

Beim Leben an trockenen und heißen Standorten ist das Hauptproblem der Pflanzen, dass tagsüber, wenn hohe Sonneneinstrahlung für optimale Fotosynthesebedingungen sorgt, gleichzeitig das geringste Wasserangebot vorliegt, d. h. die Luftfeuchte sehr gering ist. Öffnet die Pflanze zu dieser Zeit ihre Spaltöffnungen, um CO_2 für die Fotosynthese aufzunehmen, läuft sie Gefahr auszutrocknen, da zu viel Wasser über Transpiration verloren gehen würde.
Eine Lösung ist, den Prozess der CO_2-Aufnahme in die kühleren und feuchteren Nachtstunden zu verlegen und CO_2 zu speichern für den Tag. Tagsüber kann die CAM-Pflanze dann ihre Stomata geschlossen halten und sich aus dem CO_2-Speicher bedienen, um bei idealen Strahlungsbedingungen eine hohe Fotosyntheseleistung zu erbringen.
In der Nacht wird das CO_2 an PEP (Phosphoenolbrenztraubensäure), einen C3-Körper, gebunden und so Äpfelsäure gebildet, welche in den großen Wasser speichernden Vakuolen der Blattzellen mit Wasser zu Malat und H_3O^+ reagiert und damit den pH-Wert in der Vakuole stark absenkt.
Am Tag wird Äpfelsäure aus den Vakuolen in die Chloroplasten transportiert und dort in CO_2 und Brenztraubensäure gespalten. Brenztraubensäure wird via Phosphorylierung wieder zu PEP umgewandelt, während das CO_2 in den Calvinzyklus eingespeist wird. Das tagsüber reichlich vorhandene Sonnenlicht wird, wie auch das Wasser aus den Wasserspeichern der Pflanze, im Rahmen der Lichtreaktion zum Aufbau von ATP aus ADP + P und NADPH + H_2 aus $NADP^+$ verwendet.
Die Malat- und Stärkekonzentration im Blatt ist im Tag-Nacht-Rhythmus gegenläufig. Nachts wird Äpfelsäure gespeichert und tagsüber verbraucht. Stärke wird am Tage fotosynthetisch aus Glucose aufgebaut und in der Nacht abgebaut. Die aus dem Stärkeabbau entstehende Glucose wird entweder veratmet oder im Phloem in andere Pflanzenteile transportiert (z. B. Wurzel).

4 *Nachdem nun der Gaswechsel der CAM-Pflanzen in Teilaufgabe 3 und der von Welwitschia in Teilaufgabe 2 erfasst wurde, ist hier zu prüfen, ob Welwitschia CAM- oder C3-Stoffwechsel zeigt. Nehmen Sie zunächst an, der Lebensraum von Welwitschia lässt einen CAM-Stoffwechsel erwarten. Prüfen Sie mit Hilfe ihrer Aussagen zu Teilaufgabe 2, ob bei Welwitschia ein Tag-Nacht-Rhythmus im CO_2-Gaswechsel vorliegt. Danach stellen Sie heraus, welche Besonderheiten des Welwitschia-CO_2-Gaswechsels als besondere Anpassung an Wüstenbedingungen zu sehen ist.*

Der Lebensraum von *Welwitschia* zeigt alle Kennzeichen eines typischen CAM-Biotops: Lichtmengen, Luftfeuchtigkeit, Tagesgang der Temperatur.

Wäre *Welwitschia* eine CAM-Pflanze, so müsste sie ausschließlich oder zumindest vorwiegend in den Nachtstunden CO_2 aufnehmen. Tagsüber sollte keine CO_2-Aufnahme messbar sein, da sie nicht auf das CO_2 in der Atmosphäre angewiesen wäre und so die Stomata als Transpirationsschutz geschlossen halten könnte. Aus dem zeitlichen Gang des CO_2-Gaswechsels (vgl. Material 2) lässt sich das jedoch nicht schließen. Dieser entspricht mit Einschränkungen dem einer C3-Pflanze. Sie öffnet die Stomata am Tag und assimiliert CO_2 aus der Luft zu Zeiten der fotosynthetischen Aktivität. Sie reduziert die CO_2-Aufnahme jedoch auf die frühen Vormittagsstunden und die späten Nachmittagsstunden. Das sind die für sie günstigen Zeitfenster, in denen Fotosynthese hinreichend effizient bezüglich der Strahlungsbedingungen ist und die Wasserverluste sich bei CO_2-Aufnahme in Grenzen halten, da die Temperatur noch relativ niedrig und die Luftfeuchte noch hinreichend groß ist.

„Schamhafte" Mimose und Narkose

		BE
1	Beschreiben Sie die Entstehung und den Verlauf eines Aktionspotenzials an einem Neuron und vergleichen Sie den Graphen aus Material 1, Abbildung 1.2, zum Ruhe- und Aktionspotenzial einer pflanzlichen Zelle mit dem Ruhe- und Aktionspotenzial eines Neurons.	18
2	Erklären Sie anhand der Ionenwanderungen durch die Membran einer Pflanzenzelle die Auslösung und den Verlauf eines pflanzlichen Aktionspotenzials und entwickeln Sie eine Hypothese zur katalytischen Wirkung der daran beteiligten Calciumionen (Material 1).	18
3	Beschreiben Sie die narkotisierende Wirkung von Ether auf eine tierische Zelle und entwickeln Sie eine Hypothese zur narkotisierenden Wirkung von Ether auf erregbare pflanzliche Zellen (Material 2).	14
		50

Material 1

Wenn man die Pflanze *Mimosa pudica* (Schamhafte Mimose) berührt, reagiert die Pflanze mit dem Einknicken der Blätter. Der Volksmund hat daraus das Sprichwort entwickelt, dass ein Mensch empfindlich wie eine Mimose sei.
Das Einknicken der Mimosenblätter ist ein Beispiel für relativ schnell ablaufende Bewegungen bei Pflanzen. Die Abbildung 1.1 zeigt die Schamhafte Mimose im ungereizten und gereizten Zustand. Es handelt sich um einen etwa 30–50 cm hohen stacheligen Halbstrauch. Seine Blattbewegungen werden an seinem natürlichen Standort durch starke Winde oder heftige Regengüsse hervorgerufen.
Die Bewegungsreaktion wird durch Aktionspotenziale ausgelöst, die ähnlich wie bei tierischen Zellen auch an Pflanzenzellen auftreten können. Diese Aktionspotenziale breiten sich bei der Pflanze über die Leitbündelstrukturen mit einer Geschwindigkeit von 2–10 cm pro Sekunde aus. Ein „pflanzliches" Aktionspotenzial wird in der Abbildung 1.2 gezeigt. Calciumionen sollen – nach neuesten Forschungen – in den ersten Sekunden der Depolarisation eine Art katalytischer Wirkung für Chloridionen-Kanäle haben; Calciumionenbewegungen sind in Abbildung 1.2 nicht aufgeführt. Unterhalb der Messkurve des pflanzlichen Aktionspotenzials (Abbildung 1.2) sind die aktiven und passiven Ionenbewegungen von Chlorid- und Kaliumionen während des Aktionspotenzials wiedergegeben.

Abbildung 1.1: Schamhafte Mimose

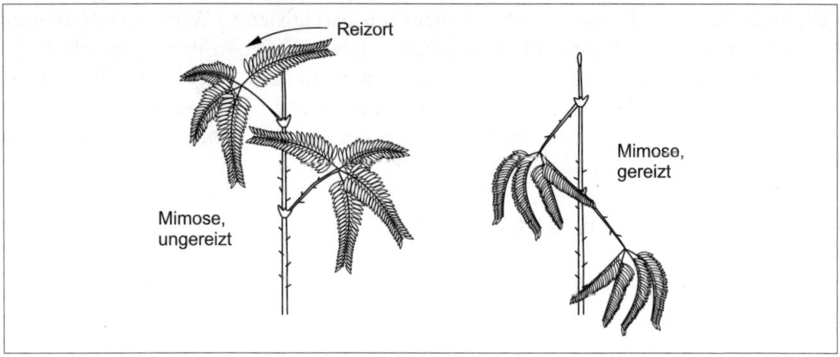

verändert nach: Jaenicke, J., Materialienhandbuch Kursunterricht Biologie, Aulis-Verlag, Köln 1999, S. 316

Abbildung 1.2: Verlauf eines pflanzlichen Aktionspotenzials und zugehöriger Ionenbewegungen

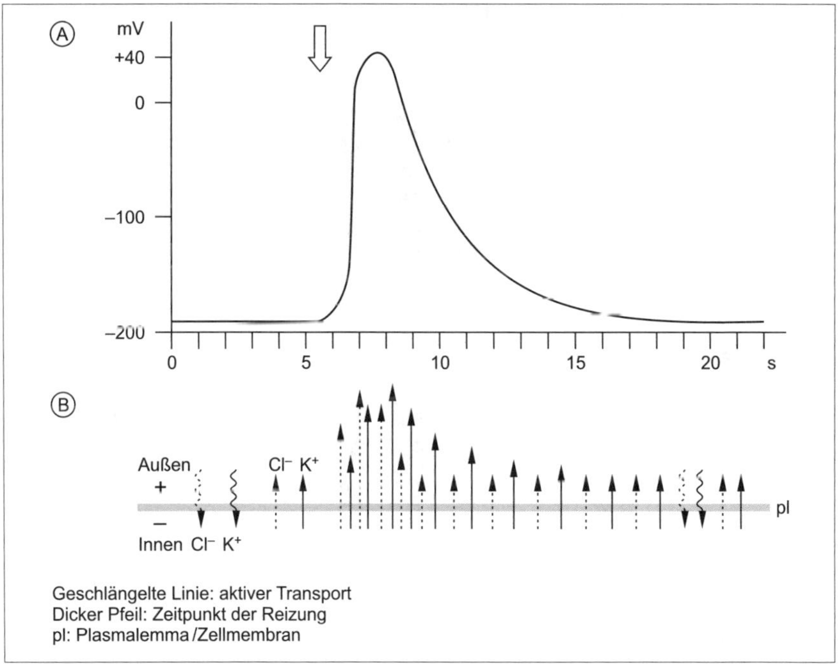

verändert nach: Nultsch W., Allgemeine Botanik, Thieme Verlag, Stuttgart 1996, Seite 523

Material 2

Mimosen lassen sich wie tierische Lebewesen narkotisieren. Wird eine Mimosenpflanze für etwa 10 Minuten in einer Kammer mit gesättigter Ether-Atmosphäre gehalten, führt eine Berührung der Blätter nicht mehr zu der typischen Blattbewegung. Nach etwa einer halben Stunde in normaler Atmosphäre ist die Mimose wieder wie gewohnt erregbar. Bei Ether handelt es sich um eine unpolare, fettlösliche, leicht flüchtige Substanz, die nachfolgend im Modell dargestellt wird.

Abbildung 2.1: Kalottenmodell eines Ethers

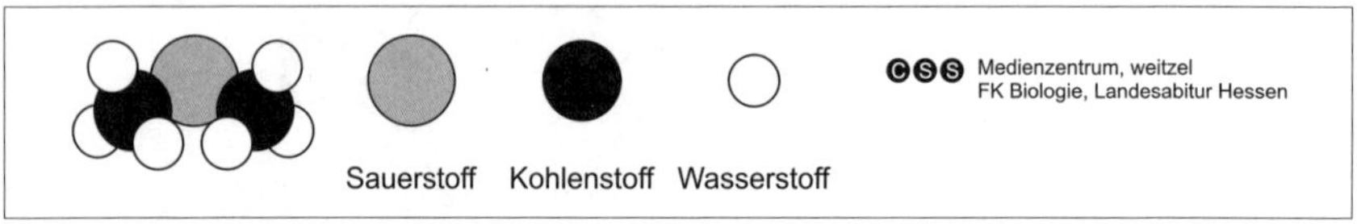

Abbildung 2.2: Wirkung des Ethers auf die Membran einer erregbaren tierischen Zelle

oben: erregte Membran im „Normalzustand"
unten: Membran nach Zugabe von Ether

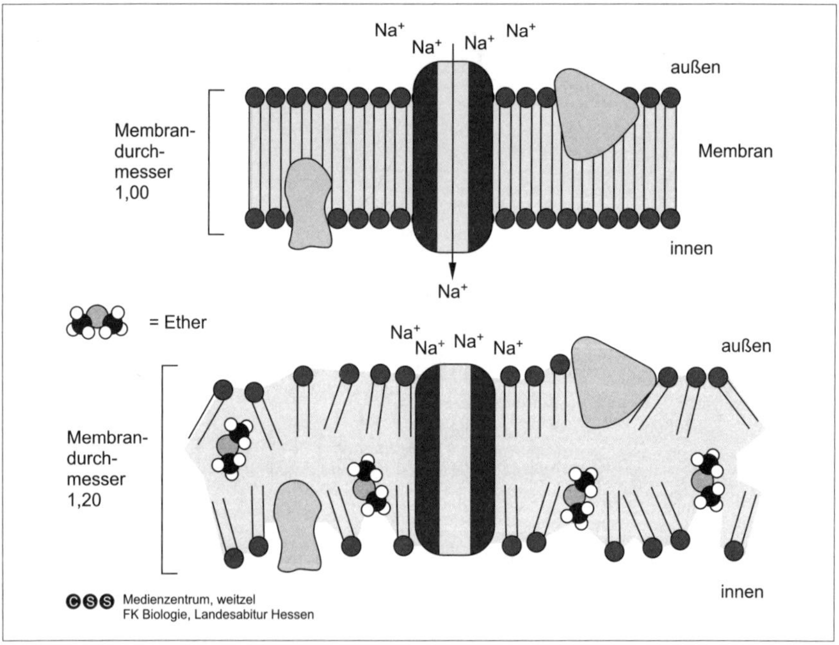

Lösungsvorschläge

In der Aufgabe thematisierte Unterrichtsinhalte sind:
- *Bau von Nervenzellen, Funktion von Nervenzellen*
- *Ionenverteilung und Ionenströme während des Ablaufs eines Aktionspotenzials*
- *Erschließung der Ionenströme an der Membran von Pflanzenzellen und Vergleich mit der Tierzelle*
- *Aufbau und Eigenschaften von Biomembranen*
- *narkotisierende Wirkung von Ether auf erregbare Biomembranen bei Pflanzen und Tieren*

1 *Diese Teilaufgabe gliedert sich in einen reproduktiven Anteil, in dem der Verlauf eines Aktionspotenzials in einem Neuron wiedergegeben werden soll und einen Teil im Anforderungsbereich II, in dem nach den in Abbildung 1.2 vorgegebenen Gesichtspunkten Gemeinsamkeiten, Ähnlichkeiten und Unterschiede ermittelt und dargestellt werden sollen. Beginnen Sie zunächst mit dem Ablauf eines Aktionspotenzials an einer Nervenzelle, da sie sich beim nachfolgenden Vergleich darauf beziehen können.*
Der Vergleich bezieht sich auf die folgenden Punkte:
Vorzeichen des Ruhepotenzials, Wert des Ruhepotenzials, Höchstwert der Depolarisation, Gesamtdauer des Aktionspotenzials.

Ein Aktionspotenzial entsteht an der Membran des Axonhügels einer Nervenzelle und wird von dort aus über das Axon fortgeleitet. Spezifische Ionenkonzentrationen zu beiden Seiten der Membran erzeugen einen Potenzialunterschied, das Ruhepotenzial (ca. –70 mV). Diese Ionenverteilung bildet die Zelle durch ionenspezifische Pumpen. Spezifische Reize lösen an der Nervenzelle Potenzialveränderungen aus, die am Axonhügel eine Depolarisation der Axonmembran bewirken, wenn ein Schwellenwert erreicht wird.
In der Axonmembran öffnen sich spannungsgesteuerte Na^+-Kanäle und ein osmotisch getriebener Einstrom von Na^+-Ionen ist die Folge. Das führt zu einer starken Depolarisation bis etwa + 30 mV. Zeitverzögert zum Beginn des Na^+-Einstroms öffnen sich spannungsgesteuerte K^+-Kanäle, die zu einer Repolarisation durch ausströmende Ionen (folgend dem Konzentrationsgefälle) führen. Diese Prozesse führen auch zu Hyperpolarisationen über das Ruhepotenzial hinaus. Anschließend pendelt sich das Ruhepotenzial ein. Diese Vorgänge dauern ca. 1 Millisekunde (10^{-3} s). In der nachfolgenden Refraktärphase ist die Membran nicht erregbar. Ionenpumpen arbeiten permanent, um die veränderte Ionenverteilung wieder in den Anfangszustand zurückzuführen.
Das Vorzeichen des Ruhepotenzials einer Pflanzenzelle entspricht dem in einer tierischen Zelle, wobei der Wert deutlich negativer als bei Neuronen (–190 mV) liegt. Ebenso ist der Höchstwert der Depolarisation bei der pflanzlichen Zelle höher (ca. +40 mV). Die Dauer des pflanzlichen Aktionspotenzials ist um ca. den Faktor 10 000 länger, eine Hyperpolarisation bzw. Nachpotenziale sind nicht erkennbar.

2 *Hier kommt es nun darauf an, die Ionenwanderung durch die Membran als Ursache der Potenzialänderung zu verstehen und „erklärend" darzustellen. Achten Sie auf die beiden Ionentypen K^+ und Cl^-.*
In Abbildung 1.2B sind die Ionenströme/Ionenpumpen mit ihren Wirkungen im Zeitablauf gezeichnet. Diese Darstellung ist für Sie möglicherweise neu – zeichnen Sie mit zwei Farben Kurven über die jeweiligen Pfeilspitzen der beiden Ionenarten. Setzen Sie die so erhaltenen Kurven in Beziehung zum Verlauf des Aktionspotenzials der Mimosenzelle. Unterscheiden Sie dabei den Zustand vor und nach der Reizung (vorher: Erhaltung des Ruhepotenzials; nachher: Auswirkungen und später wieder Erhaltung des Ruhepotenzials). Markieren Sie die Bereiche verschiedener Prozesse. Eine ausführliche Beschreibung ist hilfreich, aber nicht Bestandteil der Aufgabe. Sie kann in den Konzeptnotizen wie folgt dokumentiert werden:
Abbildung 2.1B ist eine Darstellung der Ionenströme an der Membran. Die Linie der Membran ist gleichzeitig eine Zeitachse und korreliert mit der Abbildung 2.1A. Das Ruhepotenzial wird durch aktiven Transport der Ionen Cl^- und K^+ nach innen hervorgerufen und erhalten, während diese Ionen in geringem Maße (Höhe der Pfeile) nach außen diffundieren. Nach der Reizung kommt es zum Anstieg des Ausstroms der Cl^--Ionen und zeitverzögert ebenfalls zum Anstieg des Ausstroms von K^+-Ionen. Im Höhepunkt des Aktionspotenzials (Zeitpunkt 7–8 s auf der Zeitachse) sind die beiden Ströme gleich, K^+ steigt dann weiter an und Cl^- nimmt stark ab. Zeitverzögert nimmt auch der K^+-Ausstrom ab. Ab dem Zeitpunkt nach 15 s sind die beiden Ströme gleich und werden ab 19 s durch aktiven Transport nach innen kompensiert, das Ruhepotenzial wird wieder erreicht. Eine leichte Hyperpolarisation (Zeitpunkt ca. 20 s) ist zu beobachten.
Der Operator „entwickeln" bedeutet, dass Sie am Modell der Protein-Pore die Wirkung von Ca^{2+}-Ionen als Katalysator darstellen. Katalysatoren beschleunigen chemische Reaktionen, setzen die Aktivierungsenergie herab und bleiben unverändert.

Das Aktionspotenzial an den Zellen von Mimosen ist auf Ionenströme von Cl^-- und K^+-Ionen an der Zellmembran zurückzuführen. Ausgehend von einem Ruhepotenzial, das durch Ionenpumpen erzeugt wird, führt die Reizung zunächst zum (osmotisch und spannungsgetriebenen) Ausstrom von Cl^--Ionen, der zu einer Depolarisation bis + 40 mV führt. Den Cl^--Ionen folgen K^+-Ionen, die die Repolarisation einleiten. Ionenpumpen erzeugen anschließend die ursprüngliche Ionenverteilung, diese Vorgänge laufen unter Energieverbrauch ab.

Hypothese:
Diesem Ablauf vorgeschaltet ist eine Phase in der Ca^{2+}-Ionen eine katalytische Wirkung auf die K^+-Ionenkanäle ausüben. Die katalytische Wirkung beruht darauf, dass die Ca^{2+}-Ionen in den Öffnungsmechanismus der Ionenkanäle eingreifen. Eine Möglichkeit ist, dass die Ca^{2+}-Ionen als notwendige Liganden an Proteinen der Ionenkanäle andocken und somit die Öffnung ermöglichen oder erleichtern.

3 *Die Aufgabe fordert eine „Beschreibung“ der narkotisierenden Wirkung auf eine tierische Zelle. Dies ist nur möglich im Vergleich der beiden Zellmembranen (Abb. 2.2). Markieren Sie in beiden Zellmembranen vergleichbare Bereiche und benennen Sie die Unterschiede (Kanäle, Anordnung der Moleküle in der Membran). Ungeordnete Grenzschichten lassen evtl. auch unkontrollierte Diffusion zu. Beachten Sie, dass im Material 2 auch das Nachlassen der Narkotisierung beschrieben wird und in die Lösung einbezogen werden muss.*

Ethermoleküle lagern sich zwischen die Moleküle in den lipophilen Bereichen der Membran. Dies führt zu ungeordeten Bereichen der Lipidmoleküle und schließlich zu einem erhöhten Membrandurchmesser. Die Na^+-Pore verringert dadurch ihren Durchmesser, Ionen können die Membran nicht mehr passieren, die Membran ist damit unerregbar.

Hypothese:
Tierische und pflanzliche Zellen haben einen grundsätzlich vergleichbaren Membranaufbau. Es ist also zu erwarten, dass Ethermoleküle auch in pflanzliche Membranen eindringen können und die Ordnung der Lipide verändern sowie vorhandene Membranporen verschließen.
In pflanzlichen Zellen sind es nun die Chloridionen-Kanäle, deren Funktion ausfällt und damit die Membran unerregbar werden lässt – sie narkotisiert.
Möglich ist auch, dass die ungeordnete Membranstruktur eine unkontrollierte Diffusion von Ionen zulässt und damit zur veränderten Erregbarkeit beiträgt. Das Nachlassen der Narkotisierung mit der Zeit ist auf Diffusion und Ausschwemmung des Ethers und die damit verbundenen Wiederherstellung der Membran zurückzuführen.

Abiturprüfung 2009 Leistungskurs Biologie (Hessen)
A: Genetik

Cystische Fibrose BE

1 Definieren Sie den Genbegriff und beschreiben Sie die Vorgänge der Proteinbiosynthese bei Eukaryonten. 15

2 Benennen Sie die durch das CFTR-Gen für die Positionen 506 bis 510 codierte Aminosäuresequenz bei Gesunden. Erläutern Sie die Entstehung der veränderten Nucleotidsequenz des CFTR-Gens an Position 508 und beschreiben Sie die Folgen der Veränderung (Material 1, 2 und 6). 10

3 Analysieren Sie den Vererbungsmodus von Cystischer Fibrose (CF) (Material 3 und 5) und begründen Sie Ihre Entscheidung. Werten Sie den Stammbaum bezüglich des allgemeinen Erkrankungsrisikos der Kinder in Familie A aus. Interpretieren Sie den Gelelektrophoresebefund bezüglich des Erkrankungsrisikos des ungeborenen Kindes von Familie A (Material 3 und 4). 12

4 Erklären Sie mit Hilfe des Stammbaums von Familie B die Erkrankung des Neffen. Beurteilen Sie das Erkrankungsrisiko des Fetus und die Aussagekraft eines Gentests auf ΔF508 bei dem Ungeborenen (Material 1 und 5). 13

50

Material 1

Cystische Fibrose – eine Erbkrankheit
Die häufigste genetisch bedingte Stoffwechselkrankheit in Europa ist die Mukoviscidose, auch Cystische Fibrose (CF) genannt (Häufigkeit 1 : 2 000). Die Drüsen der Atem- und Verdauungswege der CF-Kranken produzieren ein zähes, eiweißreiches Sekret, das nicht abfließen kann und die Drüsenausgänge verstopft. Die Krankheit kommt oft erst nach mehreren Jahren zum Ausbruch und führt meistens durch Verlust der Lungenfunktion zum Tod der Erkrankten.
1989 wurde der Genort des CFTR-Gens (Cystic Fibrosis Transmembrane Conductance Regulator-Gene) gefunden. Er liegt auf dem langen Arm des Chromosoms 7 und hat eine Größe von 230 000 bp (Basenpaaren). Bei einer Mutation dieses Genortes tritt die CF auf.
Das Gen besteht aus 27 Exons. In gesunden Menschen wird ein Membranprotein aus 1 480 Aminosäuren codiert, das den Namen CFTR trägt und als Chlorid-Ionenkanal arbeitet. Dieser Kanal hat eine wichtige Funktion für den Salzgehalt des Schweißes sowie für die Zusammensetzung anderer Körpersekrete.

Die am häufigsten diagnostizierte Mutation im CFTR-Gen ist ΔF508 (Delta F508) im Exon 10. In Deutschland gehen über 70 % der Erkrankungen auf das mutierte Allel ΔF508 zurück. Bisher wurden über 1 100 weitere Mutationen im CFTR-Gen gefunden, die ebenfalls Funktionsstörungen der Chlorid-Ionenkanäle hervorrufen.

verändert nach:
www.genetik-dresden.de/Molekulargenetik/Suche ASP/omim/219700.htm
www.humangenetik.gwdg.de/Seiten/Infoblatt%20CF.html
www.ornl.gov/sci/techresources/Human_Genome/posters/chromosome/cftr.shtml

Material 2

Nukleotidsequenz des CFTR-Gens bei Gesunden und bei ΔF508 Mutation
Die Abbildungen zeigen den **nicht-codogenen** Strang der DNA. Die angegebenen Zahlen entsprechen den Triplettpositionen.
Nukleotidsequenz des CFTR-Gens bei Gesunden

Nucleotide 5' ATC ATC TTT GGT GTT 3'
(ATC = 506)

Nukleotidsequenz des CFTR-Gens bei ΔF508 Mutation

Nucleotide 5' ATC ATT GGT GTT 3'
(ATC = 506)

www.ornl.gov/sci/techresources/Human_Genome/
posters/chromosome/cftr.shtml

Material 3

Falldarstellung und Stammbaum der Familie A
Eine 29-jährige Frau sucht mit ihrem Ehemann eine genetische Beratungsstelle auf, da ihre jüngste Tochter an Cystischer Fibrose erkrankt ist und sie ein weiteres (drittes Kind) erwartet.

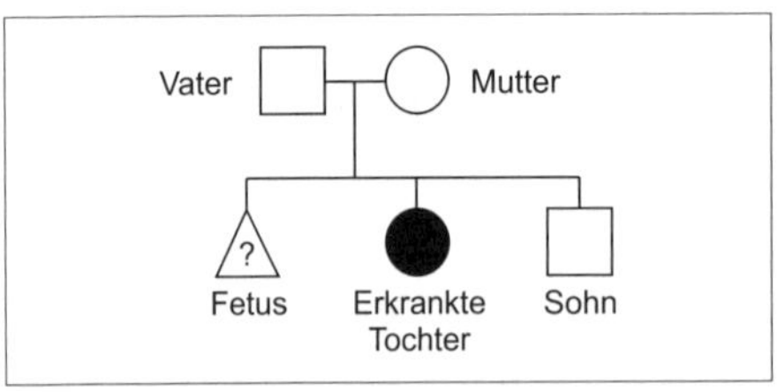

verändert nach Haas. L., Das Mukoviszidose-Gen, Unterricht Biologie 209, Nov. 95, S. 47

Material 4

Gelektrophoresemuster der Familie A

Bei den ratsuchenden Eltern der Familie A und ihren Kindern wurde mit Hilfe der Gelelektrophorese eine Genanalyse durchgeführt.

L = Marker mit DNA-Längenstandards
Bp = Basenpaare

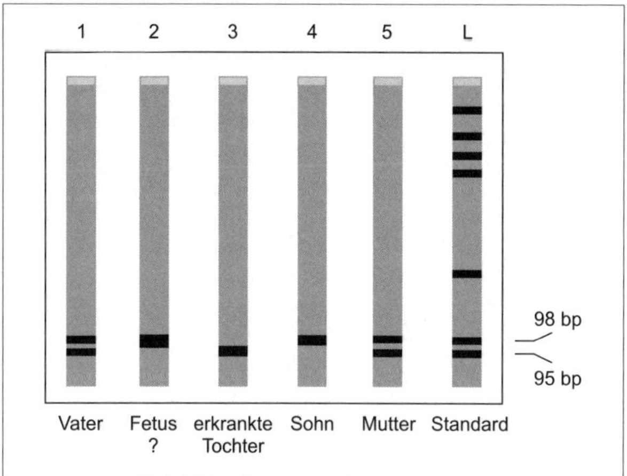

Gelelektrophoresemuster zum Nachweis des Allels ΔF508

verändert nach: Haas. L. Das Mukoviszidose-Gen, Unterricht Biologie 209, Nov. 95, S. 47

Material 5

Falldarstellung und Stammbaum der Familie B

In der zehnten Schwangerschaftswoche wird eine Frau beraten, deren Ehemann einen an Cystischer Fibrose erkrankten Neffen hat. Bei der Frau (Ratsuchende) wird das Allel ΔF508 nachgewiesen, obwohl in ihrer Familie keine Erkrankung an Cystischer Fibrose bekannt ist. Bei Schwester und Schwager des Ehemannes sowie bei ihm selbst ist das Allel ΔF508 nicht nachweisbar.

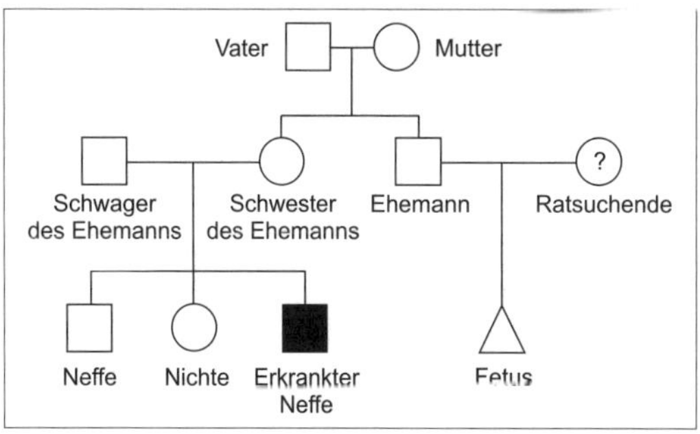

verändert nach: Haas. L., Das Mukoviszidose-Gen, Unterricht Biologie 209, Nov. 95, S. 47

Material 6

Die Code-Sonne der m-RNA

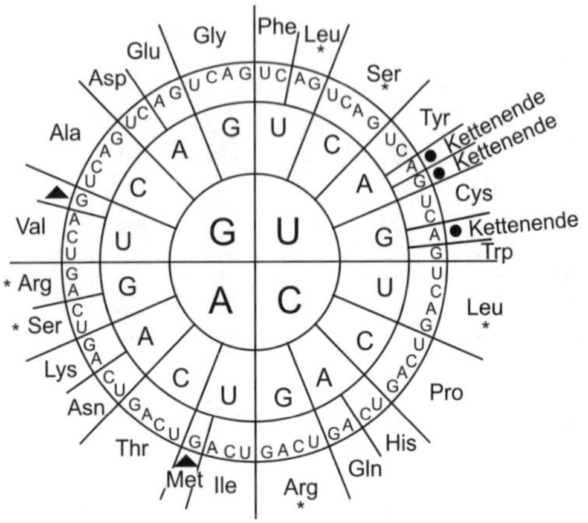

Abkürzungen der Aminosäuren

Ala	Alanin
Arg	Arginin
Asn	Asparagin
Asp	Asparaginsäure
Cys	Cystein
Gln	Glutamin
Glu	Glutaminsäure
Gly	Glycin
His	Histidin
Ile	Isoleucin
Leu	Leucin
Lys	Lysin
Met	Methionin
Phe	Phenylalanin
Pro	Prolin
Ser	Serin
Thr	Threonin
Trp	Tryptophan
Tyr	Tyrosin
Val	Valin

* zweimal auftretende Aminosäure

● Terminations-Codonen

▲ Starter-Codonen, die am Anfang der Translation stehend stets das Start-Methionin einbauen, in der Mitte des Messengers aber die in der Sonne angegebenen Aminosäuren.

verändert nach: Bayrhuber, H., Kull, U. (Hrsg.), Linder, Biologie Arbeitsbuch, Metzler Verlag 1983, S. 331

Lösungsvorschläge

In der Aufgabe thematisierte Unterrichtsinhalte sind:

- *Proteinbiosynthese bei Eukaryonten*
- *Punktmutationen (Basenpaar-Substitution als Rastermutation, Missense- oder Nonsense-Mutation), Rastermutation durch Basenpaar-Deletion oder –Insertion,*
- *Stammbaumanalyse*
- *Restriktionsverdau von DNA, Analyse von DNA-Fragmenten mittels Gelelektrophorese*

1 *Da es sich hier um eine molekularbiologische Aufgabenstellung handelt ist der Genbegriff auf molekularbiologisch aktuellem Kenntnisstand darzulegen.*
Um die Vollständigkeit der Beschreibung der Proteinbiosynthese zu gewährleisten, sollten Sie zunächst alle daran in der Zelle beteiligten Strukturen, Stoffe und Prozesse in einer Mindmap sammeln, um sie dann in die richtige Reihenfolge

vom Gen zum Protein zu bringen. Beachten Sie hier, dass es in der Aufgabe um Eukaryonten geht, d. h., Sie müssen Introns und Exons voneinander abgrenzen und den Vorgang des Spleißens erklären.

Als Gen bezeichnet man einen DNA-Abschnitt, der über den Zwischenschritt einer biologisch aktiven RNA für eine Aminosäuresequenz codiert.

Die Proteinbiosynthese ist in zwei verschiedene Prozesse unterteilt: die Transkription und die Translation. Die Transkription findet im Zellkern statt, wo die genetische Information in Form einer Triplett-Abfolge der Basen auf dem codogenen DNA-Strang mithilfe der RNA-Polymerase abgelesen wird. Dazu wird der DNA-Doppelstrang enzymatisch gespalten und entwunden. RNA-Nukleotide lagern sich nun komplementär an den codogenen Strang an und werden mithilfe der RNA-Polymerase miteinander verknüpft. Es entsteht eine prä-mRNA, welche noch Exons (codierende Sequenzen) und Introns (nicht codierende Sequenzen) enthält. Der Prozess des Spleißens der prä-mRNA schließt sich an, wobei die mRNA-Sequenzen der Introns herausgeschnitten und die der Exons miteinander verknüpft werden. An den Enden der mRNA erfolgt anschließend die Anlagerung einer Cap-Struktur (am 5'-Ende) und eines Poly-A-Schwanzes (am 3'-Ende), dessen Länge die Lebensdauer einer mRNA bestimmt.

Die reife mRNA wandert nun durch die Kernporen aus dem Zellkern ins Cytoplasma, wo sich der zweite Prozess, die Translation, anschließt. Dabei heften sich die beiden Untereinheiten eines Ribosoms an die mRNA an, sobald ein Startcodon erkannt wird. Innerhalb des Ribosoms gibt es zwei Bindestellen an die sich tRNA-Moleküle mit ihren Anticodons über Wasserstoffbrücken anlagern können. Freie Aminosäuren werden mithilfe des Enzyms Synthetase an die spezifischen tRNA-Moleküle gebunden, welche diese zum Ribosom transportieren. Zu Beginn der Translation lagert sich die erste tRNA an die Bindestelle A im Ribosom an. Sie trägt immer die Aminosäure Formyl-Methionin, entsprechend dem Anticodon der tRNA UAC. An die Bindestelle B heftet sich nun die zweite zum Codon der mRNA passende tRNA an. Beide von der tRNA getragenen Aminosäuren werden durch das Enzym Transferase miteinander verknüpft. Das Ribosom rückt anschließend an der mRNA um ein Triplett weiter. Die erste tRNA wird nun wieder abgespalten und die zweite gebundene Aminosäure befindet sich nun an der Bindestelle A. Bindestelle B kann mit der nächsten Aminosäure beladenen tRNA besetzt werden usw. Auf diese Weise wird nach und nach eine Aminosäurekette synthetisiert. Erreicht jedoch ein Stoppcodon (UAG oder UGA) auf der mRNA die Bindestelle, so kann dort keine passende tRNA binden und die Aminosäurekette löst sich vom Ribosom.

2 *Diese Aufgabenstellung ist komplex, da drei Operatoren zu berücksichtigen sind und Informationen aus drei verschiedenen Materialien zusammengetragen werden müssen. Beginnen Sie mit Material 2 und der Ermittlung der AS-Sequenz mithilfe der Code-Sonne (Material 6). Die Tripletts werden von innen nach außen gelesen. Achtung: Es ist der nicht-codogene Strang der DNA angegeben, dieser entspricht der Sequenz der mRNA, Sie müssen nur jeweils T durch U ersetzen.*

Rufen Sie sich anschließend die unterschiedlichen Mutations-Formen in Erinnerung. Ist die mutierte Sequenz länger oder kürzer als die ursprüngliche? Um wie viele Nukleotide handelt es sich? Markieren Sie die in beiden Sequenzen gleichen Nukleotide!
Informationen über die Folgen der Mutation finden sich in Material 1

Die in Material 2 dargestellte Nukleotidsequenz eines gesunden Menschen codiert für die folgende Aminosäuresequenz:

Ile–Ile–Phe–Gly–Val

In der Nukleotidsequenz des CFTR-Gens ist eine Genmutation durch Deletion von drei Nukleotiden (CTT) zwischen den Positionen 507 und 508 erkennbar. Es entfällt dadurch die Aminosäure Phenylalanin an der Position 508, während sich an Position 507 nichts verändert, da die Tripletts AUC und AUU aufgrund des degenerierten Codes für dieselbe Aminosäure (Ile) codieren.
Es handelt sich in diesem Fall nicht um eine Rastermutation, da sich durch die Deletion eines ganzen Tripletts (CTT) das Leseraster nicht verschiebt.
Die fehlende Aminosäure hat hier eine fatale Wirkung auf die Raumstruktur des gebildeten Proteins, welches als Chlorid-Ionenkanal fungiert. Die Funktion des Ionenkanals verändert sich derart, dass er seine wichtige Funktion zur Steuerung der Zusammensetzung von Körpersekreten (z. B. Salzgehalt des Schweißes, Eiweißgehalt und Konsistenz von Drüsensekreten der Atemwege) nicht mehr erfüllen kann.

3 *Zur Analyse des Vererbungsmodus stehen zwei Stammbäume zur Verfügung, mit deren Hilfe von Ihnen folgende Fragen beantwortet werden sollen:*
- *Wird die Cystische Fibrose dominant oder rezessiv vererbt?*
- *Liegt evtl. Kodominanz vor (intermediärer Erbgang)?*
- *Ist die Vererbung geschlechtsgebunden?*
- *An welchen Stellen der Stammbäume finden Sie Belege für Ihre Annahmen?*
- *Wie müssen die Genotypen aussehen?*

Wenn alle Genotypen eingetragen sind und sich keine Widersprüche ergeben, so sind die Annahmen über die Erblichkeit des Merkmals richtig.
Zur Auswertung bezüglich des Erkrankungsrisikos des Fetus im Stammbaum der Familie A (Material 3) rufen Sie sich die 2. Mendelsche Regel in Erinnerung (Spaltungsregel).
Zur Interpretation der Gelelektrophorese in Material 4 müssen Sie die Methode der elektrophoretischen Trennung verstanden haben. Grundsätzlich gilt: Heterozygote zeigen zwei Banden im Gel, Homozygote nur eine.

Die Cystische Fibrose wird autosomal-rezessiv vererbt, dies kann wie folgt begründet werden:
- In den beiden Stammbäumen sind beide Geschlechter betroffen, was auf einen autosomalen Erbgang hinweist.
  Außerdem wird der CFTR-Genort in Material 1 als auf dem Chromosom Nr. 7 befindlich dargestellt.

- Da das Merkmal selten auftritt und in beiden Stammbäumen die Erkrankten gesunde Eltern haben, müssen bei den Kranken beide Allele betroffen sein (Homozygotie), damit die Krankheit ausgeprägt wird. Dies weist auf einen rezessiven Erbgang hin.

Bezüglich eines Merkmals heterozygote Eltern (Aa) bekommen zu 50 % heterozygote Nachkommen. 25 % besitzen homozygot dominante Allele und 25 % homozygot rezessive. Letztere leiden an Cystischer Fibrose.

Die Auswertung des Gelelektrophoresemusters in Material 4 zeigt, dass Vater und Mutter heterozygot bezüglich des CFTR-Gens sind; es tauchen Bruchstücke mit 95 und 98 Basenpaaren auf. Das genetische Material der erkrankten Tochter enthält nur DNA-Bruchstücke mit 95 Basenpaaren (aa) (homozygot, starke Bande!). Der gesunde Sohn ist ebenfalls homozygot (AA), seine DNA-Bruchstücke sind 98 Basenpaare lang. Da die Gelelektrophorese des Fetus die gleiche Bande zeigt wie der bei dem Sohn ist ein gesundes Kind zu erwarten.

4 *Eine Prognose für das Erkrankungsrisiko des Fetus zu stellen ist zunächst einfach (vgl. Aufg. 3). Eine Erklärung für die Erkrankung des Neffen zu finden ist mit dem Stammbaum alleine nicht möglich, die notwendigen Informationen finden sich im Text von Material 5.*
Der Operator „beurteilen" verlangt von Ihnen, dass Sie ein eigenständiges Urteil zum Sachverhalt unter Verwendung von Fachwissen und Fachmethoden formulieren und dieses begründen. Dazu brauchen Sie unbedingt die Informationen im letzten Absatz des Textes in Material 1.

Der erkrankte Neffe kann die weit verbreitete Mutation ΔF508 nicht in sich tragen, da beide seiner Eltern negativ getestet sind, also das Allel nicht tragen. Da es laut Material 1 jedoch 1 100 verschiedene Mutationen im CFTR-Gen gibt, die neben der Mutation ΔF508 Funktionsstörungen der Chlorid-Ionenkanäle hervorrufen, muss es sich im Fall des Neffen um einen dieser Defekte handeln, der zum Krankheitsbild Cystische Fibrose führt.

Da der Ehemann der Ratsuchenden ebenfalls nicht das Allel ΔF508 trägt, kann für das Erkrankungsrisiko des Fetus nur bezüglich dieser Mutation eine Wahrscheinlichkeit angegeben werden: 0 %. Da der Fetus das rezessive Allel nur von der Mutter geerbt haben könnte, ist er dann entweder heterozygot oder homozygot, in beiden Fällen also phänotypisch gesund. Anhand des Stammbaumes kann nicht beurteilt werden, ob der Fetus eine der anderen 1 100 Mutationen im CFTR-Gen vom Vater geerbt hat, denn in dessen Familie ist ja der Neffe an Cystischer Fibrose erkrankt.
Um das Krankheitsrisiko des Fetus zu beurteilen, müsste er auf weitere Mutationsformen getestet werden, denn möglicherweise führt auch eine Kombination des Allels ΔF508 mit einer anderen Mutation in demselben Gen zu einer Erkrankung.

Das Große Heilige Meer BE

1 Skizzieren und beschriften Sie den allgemeinen Aufbau eines Süßwassersees.
Beschreiben Sie den allgemeinen Prozess der Sukzession am Beispiel der drei Erdfallseen (Material 1). 12

2 Beschreiben Sie die Charakteristika eines oligotrophen und eines eutrophen Sees und analysieren Sie den jeweiligen Trophierungszustand beim Erdfallsee, dem Großen Heiligen Meer und dem Kleinen Heiligen Meer (Material 1). 12

3 Werten Sie für das Große Heilige Meer die Temperaturprofile sowie die Kohlenstoffdioxid-, die Sauerstoff- und die Ammonium-Konzentrationen aus. Ordnen Sie die Einzeltabellen A–D begründet den vier Jahreszeiten zu (Material 2). 18

4 Erläutern Sie kurz die Wirkung der bisher durchgeführten Maßnahmen zum Schutz der Gewässer im Naturschutzgebiet (Material 1). Entwickeln Sie zwei Vorschläge für weitere Maßnahmen zur Sanierung bzw. zum Gewässerschutz und begründen Sie diese. 8

50

Material 1

Das Naturschutzgebiet „Großes Heiliges Meer"

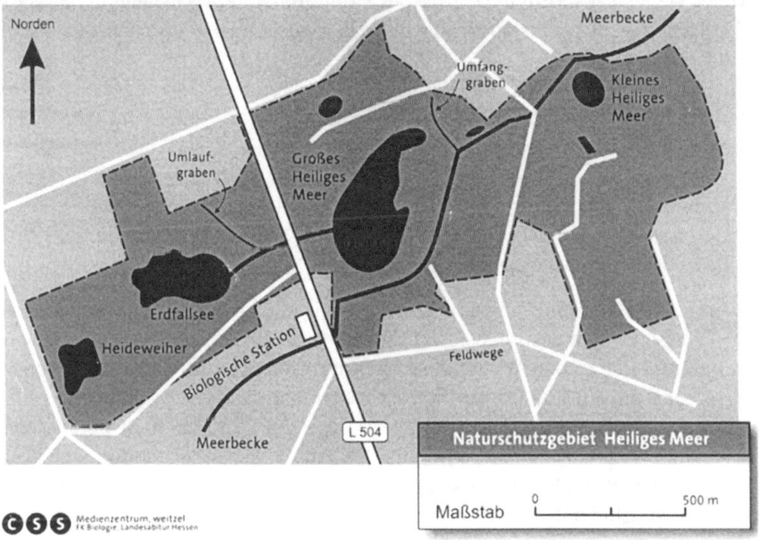

Das „Große Heilige Meer" im nördlichen Münsterland ist ein so genannter Erdfallsee. Erdfallseen bilden sich durch Einbrechen der geologischen Deckschichten in Hohlräume, die durch Ausspülen von Steinsalz- und Gipslagern entstanden sind.
Das „Große Heilige Meer" ist vor etwa 1 000 Jahren entstanden, das nicht weit entfernt liegende „Kleine Heilige Meer" ist wohl über 2 000 Jahre alt.
Beide Seen liegen zusammen mit mehreren kleineren Seen im Naturschutzgebiet „Heiliges Meer".

Südlich und nördlich des Schutzgebietes liegen intensiv genutzte landwirtschaftliche Flächen. Vor allem der Maisanbau erhöht durch große Mengen von Kunstdünger den Nährstoffgehalt des Grund- und Oberflächenwassers.
Ein kleiner Fluss, die Meerbecke, wurde 1968 verlegt und südöstlich um das „Große Heilige Meer" geleitet. Von Norden wurde ein Umlaufgraben eingeleitet; dieser sollte die landwirtschaftlichen Abwässer vom Erdfallsee fernhalten. Mit ähnlicher Schutzfunktion wurde ein Umfanggraben für das „Große Heilige Meer" angelegt. Vor Erreichen des Naturschutzstatus 1930 erhielt die Meerbecke durch bergbauliche Tätigkeiten sehr hohe Gehalte an Sulfaten und Schwermetallen.

Aus einem Zeitungsbericht von 1992:

„[...] Der Bauer traut seinen Augen kaum: zu seinen Füßen, am Weg zu seinen Feldern, klafft am Morgen des 15. April 1913 ein fast 12 Meter tiefes und mehr als 100 Meter weites Loch. Ein unterirdischer Hohlraum, durch Auslaugung wasserlöslicher Gesteinsschichten entstanden, ist plötzlich zusammengebrochen und hat einen Erdrutsch ausgelöst.
Binnen weniger Tage füllt Grundwasser den Trichter, werden Bakterien freigespült und herbeigeweht. Damit beginnt eine Besiedlung, die das öde Loch, von Einheimischen bald „Erdfallsee" genannt, in eine üppige Teichlandschaft und später in Wald verwandeln wird.
[...] Kaum einen Kilometer vom „Erdfallsee" entfernt sind vor rund 1 000 bzw. 2 000 Jahren zwei weitere Seen auf die gleiche Weise entstanden wie der „Erdfallsee" – das „Große" und das „Kleine Heilige Meer" [...].

Dem „Erdfallsee" ist seine Jugend anzusehen: magerer Uferbewuchs, klares Wasser; am Ufersaum gedeihen anspruchslose Pflanzen (mit Glockenblumen verwandte Wasserlobelien und die zu den Wegerichgewächsen zählenden Strandlinge). Ebenso bescheiden leben die etwa anderthalb Meter hohen mehrjährigen Gagelbüsche, die fast den ganzen See umsäumen. Das Ende der Lobeliengemeinschaft ist bereits abzusehen. Nach und nach wird hohes Schilfgras die lichtliebenden Wasserlobelien abschatten, wird Schlamm und Sand, der sich im Röhricht ansammelt, deren nassen Lebensraum zerstören. Ein ähnliches Schicksal erwartet den gleichfalls lichtbedürftigen Gagel. Kleinlebenwesen verwandeln das Laub der Strauchzone in Humus. Er düngt Birken, die sich etwa 20 Meter entfernt um den See angesiedelt haben und in absehbarere Zeit den Gagel verdrängen werden [...].
Zudem werden im Laufe der Zeit Nährstoffe über Bäche oder die Luft in den See gespült oder geweht – Nahrung für die Wasserbewohner, die sich vermehren, absterben, von Bakterien und anderen Kleinstlebewesen zersetzt werden und den See mit ihren Zerfallsprodukten anreichern, [...] bis schließlich aus der klaren Brühe eine dicke Suppe wird, unverdauliche Reste von Tieren und Pflanzen sich am Boden ablagern und die Verlandung beginnt.

Im tausendjährigen „Großen Heiligen Meer" grünt es üppiger als im „Erdfallsee" [...] im seichten Uferbereich dominieren Schilf, Rohrkolben und Teichbinsen [...].
An der durch Algen bedingten dicksten Suppe können sich die Bewohner des 2 000 Jahre alten „Kleinen Heiligen Meer" laben. [...] Jenseits des Ufers haben nährstoffbedürftige Weiden, Faulbäume und Schwarzerlen die Gagelbüsche und Birken verdrängt. [...] Gleichzeitig verlandet der See; schon lagern am Boden meterdicke Schlammschichten. Nach weiteren 1 000 Jahren ist das „Kleine Heilige Meer" vielleicht schon ein Erlenbruchwald – verwandelt und verlandet durch tausende verschiedenartige Organismen, die in ihm gelebt haben und mit ihm untergegangen sind [...]."
Die gesamte Seenplatte ist heute als Naturschutzgebiet ausgewiesen.

verändert nach: Geo Wissen Heft 2 1992, S. 176–177

Material 2

Physikalisch-chemische Parameter im großen Heiligen Meer zu verschiedenen Jahreszeiten (A-D) (Angaben in mg/L)

A: (Sichttiefe 1,3 m)

Tiefe/m	°C	O_2	CO_2	NH_4^+
0	5,6	11,2	3,3	0,0
1	5,5	11,4	3,3	0,0
2	5,4	11,3	3,3	0,0
3	5,4	11,2	3,3	
4	5,4	10,9	3,3	
5	5,3	11,2	3,3	0,2
6	5,3	11,0	3,3	
7	5,3	10,9	3,3	
8	5,3	10,9	3,3	
9	5,3	10,9	3,3	0,4
10	5,3	11,1	3,3	0,4

B: (Sichttiefe 3 m)

Tiefe/m	°C	O_2	CO_2	NH_4^+
0	17,6	9,4	2,2	0,5
1	17,6	9,4	2,2	0,5
2	17,6	10,1	2,2	0,5
3	17,5	9,2	2,2	0,5
4	16,7	5,4	7,7	0,5
5	14,9	1,7	13,2	0,5
6	12,3	0,1	16,5	0,5
7	9,1	0,1	29,7	0,1
8	8,0	0,0	40,7	2,0
9	7,5	0,0	57,2	2,0
10	7,4	0,0	59,4	2,0

C: (Sichttiefe 1,7 m)

Tiefe/m	°C	O_2	CO_2	NH_4^+
0	7,5	8,7	4,4	0,5
1	7,5	8,9	4,4	0,5
2	7,5	9,0	4,4	0,5
3	7,5	8,8	4,4	0,5
4	7,5	8,7	4,4	0,5
5	7,5	8,7	4,4	0,5
6	7,5	8,7	4,4	0,5
7	7,5	8,8	4,4	0,5
8	7,5	8,7	4,4	0,5
9	7,5	8,7	4,4	0,5
10	7,5	8,3	4,4	0,5

D: (Sichttiefe 2,1 m)

Tiefe/m	°C	O_2	CO_2	NH_4^+
0	1,8	13,2	3,5	1,3
1	2,3	11,1	3,6	1,4
2	3,1	10,7	3,6	1,5
3	3,2	10,8	3,6	
4	3,3	10,7	3,6	1,5
5	3,4	10,8	3,6	
6	3,4	10,9	3,6	1,5
7	3,6	10,9	4,3	
8	3,6	9,7	5,8	1,5
9	3,7	8,8	7,0	
10	3,8	7,3	8,5	1,6

verändert nach: Terlutter, H., Das Naturschutzgebiet Heiliges Meer, Landschaftsverband Westfalen-Lippe, 2004

Zusatzinformationen: Bei leeren Feldern liegen keine Messwerte vor. Wasserpflanzen können für ihren Stickstoffhaushalt u. a. NH^{4+}-Ionen aufnehmen.

Lösungsvorschläge

In der Aufgabe thematisierte Unterrichtsinhalte sind:

- *Ökosystem See, Struktur und Zonierung, jahreszeitliche Effekte auf den Wasserkörper, Stagnation, Vollzirkulation, Biozönose.*
- *Sukzession im Ökosystem See, Verlandung, Klimaxstadium.*
- *Trophiezustand des Ökosystems See, Trophieebenen, oligotropher und eutropher Zustand, Kriterien für fortschreitende Eutrophierung, Messparameter für den Trophiezustand und die jahreszeitliche Situation.*
- *Maßnahmen zur Sanierung und zum Schutz von Stillgewässern.*

1 *In dieser Aufgabe ist eine Handskizze eines Süßwassersees gefordert. Am besten zeichnen Sie diesen im Schnittprofil, damit alle wichtigen Zonierungen des Sees einfach darzustellen sind.*

Je nach unterrichtsbezogenen Voraussetzungen kann die Skizze sehr einfach bis detailliert gestaltet sein. Die folgende Abbildung zeigt eine Gliederung des Sees nach trophischen und topografischen Gesichtspunkten.

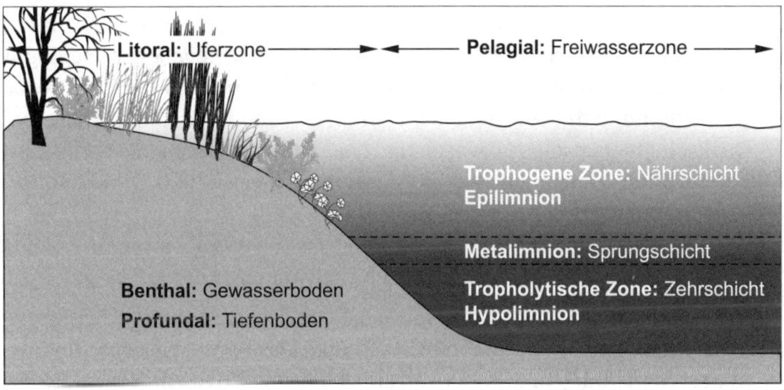

Eine Ergänzung der Skizze durch die Darstellung einer genaueren Pflanzenzonierung ist möglich:

Das Litoral wird aufgrund der unterschiedlichen Lebensgemeinschaften in einzelne Zonen unterteilt (vom Land in Richtung Freiwasserzone):

Die Weiden- und Erlenzone, welche nicht überschwemmt ist, aber einen hoch anstehenden Grundwasserspiegel (Epilitoral) hat, stellt einen Lebensraum für die Pflanzen dar, die mit einem feuchten Boden zurechtkommen, z. B. Hygrophyten, wie die Sumpfdotterblume, Seggen und Binsen.

Nachfolgend schließen sich die Spritzwasser- und die Brandungszone an

Im Sublitoral siedeln schließlich größere Pflanzen, die an einen ständig überfluteten Boden angepasst sind. Dieser Bereich wird weiter unterteilt in die:

a) Röhrichtzone deren häufigste Pflanzen das Schilfrohr und der Rohrkolben sind.

b) Schwimmblattzone, in der Blätter von Wasserpflanzen an der Wasseroberfläche schwimmen. Beispiele dafür sind die Seerose, Teichrose und der Wasserknöterich.
c) Laichkrautzone, für die das Laichkraut (*Potamogeton spec.*) namensgebend ist. Die in dieser Zone lebenden Wasserpflanzen haben oft auf und unterhalb der Wasserlinie Blätter.
d) Die Zone der untergetaucht lebenden Pflanzen (Characeenzone), in der z. B. Hornblatt, Tausendblatt, Wasserpest, Quellmoose und Algen (*Characeen* = Armleuchteralgen) bis in 30 m Tiefe vorkommen können.

Die Beschreibung der Sukzession wird hier materialbezogen eingefordert. Das heißt, der lange Text in Material 1 muss zunächst gelesen und auf Aussagen zum Thema Sukzession untersucht werden. Dann können Sie in geeigneter Weise (Fließtext, Tabelle, Mindmap) die Daten erfassen. Beim Vergleich der Beobachtungen an den Seen wird deutlich, dass der beschriebene Zustand der zu unterschiedlichen Zeiten entstandenen Seen eine Sukzessionsreihe unter den gegebenen Bedingungen darstellt.

Sukzession im biologischen Sinne bedeutet allgemein die Änderung eines Ökosystems in einer zeitlichen Abfolge unterschiedlicher Zustände von Pflanzen- und Tiergesellschaften. Dabei strebt das System unter den gegebenen Bedingungen einem Endstadium (Klimax) entgegen. In diesem Fall begann die Sukzession bei allen drei Seen mit dem beschriebenen Erdfall, der durch das Einbrechen geologischer Deckschichten nach Auswaschung der darunter liegenden Steinsalz- und Gipslager entstand. Das unterschiedliche Alter der Seen (2000, 1000 und 96 Jahre) bedingt ihren jeweiligen Sukzessionsstatus.
Der Erdfallsee steht ganz am Anfang der Sukzession. 1913 war er ein noch unbelebtes Loch, welches sich mit Grund- und Regenwasser füllte.

Eine Besiedelung erfolgt allgemein zunächst mit Bakterien und Kleinlebewesen über eingespültes Wasser und Windverdriftung. Das Wasser ist klar und es gibt einen mageren Uferbewuchs mit anspruchslosen Pflanzen (Wasserlobelien, Strandlingen und Gagelbüschen). Bald nimmt der Nährstoffgehalt im See durch abgestorbene Pflanzen und eingewehte Blätter zu. Destruenten finden nun ausreichend Nahrung und produzieren Mineralstoffe, wodurch ein üppigeres pflanzliches Leben im Wasser und am Ufer möglich wird. Eingeschlepptes Phytoplankton kann gedeihen und zieht Zooplankton nach sich, welches als weiteres Glied im Nahrungsnetz fungiert. Schilf verdrängt mit der Zeit die lichtliebenden Wasserlobelien, und Birken die Gagelbüsche. Im weiteren Verlauf werden auch über die Bäche und die Luft weitere Nährstoffe in den See eingebracht: Nahrung für die Wasserbewohner, die sich vermehren, absterben und von Bakterien und anderen Kleinlebewesen unter Sauerstoffverbrauch zersetzt werden.

Das Große Heilige Meer hat diesem Entwicklungszustand erreicht. Hier dominieren schon Schilf, Rohrkolben und Teichbinse.
Werden noch mehr Nährstoffe in den See eingetragen, bildet sich an der Oberfläche eine dicke Algensuppe, die viele Pflanzenfresser ernährt, welche wiederum

viele Fleischfresser und deren Räuber mit Nahrung versorgen. Riesige Mengen abgestorbener Pflanzenmasse und Tierkörper können aufgrund des hohen Sauerstoffverbrauchs der Zersetzer in den unteren Wasserschichten irgendwann nicht mehr vollständig abgebaut werden. Es sammelt sich dann Faulschlamm an, der langsam zur Verlandung des Sees führt und am Ufer setzen sich nährstoffbedürftige Weiden, Erlen und Faulbäume durch. In diesem Zustand befindet sich das bereits 2000 Jahre alte Kleine Heilige Meer. Setzt sich die Entwicklung so fort, wird die Sukzession in Zukunft wahrscheinlich zur Entstehung eines Erlenbruchwaldes aus dem heutigen Gewässer führen.

2 *Da sich die Beschreibung der zwei Seentypen auf kein zusätzliches Material bezieht, ist die Bearbeitung eine Reproduktion von Kenntnissen aus dem Unterricht und Elementen aus Material 1. Bei der Analyse des Trophierungszustandes kann auf schon gemachte Aussagen in Aufgabe 1 zurückgegriffen werden.*

Das Trophiesystem gibt das Nährstoffangebot eines stehenden Gewässers wieder und wird in vier Trophiestufen untergliedert, von denen hier zwei charakterisiert werden sollen. Parameter, die eine Einordnung zulassen sind der Sauerstoffgehalt, die Sichttiefe, die Wasserfärbung und der Gehalt des Wassers an den Elementen P (Phosphor; meist als Phosphat vorliegend), N (Stickstoff; meist in Form von Nitrat vorkommend), C (Kohlenstoff; in organischem Material) und S (Schwefel). Leitarten am Ufer und im Wasser sowie die Dicke der Schlammschicht geben weitere Hinweise auf den Trophiezustand.
Als oligotroph wird ein Gewässer bezeichnet, wenn die Uferstrukturen grobkörnig sind und nur spärlichen Pflanzenwuchs aufweisen. Das Plankton ist artenreich, aber individuenarm, sodass das Wasser klar ist (d. h. es enthält wenig Phytoplankton) und eine Sichttiefe von mindestens 3 m, meist noch mehr, hat. Es gibt nur eine geringe Ansammlung von Detritus und Schlamm am Grund des Sees und die Sauerstoffsättigung ist auch am Ende der Sommerstagnation noch hoch (ca. 70 %).
Eutroph ist ein Gewässer, wenn ein hoher Nährstoffgehalt (u. a. Phosphat) eine starke Biomasse-Produktion bewirkt (Minimumfaktor). Das Hypolimnion dieser Seen wird im Sommer durch den Abbau von organischer Substanz (Atmungsprozesse) arm an Sauerstoff, dagegen ist das Epilimnion durch eine hohe Fotosyntheserate der Algen mit Sauerstoff übersättigt. Der Grund des Gewässers ist mit einer dicken Faulschlammschicht bedeckt, das Wasser ist trüb und durch unterschiedliche Algen meist grün oder gelb-braun gefärbt. Die Sichttiefe ist gering, in der Regel weniger als 2 m, und auch die Sauerstoffsättigung im Hypolimnion beträgt am Ende der Sommerstagnation kaum über 30 %.

Der Erdfallsee ist noch als oligotroph einzustufen, da der Uferbewuchs (vgl. Aufgabe 1) noch spärlich ist und die Pflanzenarten anspruchslos sind; sein Wasser ist klar.

Das Große Heilige Meer kann schon als eutroph bezeichnet werden. Der Uferbewuchs mit den auf Nährstoffversorgung angewiesenen Pflanzen Schilf, Rohrkolben und Teichbinsen weist darauf hin. Außerdem ist das Wasser von Algen grün gefärbt.

Das Kleine Heilige Meer ist noch stärker eutrophiert als das Große Heilige Meer. Man könnte es aufgrund der dicken Algensuppe (geringe Sichttiefe) und der meterdicken Schlammschichten sogar schon als polytroph oder hypertroph bezeichnen.

3 *Mithilfe von vier Parametern wird im Material 2 die Situation im Großen Heiligen Meer zu den vier Jahreszeiten dargestellt. Da es nicht möglich ist, die vielen Daten in den Tabellen gleichzeitig im Blick zu haben, ist es notwendig die Daten entsprechend aufzubereiten und zu visualisieren. Am besten stellen Sie die vier Parameter jeder Tabelle in je einem Diagramm grafisch dar, um ihre Veränderungen mit zunehmender Tiefe direkt vergleichen zu können. Die Temperaturangabe gibt Ihnen anhand der Dichteanomalie des Wassers bereits einen deutlichen Hinweis darauf, welche Tabelle welcher Jahreszeit zuzuordnen ist. Die übrigen Parameter geben weitere Anhaltspunkte und helfen Ihnen dabei eine begründete Gesamtaussage treffen zu können.*

Die Temperaturprofile in **Tabelle A und C** zeigen keine Schichtung an, es ist von einer Durchmischung des Wassers (Zirkulation) auszugehen Es kann sich deshalb nur um die Frühjahrs- bzw. Herbstzirkulation handeln, die von zwei Faktoren angetrieben wird: Einerseits durch die Frühjahrs- und Herbststürme, andererseits durch den Effekt, wenn das Wasser nach dem Auftauen oder vor den Winterfrösten in den oberen Schichten die gleiche Temperatur annimmt wie das Tiefenwasser. Denn unter dieser Voraussetzung ist die Dichte des Wassers überall gleich und eine Durchmischung ist möglich. Welche Tabelle eindeutig der Frühjahrs- bzw. Herbstsituation zugeordnet werden kann, muss nur über die Auswertung weiterer Parameter entschieden werden.

Tabelle A → Frühjahr: Durch die Frühjahrszirkulation sind die Sauerstoff– und Kohlenstoffdioxidkonzentrationen in allen Messungen gleich. Im Gegensatz zur Tabelle C sind hier die Ammoniumwerte in den unteren Wasserschichten gering und in den oberen gehen sie gegen Null. Dies ist auf die Oxidation von Ammonium zu Nitrit und Nitrat bei guter Sauerstoffversorgung und die Aufnahme dieser Stoffe durch Pflanzen in den oberen Wasserschichten zu erklären.

Tabelle C → Herbst: Auch hier liegt eine vollständige Durchmischung vor, wie alle vier Parameter belegen. Im Vergleich zum Frühjahr ist die Temperatur insgesamt noch höher, da das Wasser nach dem Sommer erst langsam abkühlt. Die Sauerstoffwerte sind niedriger als im Frühjahr, da im Herbst eine Menge organischen Bestandsabfalls von Destruenten aerob abgebaut wird, dies ist auch an den höheren Kohlenstoffdioxidwerten erkennbar.

Tabelle B → Sommer: Eine warme Wasserschicht von geringerer Dichte (Epilimnion) liegt auf einer kälteren Schicht mit größerer Dichte (Hypolimnion). Dazwischen gibt es einen Temperatursprung (Metalimnion). Die Schichten unterschiedlicher Dichte durchmischen sich im Sommer nicht. Die Sichttiefe ist im Sommer am größten, da das Wasser nicht zirkuliert und kein Schlamm vom Boden aufgewirbelt wird. Im Licht durchfluteten Epilimnion ist die Fotosyntheserate hoch, wie die Sauerstoffübersättigungen und die geringen CO_2-Werte zeigen. Unterhalb der Sprungschicht, in ca. 6 m Tiefe, geht der Sauerstoffgehalt gegen Null und der CO_2-Gehalt steigt auf ein Vielfaches. Hier erlauben die Lichtverhältnisse keine Sauerstoffproduktion mehr durch Fotosynthese, ein Eintrag aus der Luft ist wegen der Stagnation nicht möglich. Aerobe Zersetzungsprozesse verbrauchen den Sauerstoff vollständig. Stark ansteigende Ammoniumgehalte (für Fische giftig!) sind die Folge, da die Nitrifizierung (zu Nitrat) ohne Sauerstoff nicht ablaufen kann. Fehlende Durchmischung verhindert den vertikalen Stofftransport.

Tabelle D → Winter: Die Dichteanomalie hält das Wasser mit 3.8°C in der Tiefe und das wärmere und weniger dichte Wasser von 1,8°C oben. Das Oberflächenwasser sinkt deshalb nicht ab und bildet eine Deckschicht, die bei größerer Kälte zu einer Eisdecke wird. Der Sauerstoffgehalt ist nach der Vollzirkulation im Herbst und dem Eintrag aus der Luft recht hoch. In der Deckschicht ist dieser durch den Luftkontakt und die geringere Temperatur höher, in der Tiefe durch immer noch ablaufende aerobe Zersetzung und Atmung der Fische etc. geringer. Dementsprechend nimmt auch der CO_2-Gehalt in der Tiefe zu. Stickstoff wird aus der Eiweißzersetzung als Ammonium frei und kann gemäß der niedrigen Temperatur teilweise nitrifiziert werden.

4 *Zur Lösung dieser Aufgabe müssen Sie zunächst die bisherigen Gewässerschutzmaßnahmen erfassen, die laut Text der fortlaufenden Eutrophierung der Seen im Naturschutzgebiet „Großes Heiliges Meer" entgegenwirken sollten und danach ihre Wirkung darstellen. Anschließend sollen Sie zwei Maßnahmen zur Sanierung bzw. zum Gewässerschutz entwickeln und deren Wirkung auf das System begründen. Dabei ist festzustellen, dass Maßnahmen zur Sanierung bzw. gegen eine weitere beschleunigte Eutrophierung grundsätzlich unterschieden werden müssen. Deshalb führt der Lösungsvorschlag ein Beispiel für eine Sanierungs- und eine prophylaktische Maßnahme aus.*

Die Verlegung des Fließgewässers Meerbecke hat zur Folge, dass der Eintrag von Schadstoffen aus den ehemaligen Bergbaugebieten als auch von Düngemitteln aus den umliegenden Feldern in die drei Seen verhindert oder zumindest verringert wird. Der Beschreibung in Material 1 ist zu entnehmen, dass die Fließrichtung der Meerbecke von Nord-Ost nach Süd-West verläuft, sodass der Umfanggraben Dünger führende Abwässer aus den landwirtschaftlich intensiv genutzten Gebieten nördlich der Seen in die Meerbecke ableitet. Der Umlaufgraben soll laut Material 1 landwirtschaftliche Abwässer vom Erdfallsee fernhalten. Er kann deshalb nur in die Verbindung zwischen ihm und dem Großen Heiligen Meer einfließen, wodurch die Eutrophierung des Großen Heiligen Meeres beschleunigt wird.

Insgesamt soll der Eintrag an düngerreichen landwirtschaftlichen Abwässern vermindert oder völlig gestoppt werden, da diese das Algen- und Pflanzenwachstum im See fördern, wodurch wiederum die Biomasse erhöht wird und es zu anaeroben Zuständen in der Sommerstagnation kommt. Dies beschleunigt die Verlandung des Sees durch Schlammbildung.

Maßnahmen zur Sanierung eines eutrophierten Sees können folglich immer nur die Verringerung der Biomasse im Wasser zum Ziel haben. Die stetige Entnahme von Biomasse in Form von Pflanzen (Ernte), die an anderer Stelle kompostiert werden, ist eine Möglichkeit dafür. Ein regelmäßiges Abernten der Algen könnte im frühen Stadium der Eutrophierung den Prozess stoppen (nur beim Erdfallsee möglich).Gleichzeitig müsste schon angesammelter Schlamm vom Grund des Sees abgepumpt werden. Man könnte diesen z. B. als natürlichen Dünger auf landwirtschaftlich genutzten Flächen ausbringen.

Eine prophylaktische Maßnahme zur Verlangsamung der Eutrophierung der drei Erdfallseen wäre, das Naturschutzgebiet zu erweitern, indem man seenahe Flächen von Landwirten erwirbt und einer extensiven Bewirtschaftung zuführt. Extensiv bewirtschaftete Mähwiesen zur Gewinnung von Heu als hochwertiges Winterfutter wären z. B. eine Lösung, da kein Dünger mehr auf diese Flächen aufgetragen werden müsste.
Die Klärung des belasteten Wassers aus der Landwirtschaft durch einen künstlich angelegten Schilfklärteich würde das Problem der weiteren Überfrachtung der Seen mit organischen Stoffen und des damit verbundenen Sauerstoffdefizits lösen. Die im aeroben Abbau gebildeten Salze, wie Nitrate und Phosphate, würden jedoch als Pflanzennährstoffe weiterhin einen ungünstigen Einfluss auf das System der Seen ausüben, da verstärkt Biomasse gebildet wird. Diese müsste am Ende jeder Vegetationsperiode entnommen werden (vgl. Sanierungsmaßnahmen). Desweiteren könnten zusätzliche Schutzgräben das noch anorganisch belastete Wasser von den Seen fernhalten und über die Meerbecke ableiten.

Abiturprüfung 2009 Leistungskurs Biologie (Hessen)
B2: Ökologie und Stoffwechselphysiologie

Leben ohne Licht BE

1 Geben Sie die Summengleichung der Fotosynthese grüner Pflanzen an und beschreiben Sie den Verlauf der lichtabhängigen Reaktionen der Fotosynthese unter Einbezug der beteiligten zellulären Strukturen, der Lichtsammelfalle und des Protonengradienten. 15

2 Beschreiben Sie detailliert die Energiegewinnung und den Stofftransport im Körper des Röhrenwurms *Riftia pachyptila* (Material 1 und 2). Vergleichen Sie diese Form der Energiegewinnung mit der Fotosynthese. 17

3 Stellen Sie die Trophieebenen im Ökosystem „Tiefsee" dar. Analysieren Sie die ökologische Beziehung zwischen den schwefeloxidierenden Bakterien und den Röhrenwürmern und erläutern Sie die Bedeutung der Bakterien für das gesamte Ökosystem (Material 1 und 2). 12

4 Erklären Sie, wie die Röhrenwürmer im Vergleich zu den Wirbeltieren mit dem starken Zellgift Schwefelwasserstoff umgehen und gleichzeitig die Bakterien mit Schwefelwasserstoff versorgen können (Material 1, 2 und 3). 6

50

Material 1

Leben in der Tiefsee

Bodenproben aus einer Welt völliger Dunkelheit zeigen normalerweise nur wenig lebende Organismen. Deshalb überraschten die 1977 auf einer Exkursion mit einem Forschungs-U-Boot in 2 600 m Tiefe im pazifischen Ozean gemachten Funde. Die Forscher fanden eine Oase überquellenden Lebens: Riesige Röhrenwürmer mit bis zu 1 m Länge, 30 cm große Muscheln, Trauben von Miesmuscheln, Garnelen, Krabben, Fischen und Tintenfischen.

Miesmuscheln, Krabben und Garnelen ernähren sich von Bakterien und Detritus (Schwebeteilchen aus abgestorbenem organischem Material). Tintenfische ernähren sich räuberisch von Krebsen, Muscheln und einigen Fischarten. Räuberische Fischarten ernähren sich von anderen Fischen und Tintenfischen.

Das Besondere dieser Tiefseestandorte sind Lavaspalten mit heißen Tiefseequellen oder „Black Smoker". Durch diese Spalten dringt Wasser in den Meeresboden ein, wird in der Erdkruste stark erhitzt und schießt in dicken, pechschwarzen Wolken als über 300 Grad heißes Wasser wieder hinaus. In dem Wasser ist neben vielen Mineralien vor allem ein starkes Zellgift gelöst: Schwefelwasserstoff. In Wasser zerfällt Schwefelwasserstoff (H_2S) teilweise in Sulfid-Ionen (S^{2-}) und H^+-Ionen (Protonen). Schwefelwasserstoff ist durch seinen Geruch nach faulen Eiern allgemein bekannt.

In der Nähe der hier lebenden Röhrenwürmer (*Riftia pachyptila*) konnten keine Nahrungspartikel gefunden werden, diese Tiere weisen keinen Mund oder Teile eines Verdauungssystems auf. Der größte Teil des Körpers besteht aus einem Organ (Trophosom), in dem die Zellen mit schwefeloxidierenden Bakterien voll gepackt sind. Auffallend sind bei den Würmern die Kiemenbüschel, über die sie Sauerstoff und Kohlendioxid austauschen sowie auch Schwefelwasserstoff aus dem Meerwasser aufnehmen können. Transportiert werden Sauerstoff und Schwefelwasserstoff durch Hämoglobinmoleküle.

Schwefelwasserstoff ist energiereich, aber für die meisten Lebewesen äußerst giftig. Bei uns Menschen verdrängt er z. B. den Sauerstoff vom Hämoglobin.

Die Energiegewinnung der schwefeloxidierenden Bakterien vollzieht sich als Chemosynthese, die auf einer zweimaligen Oxidation des Schwefels beruht:

$$2\,H_2S + O_2 \longrightarrow 2\,H_2O + 2\,S$$
$\Delta G = -420$ kJ/mol

$$2\,S + 2\,H_2O + 3\,O_2 \longrightarrow 2\,SO_4^{2-} + 4\,H^+$$
$\Delta G = -988$ kJ/mol

Die hierbei frei werdende Energie (ΔG) wird unter anderem für die Bildung von ATP und $NADPH + H^+$ genutzt.

Es folgt eine zweite Stufe der Synthese von Stoffen, die identisch mit den lichtunabhängigen Reaktionen bei grünen Pflanzen ist.

verändert nach: Bickel, Horst et al: Natura , Biologie für Gymnasien, Oberstufe, Klett 2005, Seite 107

Material 2

Bau des Röhrenwurms *Riftia pachyptila*

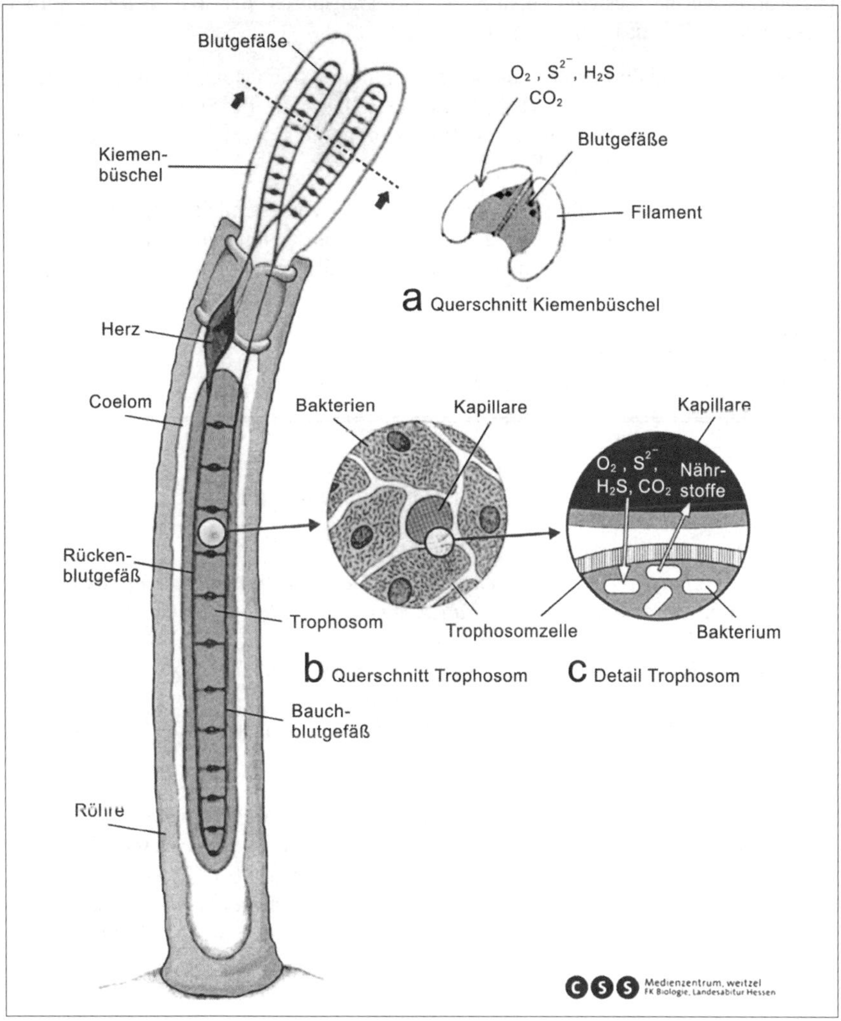

verändert nach: Leibniz-Institut für Meereswissenschaften, Kiel, ftp://ftp.ipn.uni-kiel.de/pub/SystemErde/09_Begleittext_oL.pdf

Filament:	blattförmige Organstruktur
Coelom:	Leibeshöhle
Trophosom:	Organ in der Leibeshöhle, welches mit schwefeloxidierenden Bakterien angefüllt ist
Kapillare:	haardünnes Blutgefäß

Material 3

***Riftia*-Hämoglobin**

Die Röhrenwürmer besitzen einen Sauerstoff-Transporter, der sich auch bei Wirbeltieren bewährt hat, das Hämoglobin.

Das *Riftia*-Hämoglobin unterscheidet sich von dem Atmungspigment unseres Blutes. Es verfügt über zwei verschiedene Bindungsstellen, eine für Sauerstoff (am Eisen-Ion der Häm-Gruppe) und eine für Sulfid-Ionen, nämlich zwölf fest gebundene Zink-Ionen am Hämoglobinmolekül.

Schwefelwasserstoff ist ein Nervengift, das rasch zur Atemlähmung führen kann. Das Sulfid-Ion (S^{2-}) blockiert die Zellatmung, indem es mit dem Sauerstoffmolekül um seine Bindung am Eisen-Ion der Häm-Gruppe des Hämoglobinmoleküls konkurriert und den Sauerstoff verdrängt.

verändert nach:
http://g-o.de/dossier-detail-66-11.html,
http://www.chemieunterricht.de/dc2/abgas/h2s.htm

Lösungsvorschläge

In der Aufgabe thematisierte Unterrichtsinhalte sind:

- *Stoffwechselphysiologie: Summengleichung der Fotosynthese, Lichtreaktion der Fotosynthese: Lichtsammelfalle, Fotosysteme I + II, Redoxsysteme, Protonengradient, NADPH+H⁺,*
- *Chemosynthese der Schwefel oxidierenden Bakterien, Transport von Sauerstoff und S^{2-} über angepasste Hämoglobinmoleküle,*
- *Ökologie: Trophieebenen im Lebensraum Tiefsee (Schwarze Raucher), Symbiose zwischen autotrophen Bakterien und Röhrenwürmern.*

1 *In Aufgabe 1 werden nur reproduktive Leistungen erwartet, die sich auf den zurückliegenden Unterricht beziehen. Um die Vollständigkeit der Beschreibung der Lichtreaktion zu gewährleisten, sollten Sie zunächst die beteiligten Strukturen in einer Skizze darstellen und anschließend die zugehörigen chemischen und physikalischen Abläufe zuordnen (Mindmap, Clustering) bevor Sie Ihre Lösung formulieren..*

Summengleichung der Fotosynthese:

$$6\,CO_2 + 12\,H_2O \longrightarrow C_6H_{12}O_6 + 6\,H_2O + 6\,O_2$$

In den Chloroplasten der Zellen grüner Blätter befinden sich Antennenpigmente, auch akzessorische Pigmente genannt, die aus dem sichtbaren Spektrum des Lichts selektiv bestimmte Wellenlängen absorbieren und an das Chlorophyll a im Zentrum einer jeden Lichtsammelfalle weiterleiten können. Diese Lichtsammelfallen sind in die Thylakoidmembran der Chloroplasten eingebettet. Die im Zen-

trum der Lichtsammelfallen befindlichen Chlorophyll a-Moleküle gehören jeweils zu den Fotosystemen I und II (FS I, FS II).
Im FS II werden Elektronen durch die aufgenommene Lichtenergie auf ein höheres Energieniveau angehoben. Benachbarte, in der Thylakoidmembran eingelagerte Redoxsysteme übernehmen diese Elektronen und übertragen sie nach Durchlaufen einer Elektronentransportkette auf das Fotosystem I. Die im Fotosystem II entstandene „Elektronenlücke" wird durch Elektronen aus der Spaltung von Wasser in Sauerstoff und Wasserstoff-Protonen gefüllt:

$$2\,H_2O \longrightarrow O_2 + 4\,H^+ + 4e^-$$

Im FS I werden die vom FS II übernommenen Elektronen durch Lichtenergie erneut auf ein höheres Energieniveau angehoben und über ein zweites Redoxsystem dem Akzeptor $NADP^+$ zugeleitet. $NADP^+$ nimmt neben den Elektronen auch noch zwei Wasserstoff-Protonen aus der Wasserspaltung auf und wird zu $NADPH + H^+$ reduziert. Die Energie, die während des Elektronentransports vom FS II zum FS I entsteht, wird dazu genutzt, Protonen in den Thylakoid-Innenraum zu transportieren. Gemeinsam mit den Protonen aus der Wasserspaltung führen sie zu einem starken Protonengradienten (innen gegenüber außen). Entsprechend ihrem Konzentrationsgefälle wandern die Protonen wieder nach außen ins Stroma, wobei sie die in die Thylakoid-Membran eingebettete ATP-Synthase antreiben, die aus ADP + P ATP herstellt.
Die Endprodukte der Lichtreaktion sind Sauerstoff, ATP und $NADPH + H^+$.

2 *Material 1 (Text) und Material 2 (Bildmaterial) müssen aufeinander bezogen werden, um diese Aufgabe lösen zu können. Als erstes sollten Sie deshalb anhand von Material 2 den Stoffaustausch von Riftia mit seiner Umwelt und mit seinen Symbionten beschreiben. Danach können Sie die hier vorliegende Art der Energiegewinnung näher beleuchten. Für den Vergleich dieser mit der Fotosynthese ist es hilfreich, wichtige Fakten (z. B. Reaktionsorte, Herkunft der Energie, synthetisierte Moleküle) in einer Tabelle zu sammeln und anhand dieser Ihre Lösung zu verfassen.*

Der spezielle Bau der Kiemenbüschel von *Riftia* ermöglicht die Aufnahme von Sauerstoff, Kohlenstoffdioxid, Schwefelwasserstoff und Sulfid-Ionen in den Blutkreislauf. Das im oberen Teil der Röhre gelegene Herz transportiert das Blut zunächst in die Kiemenbüschel, wo es mit den oben genannten Stoffen aus dem Meerwasser angereichert wird. Dann fließt es weiter über das Bauch- und das Rückenblutgefäß zurück ins Herz. Im Trophosom sorgen Kapillaren zwischen Bauch- und Rückenblutgefäß für den Stoffaustausch mit den symbiontischen Schwefelbakterien. Diese befinden sich in den Zellen des Trophosoms. Die Schwefelbakterien werden dort mit Sauerstoff, Kohlenstoffdioxid, Schwefelwasserstoff und Sulfid-Ionen versorgt und geben im Austausch dafür Nährstoffe an das Blut ab.

Energiegewinnung und Nährstoffaufbau in den Schwefelbakterien laufen, wie folgt, ab:
Zunächst wird der aus dem Meerwasser aufgenommene Schwefelwasserstoff mit Sauerstoff zu Schwefel und Wasser oxidiert. Der elementare Schwefel wird dann weiter zu Sulfat oxidiert:

$$2\,H_2S + O_2 \longrightarrow 2\,H_2O + 2\,S$$
$\Delta G = -420$ kJ/mol

$$2\,S + 2\,H_2O + 3\,O_2 \longrightarrow 2\,SO_4^{2-} + 4\,H^+$$
$\Delta G = -988$ kJ/mol

Dabei wird eine Menge von 1 408 kJ/mol Energie frei, die zum Aufbau von ATP aus ADP + P und für die Bildung von NADPH + H^+ aus $NADP^+$ genutzt wird. In einem zweiten Schritt erfolgt der Aufbau von Traubenzucker in der Abfolge der Reaktionen, wie sie aus dem Calvin-Zyklus bekannt sind.

Beide oben genannten Reaktionen laufen, im Gegensatz zur Fotosynthese, völlig lichtunabhängig ab und werden als Chemosynthese bezeichnet, da sie die zum Nährstoffaufbau benötigte Energie aus chemischen Reaktionen (s. o.) beziehen. Bei der Fotosynthese der grünen Pflanzen dagegen wird Lichtenergie zur fotolytischen Wasserspaltung und Bereitstellung von Energie (ATP) und Reduktionsäquivalenten (NADPH + H^+) genutzt (vgl. Aufgabe 1); Lichtenergie wird also in chemische Energie umgewandelt. Gemeinsam haben die beiden Energiegewinnungswege die Übertragung von Elektronen und Protonen zum Aufbau von ATP und NADPH + H^+ und den Aufbau von Kohlenhydraten im Rahmen des Calvin-Zyklus.

3 *Informationen über die verschiedenen Trophieebenen der Tiefsee finden sich in Material 1. Der Operator „darstellen" fordert von Ihnen einen „fachsprachlich einwandfreien Text", der mit einer Skizze kombiniert werden kann. Die ökologische Beziehung zwischen Riftia und den Schwefel oxidierenden Bakterien wurde bezüglich der stofflichen Abhängigkeit z. T. schon in Aufgabe 2 beschrieben und muss hier nochmal zusammengefasst werden.*

Die Trophieebenen beziehen sich auf die Ernährungsweise der Organismengruppen eines Ökosystems. Die Schwefel oxidierenden Bakterien sind im lichtlosen Lebensraum Tiefsee die Primärproduzenten, Konsumenten 1. Ordnung stellen Krabben, Garnelen und Muscheln dar, die sich von organischen Resten (Detritus und Schwebstoffen) sowie Bakterien ernähren. Konsumenten 2. Ordnung sind räuberische Fische und Tintenfische.

Die Tiefsee kann nicht als isoliertes Teilsystem betrachtet werden, da sie auch immer in Wechselwirkung mit anderen Teilsystemen steht (z. B. dem lichtdurchfluteten Epipelagial des Meeres), aus denen totes organisches Material (Tierkörper und Algen) eingetragen wird.

Die Beziehung zwischen Schwefel oxidierenden Bakterien und Röhrenwürmern bezeichnet man als Endosymbiose. Die Schwefelbakterien werden im Körper des

Röhrenwurms über dessen Blutkreislauf mit den zur Chemosynthese notwendigen Stoffen (vgl. Aufgabe 2) versorgt und die Zellatmung des Wurms liefert zusätzlich CO_2 für den Kohlenhydrataufbau. Außerdem bietet das Trophosom des Wurms den Bakterien einen geschützten Lebensraum. Die Schwefelbakterien liefern dem Röhrenwurm im Austausch Kohlenhydrate (z. B. Glucose) als Stoffwechselprodukt der Chemosynthese. Die Symbiose ist für den Wurm lebensnotwendig, da er sich aufgrund fehlender Verdauungsorgane nicht selbstständig ernähren kann.

Die Bedeutung der der Bakterien für das ganze Ökosystem besteht in ihrer Funktion als Produzenten und Lieferanten von energiereichen Kohlenhydraten. Ohne sie wäre ein artenreiches Leben in der Tiefsee nicht möglich.

4 *Für diese Aufgabe müssen Sie mit dem Sauerstofftransport im Blut von Wirbeltieren vertraut sein. Auf dieser Basis sollen Sie erläutern wie der Transport unter den für Wirbeltiere tödlichen Bedingungen (Gegenwart von H_2S) stattfindet. Hinweise dazu finden sich in Material 1 und 3.*

Im Blut von *R. pachyptila* findet man, im Vergleich zu Wirbeltieren, ein abgewandeltes Hämoglobin, welches über zwei getrennte Bindestellen verfügt: eine für Sauerstoff am Eisen-Ion der Häm-Gruppe und eine für Sulfid-Ionen (zwölf fest gebundene Zink-Ionen am Eiweißkörper des Hämoglobins). So konkurrieren Sauerstoff und Sulfid-Ionen aus der Dissoziation der schwachen Säure H_2S im Wasser nicht um die Bindestelle am Häm und können im Blut von *Riftia* gleichzeitig über die Kapillaren zu den Schwefelbakterien transportiert werden.

TTX: Gaumenkitzel für Gourmets

BE

1 Beschreiben Sie den Verlauf einer Instinkthandlung und erläutern Sie die Elemente der Instinkthandlung am Beispiel des Beutefangverhaltens des Kugelfisches (Material 1). 11

2 Beschreiben Sie Bau und Funktion eines potenzialgesteuerten Natriumionenkanals in einer Axonmembran sowie die Entstehung und den Phasenverlauf eines Aktionspotenzials an diesem Axon (Material 2). 14

3 Entwickeln Sie eine Hypothese zum Wirkmechanismus von TTX, mit der sich die Versuchsergebnisse aus Material 5 erklären lassen.
Erklären Sie die beschriebenen Vergiftungsphänomene an natürlichen Feinden des Kugelfisches sowie an Menschen, die eine Fugu-Vergiftung erlitten haben (Material 2, 3, 4 und 5). 19

4 Entwickeln Sie **zwei** Fragestellungen, die mit Hilfe von TTX gezielt in der neurobiologischen Grundlagenforschung untersucht werden könnten. 6

50

Material 1

Kugelfisch von vorne und seitwärts, im aufgepumpten und normalem Zustand (abgebildet ist der Perlhuhn-Kugelfisch *(Arothron meleagris)*, ca. 50 cm lang)

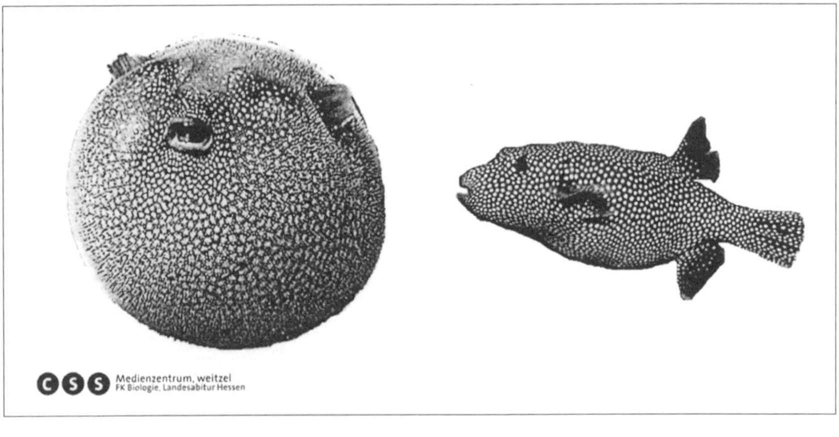

Kugelfische

Kugelfische besitzen die Fähigkeit, ihren Körper bei Gefahr oder in Revierkämpfen stark aufzublähen, indem sie zeitweise Wasser in Seitenkammern ihres Magens saugen. Greift ein Feind den Kugelfisch an, führt der Kontakt mit dem Kugelfisch zu einer Lähmung, die je nach Kontaktlänge entweder wieder verschwindet oder aber zum Tode führt. Die meisten Kugelfischarten sind relativ aggressive Einzelgänger.
Wenn sie – beispielsweise nach längerer Hungerzeit – kleine Fische, Schnecken und Garnelen erbeuten wollen, gehen sie wie folgt vor: Gut getarnt zwischen Steinen oder manchmal eingegraben im sandigen Untergrund lauern sie oft längere Zeit ihrer Beute auf. Bewegt sich diese auf sie zu oder ist sie in erreichbarer Nähe, richten die Kugelfische ihre Körper aus und fixieren ihre Beute. Bei ausreichender Nähe der Beute schießen die Kugelfische hervor und verbeißen sich blitzschnell in ihre Beute. Ist die Beute klein, wird sie ganz verschluckt. Ist die Beute größer, wird sie in kleinere Teile zerlegt und dann verzehrt.

verändert nach: Arendt, Kai (2000): Raubkugelfische, Aquaristik Fachmagzin, Bissendorf, Nr. 154 (Jahrgang 32 (4)), 22–27

Material 2

Längsschnitt durch einen potenzialgesteuerten Natriumionenkanal aus der Axonmembran in verschiedenen Situationen

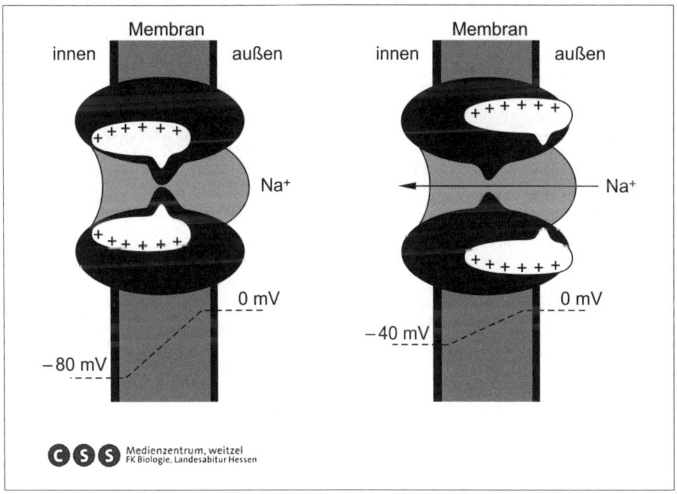

Material 3

Tetrodotoxin – Vorkommen und Wirkungsweise

Tetrodotoxin (TTX) ist bekannt als extrem tödliches Gift von Amphibien und bestimmten Kugel- und Igelfischarten. Dennoch wird in Japan der Kugelfisch („Fugu") in staatlich lizensierten Lokalen als Delikatesse in den Monaten Oktober bis März angeboten. Eine „Fugu"- Mahlzeit beschränkt sich auf kleine Mengen; der Gaumenkitzel – im wahrsten Sinne des Wortes – ist ein leicht brennendes und prickelndes Gefühl im Mund, das schließlich in ein Taubheitsgefühl übergeht. Dies sind erste Anzeichen einer kontrollierten Vergiftung. Es kommt also auf eine richtige Dosierung der Mahlzeit an, weil schon 0,5 bis 1,5 Milligramm TTX ausreichen, um innerhalb von etwa 20 Minuten den Tod des Gourmets herbeizuführen. Dabei erlebt das Opfer seinen Tod durch Atemlähmung und Kreislaufversagen bei vollem Bewusstsein.

In den Fischen schwankt der Gehalt des wasserlöslichen und hitzestabilen TTX. Das Gift ist überall im Körper des Fisches zu finden, wobei die Haut und innere Organe den höchsten Gehalt aufweisen. Wenn sich ein Kugelfisch bedroht fühlt, scheidet er sein Gift über die Haut aus, wobei der Vorrat aber relativ schnell erschöpft ist. Der Kontakt mit diesem Gift führt beim Angreifer zu einer mehr oder weniger starken Lähmung.

verändert nach: www://chm.bris.ac.uk/webprojects2006/Macgee/Web%20Project, www.dr-bernhard-peter.de/Apotheke/Gifte/Tetrodotoxin

Material 4

Tetrodotoxin

Das Molekül TTX ist ein Zwitter-Ion. Es enthält die positiv geladene Amino-Gruppe, die in der Grafik mit einem grauen Kreis markiert ist, und den negativ geladenen Sauerstoff. Die Amino-Gruppe ahmt Natrium-Ionen nach.

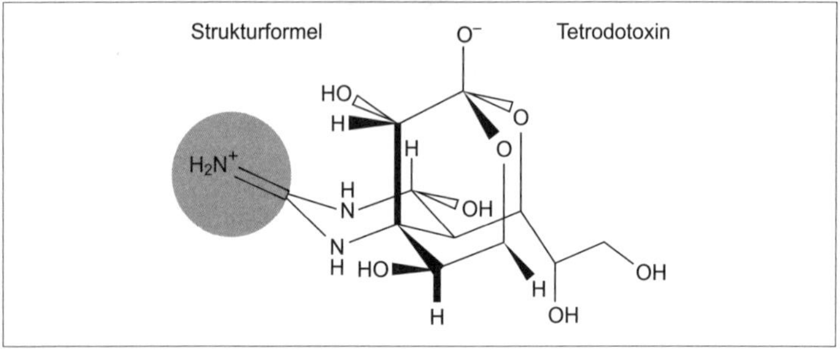

verändert nach: www.dr-bernhard-peter.de/Apotheke/Gifte/Tetrodotoxin

Material 5

Auswirkungen einer TTX Vergiftung (Kontrollgruppe (K) und vergiftete Tiere (V))

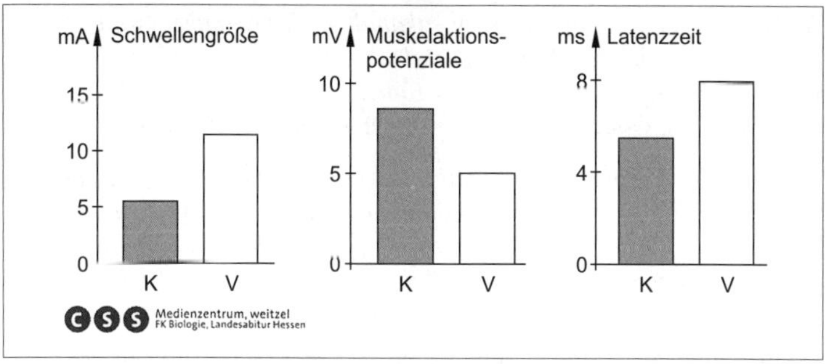

verändert nach: www://mja.com.au/public/issues/177

Schwellengröße: Reizgröße (in milli-Ampere = mA), die gerade noch zur Erregung eines Neurons führt

Latenzzeit: Zeit der Unerregbarkeit

Lösungsvorschläge

In der Aufgabe thematisierte Unterrichtsinhalte sind:
- *Ablauf einer Instinkthandlung*
- *Bau und Funktion potenzialgesteuerter Ionenkanäle in der Axonmembran*
- *Ionenverteilung im Zustand des Ruhepotenzials*
- *Ablauf eines Aktionspotenzials inklusive der Ionenbewegungen*
- *Bau des Nervensystems, Gliederung in afferente und efferente Bahnen*

1 *Der Verlauf einer Instinkthandlung ist mit ethologischen Fachbegriffen genau zu beschreiben. Stellen Sie sich zunächst eine Sammlung der entsprechenden Fachbegriffe zusammen und bringen Sie diese in eine zeitliche Reihenfolge. Identifizieren Sie nun die Elemente der Instinkthandlung in dem in Material 1 beschriebenen Beutefangverhalten des Kugelfischs.*

Eine Instinkthandlung wird immer durch eine äußere Reizsituation in Gang gesetzt, d. h. es erfolgt zunächst eine Reizaufnahme (Sinnesorgane), dann eine Verarbeitung der Erregungen (Nervensystem) und zuletzt eine erbkoordinierte (formstarre) Endhandlung.
Endogene Faktoren, wie z. B. Hunger erhöhen die Handlungsbereitschaft des Kugelfischs bezüglich des Beutefangverhaltens. Ein zunächst ungerichtetes Such- und Annäherungsverhalten (Kinese) erhöht die Wahrscheinlichkeit auf Beute zu treffen. Der Fisch lauert seiner Beute auf, d. h. er wartet getarnt oder eingegraben auf Nahrung. Spezifische Reize, sich bewegende Objekte, erhöhen die Aufmerksamkeit. Der Fisch zeigt nun ein gerichtetes Annäherungsverhalten mit anschließender Ausrichtung und Fixierung auf mögliche Beutetiere (Taxis). Bewegt sich ein Beutetier in geeigneter Entfernung, dient dies als Schlüsselreiz für den weiteren Ablauf. Es erfolgt die instinktive Endhandlung, in diesem Fall ein Vorschießen und sich Verbeißen (Erbkoordination). Kleine Beutetiere werden komplett, größere Beutetiere in Teile zerlegt verschlungen.

2 *Beachten Sie bei der Beschreibung des Natriumionenkanals die mV-Angaben innerhalb der Zelle und im Außenmedium.*
Denken Sie daran, dass ein Potenzial immer zwischen zwei Elektroden im Außen- bzw. Innenmedium gemessen wird, wobei der Wert im Außenmedium willkürlich gleich Null gesetzt wird.

Bei dem in Material 2 dargestellten Ionenkanal handelt es sich um ein integrales Kanalprotein, welches in seinem Inneren eine veränderbare Verengung aufweist, die durch die Anordnung der Ladungen im Inneren des Proteinkomplexes zustande kommt. Diese Tatsache weist auf einen spannungsgesteuerten Ionenkanal hin. Während des Ruhepotenzials (–80 mV) macht die Verengung den Kanal für Natrium-Ionen undurchlässig. Bei ausreichender Depolarisation durch einen Reiz (–40 mV) verschieben sich die Ladungen im Proteinkomplex in Richtung des extrazellulären Raumes, sodass sich der Engpass im Ionenkanal verändert und Natrium-Ionen passiv entlang ihres Konzentrationsgefälles den Kanal nach innen passieren können.

Die Ionenverteilung während des Ruhepotenzials sieht im Axon folgendermaßen aus:
Die Natrium- und Chlorid-Ionen-Konzentration ist im Außenmedium sehr hoch und im Innenmedium gering. Dagegen ist die Konzentration der Kalium-Ionen und der großen Eiweiß-Anionen im Innenmedium sehr viel höher als außen.
Übersteigt die Stärke eines am Axonhügel ankommenden Reizes durch die Depolarisation einen bestimmten Schwellenwert (z. B. –40 mV), so wird ein Aktionspotenzial als autoregenerativer Prozess ausgelöst und fortgeleitet. Infolge dessen öffnet sich der Na^+-Ionenkanal (vgl. Material 2) und Na^+-Ionen strömen passiv, dem Konzentrationsgefälle folgend, ins Zellinnere ein. Das Membranpotenzial geht dabei erst gegen Null und erreicht schließlich ca. + 30 mV. Während dieser Depolarisation öffnen sich zeitversetzt ebenfalls spannungsgesteuerte K^+-Ionenkanäle und die Na^+-Ionenkanäle schließen sich wieder. Der K^+-Ausstrom kompensiert durch die Ladungsverschiebung den Na^+-Einstrom und das Potenzial nähert sich wieder dem Ruhepotenzial an (Repolarisation). Das zeitlich verzögerte Schließen der K^+-Ionenkanäle führt sogar zu einer leichten Hyperpolarisation. Die Ladungsverteilung entspricht jetzt wieder der des Ruhepotenzials, die veränderte Verteilung der Na^+- und K^+-Ionen wird durch die ATP verbrauchende Na^+/K^+-Pumpe wieder in die ursprüngliche Form zurückgeführt.

3 *Sehen Sie sich als erstes die Materialien 4 und 5 ganz genau an. Um eine passende Hypothese für die Wirkung von TTX aufstellen zu können, machen Sie sich bewusst, an welchen Stellen im Körper, aufgrund der Struktur der zugrunde liegenden Na^+-Kanäle, Aktionspotenziale ausgelöst werden können.*

Eine mögliche Hypothese lautet: TTX blockiert ganz oder nur teilweise die potenzialgesteuerten Natriumkanäle der Axone in Sensorik und Motorik einschließlich der Muskelfasern. Die positiv geladene Aminogruppe des TTX ahmt dabei das Na^+-Ion nach und besetzt die Einlassstelle des Na^+-Ionenkanals. Der große Rest des Moleküls verstopft den Kanal und kann aufgrund seiner negativen Ladung am Sauerstoff in längere Wechselwirkung mit den Ladungen des Kanalproteins treten. Die Wirkung dieser Blockade ist konzentrationsabhängig.

Die Versuchsergebnisse aus Material 5 lassen sich für diese Hypothese folgendermaßen erklären:

- **Schwellengröße:** Eine Teilblockade der Na^+-Kanäle erfordert stärkere Reize, damit eine Fortleitung der Erregung möglich wird. Die Schwellengröße liegt bei vergifteten Tieren deshalb deutlich höher als bei der Kontrollgruppe.
- **Muskelaktionspotenziale:** TTX blockiert auch die Natriumkanäle der Muskelfasern, was die schwächeren Muskelaktionspotenziale erklärt.
- **Latenzzeit:** Die Teilblockade der Natriumkanäle dauert eine Weile an bis sich die TTX-Moleküle wieder lösen. Diese Blockadezeit verursacht die höheren Latenzzeiten, da die Zelle währenddessen zu keiner Depolarisation fähig ist.

Durch das Verstopfen der Na^+-Kanäle kommt es also, je nach Konzentration, zur Störung oder kompletten Unterbindung der Erregungsfortleitung. Es können entweder gar keine Aktionspotenziale gebildet und fortgeleitet werden oder nur in geringerer Frequenz.

Die in Material 3 beschriebenen Vergiftungs-Symptome lassen sich durch eine sensorische (Taubheitsgefühl) bzw. motorische (Motoneurone und Muskelfasern) Lähmung infolge der Blockade der Na^+-Kanäle erklären. Sind die Atemmuskeln betroffen, tritt der Tod durch Atemlähmung ein.

4 *Der Operator „entwickeln" bezieht sich auf die Bildung von Hypothesen. Fragestellungen führen im naturwissenschaftlichen Erkenntnisweg letztlich zu solchen Hypothesen, die auf ihre Gültigkeit überprüft werden können. Achten Sie darauf, sorgfältig zu argumentieren.*

Die Fähigkeit von TTX, Natriumkanäle gezielt zu blockieren, könnte u. a. für die Untersuchung folgender Fragestellungen genutzt werden:

Lässt sich durch die Anwendung von TTX die genaue Lage von Na^+-Kanälen an Zellmembranen lokalisieren?
Hypothese: Durch Kopplung mit einem Marker (Farbstoff, Isotop) lässt sich mit TTX die Lage und Häufigkeit von Na^+-Kanälen in Membranen lokalisieren.

- Die genaue Anzahl der Na^+-Kanäle in verschiedenen Bereichen von Neuronen und Muskeln könnte dadurch bestimmt werden.
- Das Auffinden und Nachweisen von Na^+-Kanälen an bisher noch nicht untersuchten Potenziale ausbildenden Strukturen, wie z. B. pflanzlichen Membranen, wäre möglich.

Lassen sich Moleküle finden, die mit TTX konkurrieren ohne an die Na^+-Kanäle zu binden?
Hypothese: Ein Molekül, dass mit TTX konkurriert, aber nicht an die Na^+-Kanäle bindet kann als Gegengift verwendet werden.

Glucokinase – Defekte und MODY 2

		BE
1	Benennen Sie den Vererbungsmodus, der der Krankheit MODY 2 zugrunde liegt. Begründen Sie Ihre Entscheidung (Material 1).	7
2	Ordnen Sie in Material 2 den in der Tabelle angegebenen DNA-Sequenzausschnitten einer gesunden und einer an MODY 2 erkrankten Person jeweils die entsprechenden m-RNA-Ausschnitte und Aminosäuresequenzen zu (Material 6). Benennen Sie den in der Tabelle erkennbaren Mutationstyp.	7
3	Beschreiben Sie alle Strukturebenen von Proteinen und ordnen Sie diese soweit wie möglich dem Protein aus Material 3 zu.	9
4	Erklären Sie die unterschiedlichen Glucokinaseaktivitäten der einzelnen MODY 2-Erkrankungsformen (Material 3).	12
5	Beschreiben und erklären Sie auf der Grundlage von Material 4 die veränderte Insulinausschüttung der an MODY 2-Erkrankten in Abgrenzung zum Normalfall. Stellen Sie durch grafische Ergänzungen in der Abbildung von Material 5 dar, wie Sulfonylharnstoff-Präparate auf die Insulinfreisetzung einwirken könnten (Bearbeitung in Material 5).	15
		50

Material 1

Diabetes mellitus (Zuckerkrankheit) und MODY 2

Diabetes mellitus (Zuckerkrankheit) ist eine Stoffwechselerkrankung, die allein in Deutschland rund sechs Millionen Menschen betrifft. Der Blutzuckerspiegel ist erhöht und der Körper kann Kohlenhydrate, wie z. B. Zucker, nur ungenügend verwerten. MODY 2 (Maturity Onset Diabetes of the Young) ist als spezielle Unterform des Diabetes mellitus anzusehen und charakterisiert eine Gruppe von familiär auftretenden Hyperglykämien (vermehrter Blutzuckergehalt). Diese Hyperglykämie entwickelt sich meist in der Kindheit, der Adoleszenz (Lebensabschnitt zwischen Pubertätsbeginn und Erwachsenenalter) oder im jungen Erwachsenenalter[1] und ist in den meisten Fällen mild, oft ohne klassische Diabetessymptome.

geändert nach:
http://www.netdoktor.de/Krankheiten/Diabetes/Wissen/Diabetes-mellitus-Typ-2-Zuckerk-119.html (abgerufen 19. 09. 2009).
http://www.medizinische-genetik.at/DNA-Analysen/DNA-Analysen/DNA-Analysen/MODY.html (abgerufen 19. 09. 2009).

1 Die Ursache für den Zeitpunkt des Auftretens von MODY 2 ist nicht Gegenstand der Aufgabenstellung.

Stammbaum einer Familie mit MODY 2

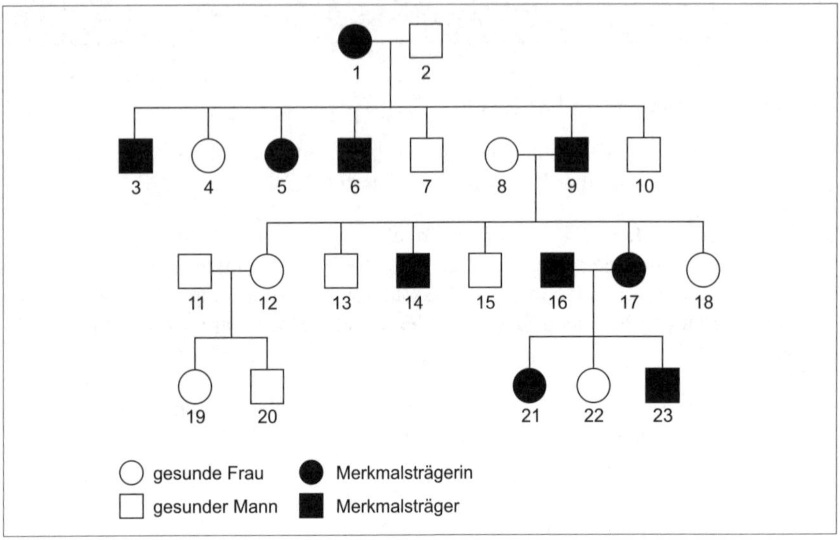

geändert nach: http://www.standardsicherung.schulministerium.nrw.de/abitur (abgerufen 12. 12. 2009).

Material 2

Ausschnitt einer DNA-Sequenz des Glucokinase-Gens

DNA-Ausschnitt aus dem nicht codogenen Strang einer gesunden Person (A)	DNA-Ausschnitt aus dem nicht codogenen Strang einer Person mit MODY 2 (B)
5' … –CCA–GGC–ACG–GGC– … 3'	5' … –CCA–GGC–ATG–GGC– … 3'

Material 3

Häufigkeit und Ursachen von MODY 2
MODY 2-Diabetes tritt bei etwa 1 bis 5 % der Diabetiker auf. Mutationen im Glucokinase-Gen kommen beim Menschen jedoch häufiger vor. Jede dieser Mutationen hat einen ganz unterschiedlichen Einfluss auf den oxidativen Abbau von Glucose und erzeugt ein spezifisches Krankheitsbild, das unterschiedliche Ausprägungen der Erkrankung bewirkt. Exemplarisch ist dies für drei Mutanten in Tabelle 3 aufgeführt.

Räumliche Struktur eines Glucokinase-Moleküls
Glucokinase ist ein Enzym, das eine wesentliche Rolle bei der Blutzuckerregulation spielt. Die Zahlen an dem Molekül bezeichnen Veränderungen der Proteinabschnitte, die den Mutanten 5, 6 und 7 aus Tabelle 3 zuzuordnen sind.

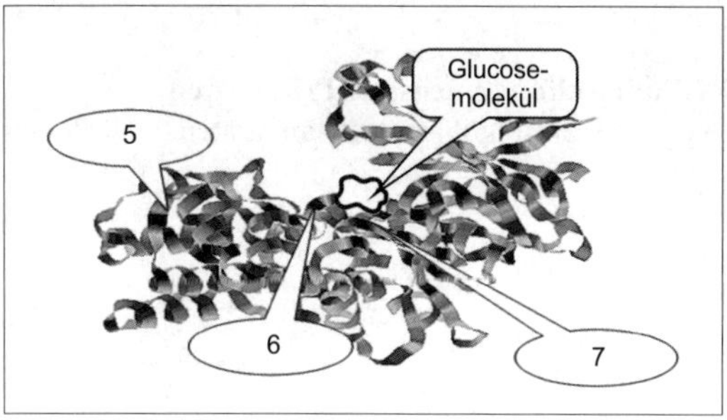

geändert nach: http://www.schule-bw.de/unterricht/faecher/biologie/standards/um/bilder/enzy.gif (abgerufen 14. 03. 2009).

Tabelle 3
Aktivität des Enzyms Glucokinase

Mutantentyp	Glucokinase-Aktivität in %
unverändert	100
Mutante 5	50
Mutante 6	0,5
Mutante 7	0,5

Material 4

Mechanismus der Insulinfreisetzung durch Glucose in den β-Zellen der Bauchspeicheldrüse: Normalfall (Abb. 4.1) und Zustand bei Glucokinase-Mutation (Abb. 4.2)

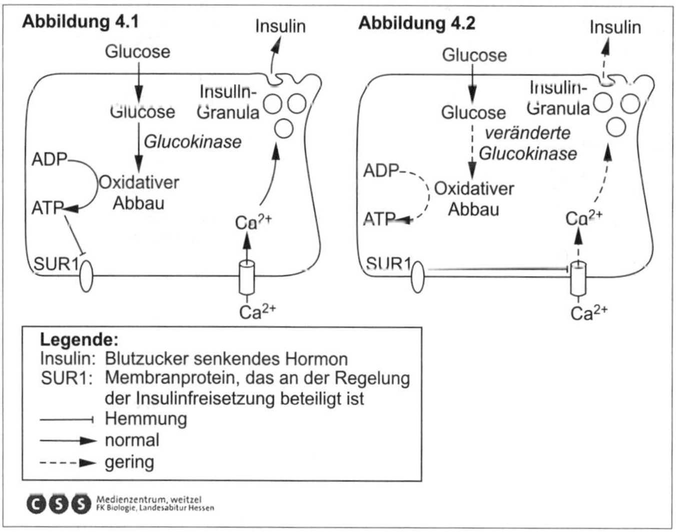

geändert nach: http://wpcontent.answers.com/wikipedia/en/thumb/2/21/Glucose-insulin-release.png/400px-Glucose-insulin-release.png (abgerufen 19. 09. 2009).

Material 5

Behandlung von Diabetes MODY 2 mit Sulfonylharnstoff-Präparaten

Unvollständig dargestellter Wirkweg von Sulfonylharnstoff-Präparaten in β-Zellen der Bauchspeicheldrüse

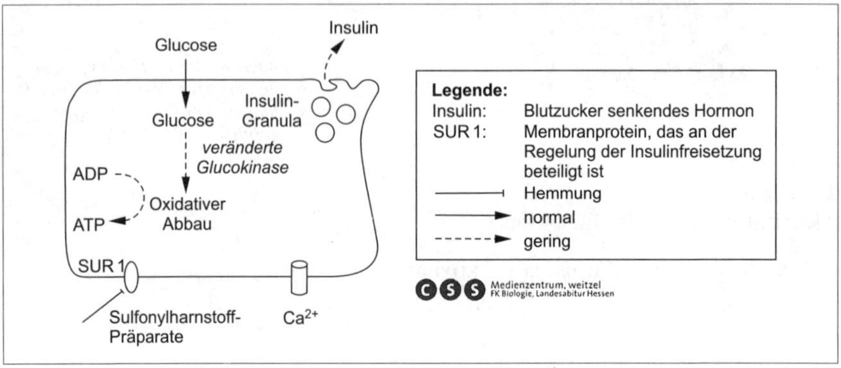

geändert nach: Bielfeld Ackermann, A.: Therapie von Typ 2 Diabetes
In: Praxis der Naturwissenschaften Biologie, Heft 5 2005, S. 23–25.

Material 6

Die Code-Sonne der m-RNA

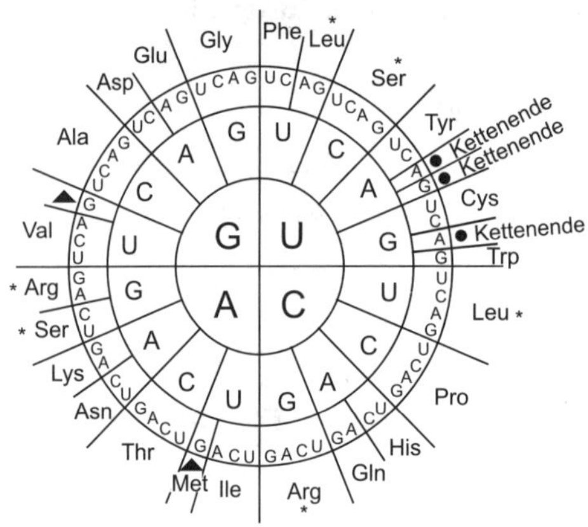

Abkürzungen der Aminosäuren

Ala	Alanin
Arg	Arginin
Asn	Asparagin
Asp	Asparaginsäure
Cys	Cystein
Gln	Glutamin
Glu	Glutaminsäure
Gly	Glycin
His	Histidin
Ile	Isoleucin
Leu	Leucin
Lys	Lysin
Met	Methionin
Phe	Phenylalanin
Pro	Prolin
Ser	Serin
Thr	Threonin
Trp	Tryptophan
Tyr	Tyrosin
Val	Valin

* zweimal auftretende Aminosäuren
● Terminations-Codonen
▲ Starter-Codonen, die am Anfang der Translation stehend stets das Start-Methionin einbauen, in der Mitte des Messengers aber die in der Sonne angegebenen Aminosäuren.

geändert nach: Bayrhuber, H., Kull, U. (Hrsg.): Linder, Biologie Arbeitsbuch, Metzler Verlag 1983, S. 331.

Lösungsvorschläge

In der Aufgabe thematisierte Unterrichtsinhalte sind:
- *Stammbaumanalyse, Mendelsche Regeln*
- *DNA-, mRNA- und Aminosäuresequenzen, Mutation*
- *Struktur von Proteinen, Enzymaktivität, aktives Zentrum,*
- *Regulation, Hemmung, Stoffwechselschritte, Exozytose, Freisetzung von Hormonen, Diabetes, Membranbau, -proteine, -permeation*

1 *In dieser Aufgabe geht es darum, den Vererbungsmodus zu erschließen, zu benennen und zu begründen. Setzen Sie z. B. ausgehend von den Personen 22, 16 und 17 Markierungen für die Merkmale (z. B. M+ für „merkmalsfrei" und M für „Merkmalsträger"; bei einem X-chromosomalen Erbgang X_M bzw. X_{M+}). Begründen Sie Ihre Entscheidung mit diesen Zuordnungen.*

Ein X-chromosomal (geschlechtsgebundener) rezessiver Erbmodus scheidet als Möglichkeit für die Vererbung von MODY 2 aus. Die Mutter (1) ist an MODY 2 erkrankt und müsste demnach homozygot für das Merkmal sein ($X_M X_M$). Trotzdem hat sie aber zwei merkmalsfreie Söhne (7, 10), die im hypothetischen Fall von ihr ein defektes X-Chromosom erhalten hätten und somit auch Merkmalsträger sein müssten ($X_M Y$).
Ein X-chromosomal (geschlechtsgebundener) dominanter Modus scheidet ebenfalls aus, da der Sohn (14) als Merkmalsträger ($X_M Y$) die Anlage für MODY 2 über das X-Chromosom seiner Mutter (8) erhalten haben müsste. Sie müsste demnach aber selbst Merkmalsträgerin sein ($X_M X_M$ oder $X_M X_{M+}$).
In den vier Generationen des Stammbaums treten Merkmalsträger in beiden Geschlechtern auf. Da also auch Frauen von der Krankheit betroffen sind, kommt ein Y-gonosomaler Erbgang als Grundlage für die Vererbung von MODY 2 nicht infrage.

Ein autosomal-rezessiver Modus kann ausgeschlossen werden, da die Eltern 16 und 17 beide Merkmalsträger und somit homozygot für das die Krankheit auslösende Allel (MM) sind, aber eine merkmalsfreie Tochter (22) haben (M+M+ oder MM+). Im Falle eines rezessiven Modus müsste die Tochter also auch krank sein.
Der Vererbungsmodus der Anlage für MODY 2 beruht auf einer autosomal (geschlechtsunabhängigen) dominanten Vererbung.

2 *In dieser Aufgabe ist zunächst Ihr Verständnis des Aufbaus der DNA und der Details bei der Transkription und der Translation gefordert.*
Bei der angegebenen DNA-Sequenz in Material 2 handelt es sich um den nicht codogenen Strang. Ergänzen Sie also zuerst den codogenen Strang und identifizieren Sie die Veränderung, die auf der DNA der kranken Person stattgefunden hat. Denken Sie bei der Ermittlung der Aminosäuren (AS) daran, dass die Codesonne in 5'–3'-Richtung von innen nach außen abgelesen wird.
Im zweiten Schritt sollen Sie den Mutationstyp, also die Art der festgestellten DNA-Veränderung, benennen.

Gesunde Person (A)	Person mit MODY 2 (B)
nicht codogener Strang (= Code-Strang) 5' …–CCA–GGC–ACG–GGC–… 3'	nicht codogener Strang (= Code-Strang) 5' … –CCA–GGC–A**T**G–GGC–… 3'
codogener Strang 3' …–GGT–CCG–TGC–CCG–… 5'	codogener Strang 3' …–GGT–CCG–T**A**C–CCG–… 5'
mRNA 5'…–CCA–GGC–ACG–GGC–…3'	mRNA 5'…–CCA–GGC–A**U**G–GGC–…3'
AS-Sequenz im Protein Pro–Gly–**Thr**–Gly	AS-Sequenz im Protein Pro–Gly–**Met**–Gly

Es handelt sich bei dem hier vorliegenden Mutationstyp um eine Punktmutation. Die Veränderung des mittleren Nukleotids im dritten Basentriplett der gezeigten Teilsequenz des nicht codogenen Stranges führt bei einer an MODY 2 erkrankten Person zum Einbau einer anderen Aminosäure in die Sequenz des Proteins.

3 *Hier wird Ihr Wissen über die Struktur von Proteinen (Primär-, Sekundär-, Tertiär- und Quartärstruktur) abgefragt. Sie sollen die jeweiligen Strukturebenen dem in Material 3 gezeigten Protein zuordnen.*

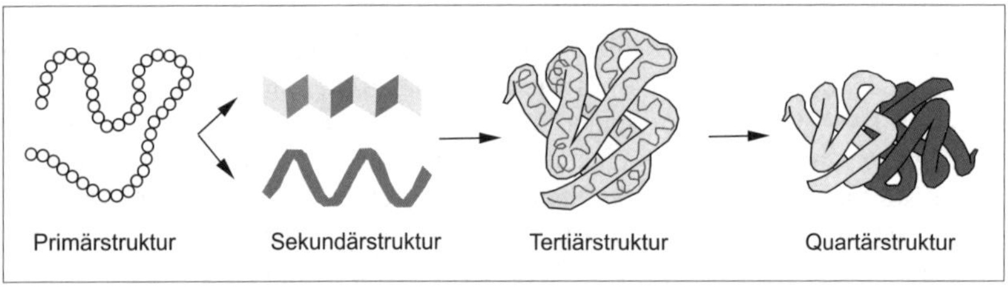

Unter der Primärstruktur des Proteins versteht man die Abfolge der einzelnen Aminosäuren in der Polypeptidkette, die in der Abbildung in Material 3 als glattes Band dargestellt ist.
Die Anordnung dieser Polypeptidkette (Primärstruktur) in Form einer stabilen Wendel (α-Helix) und/oder eines β-Faltblatts wird als Sekundärstruktur bezeichnet. In der Proteinstruktur der Glucokinase sind beide Motive erkennbar.
Sind diese Strukturen wiederum zu einer komplexen dreidimensionalen Struktur (Knäuel) verwoben, spricht man von der Tertiärstruktur des Proteins.
Besteht ein Protein aus mehr als einer AS-Sequenz (z. B. wenn es aus mehreren Untereinheiten zusammengesetzt ist) oder lagern sich mehrere Proteine zu einem Komplex aneinander, spricht man von der Quartärstruktur. In der Abbildung im Material 3 ist nur die Tertiärstruktur, nicht aber eine Quartärstruktur erkennbar.

4 *Diese Aufgabe führt in den Bereich „Anwendung und Problemlösen". Sie sollen die unterschiedlichen Glucokinaseaktivitäten erklären, d. h. den aufgezeigten Sachverhalt unter Verwendung der Fachsprache auf fachliche Grundprinzipien zurückführen. Fachsprache bedeutet hier, dass Sie die Begriffe „Substrat", „Enzym", „Molekül", „aktives Zentrum", „Tertiärstruktur", „Bindung" etc. verwenden. Beachten Sie, dass die Tabelle die* ***Aktivität*** *der verschiedenen Formen des Enzyms angibt. Eine geringe Aktivität bedeutet deshalb eine große Störung der eigentlichen Funktion. Die Entfernung der von Mutationen betroffenen Stellen des Proteins vom aktiven Zentrum ist mit absteigender Zahlenfolge bezeichnet, in der Tabelle ist die Reihenfolge umgekehrt. Sie müssen nicht auf die Funktion des Glucokinase-Moleküls eingehen, lediglich die Veränderungen der Tertiärstruktur und ihre Auswirkungen auf das aktive Zentrum sind bedeutsam. Es ist hilfreich, wenn auch nicht in der Aufgabe verlangt, die Abbildung zunächst sorgfältig zu beschreiben. Danach können Sie die Analyse durchführen und schließlich die geforderte Erklärung formulieren.*

Das Enzymmolekül (Glucokinase) bindet das Substrat (Glucose) in seinem aktiven Zentrum. Die drei untersuchten Mutationen befinden sich in der Tertiärstruktur in unterschiedlichen Abständen davon.

Liegt die Glucokinase im unveränderten Zustand vor, wird eine Enzymaktivität von 100 % gemessen. Mutation 7 in unmittelbarer Nähe des aktiven Zentrums führt zu einer Reduktion der Aktivität um 95 %. Mutation 6, die in ähnlicher Entfernung zum aktiven Zentrum auftritt, hat ebenfalls eine Reduktion der Enzymaktivität um 95 % zur Folge. Die Mutation 5, die ca. dreimal so weit vom aktiven Zentrum entfernt auftritt wie die Mutation 6, führt nur zu einer Reduktion der Enzymaktivität um 50 %. Sie betrifft einen Bereich der Tertiärstruktur, der nicht unmittelbar am aktiven Zentrum liegt.
Eine Erklärung für die extreme Auswirkung der Mutationen 6 und 7 ist, dass die Bindungen zwischen den Aminosäureresten, und damit die Tertiärstruktur, im Bereich des aktiven Zentrums gestört sind. Mutationen, die in der DNA auftreten, führen in den meisten Fällen zu einer Veränderung des Triplettcodes, infolge derer andere Aminosäuren in das Protein eingebaut werden. Daraus resultieren Veränderungen in der Sekundär- und Tertiärstruktur des Proteins, die z. B. Auswirkungen auf die Positionierung des Substratmoleküls (Substratbindungsbereich) haben können. Auch solche Veränderungen, die weiter vom aktiven Zentrum entfernt liegen, haben einen geringen, aber immerhin messbaren Einfluss auf die Aktivität.

5 *In dieser Aufgabe stehen die Regulation der Enzymaktivität und ihre Beeinflussung durch einen externen Wirkstoff, ein Medikament, im Mittelpunkt. Sie müssen keine Details zum Insulinstoffwechsel oder dem Medikament kennen, alle Informationen sind in den Abbildungen vorhanden. Lediglich das allgemeine Prinzip der Regulation soll hier auf einen speziellen Fall angewendet werden. Gefordert wird neben der Beschreibung der Abbildungen auch eine Erklärung für die dargestellten Vorgänge bei einer Glucokinase-Mutation. D. h., Sie sollen die Vorgänge unter Verwendung der Fachsprache auf fachliche Grundprinzipien (Moleküle, Ionen, Reaktionen) zurückführen. Dazu müssen Sie die einzelnen Elemente in ihren Beziehungen zueinander analysieren.*

Abb. 4.1

In Abb. 4.1 ist schematisch eine Zelle dargestellt, die aus dem Außenmedium Glucose aufnimmt. In der Zelle findet durch das Enzym Glucokinase (Katalyse) der oxidative Abbau von Glucose statt, bei dem ATP gebildet wird. ATP bewirkt eine Blockierung des integralen Membranproteins SUR 1. Durch Tunnelproteine findet ein Calciumionen-Einstrom in die Zelle statt. Dies bewirkt die Freisetzung von Insulin aus Granula an das Außenmedium.

Abb. 4.2

Der normale Prozess des Glucoseabbaus wird durch eine veränderte Glucokinase in der Weise beeinflusst, dass weniger ATP gebildet wird. Das Membranprotein SUR 1 ist nun in der Lage, den Calciumionen-Einstrom in die Zelle zu blockieren. Die Folge davon ist eine verringerte Abgabe von Insulin in das Außenmedium.

Für die grafischen Ergänzungen in Material 5 konzentrieren Sie sich auf den rechten und unteren Teil der Grafik. Zu ergänzende Elemente sind in der folgenden Abbildung schwarz dargestellt.

Material 5

Der Wirkstoff Sulfonylharnstoff hemmt das Membranprotein SUR 1 von außen. Im Fall des verringerten Glucoseabbaus durch eine veränderte Glucokinase und einer entsprechend geringeren ATP-Produktion, bewirkt die Behandlung mit dem Medikament, dass der Calciumionen-Einstrom nicht mehr beeinträchtigt wird. Die Insulinabgabe der Zelle kann ungehindert stattfinden.

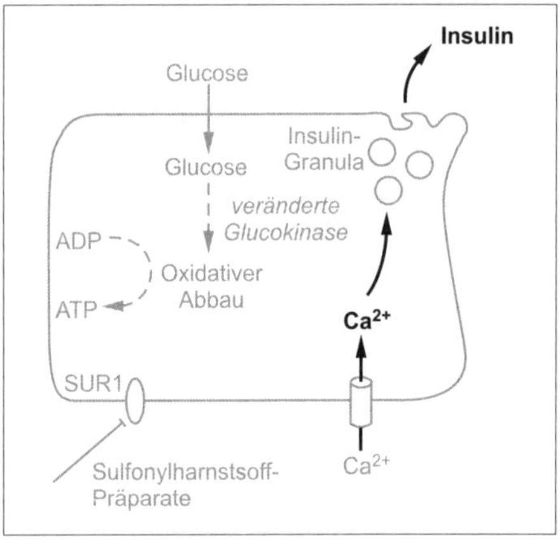

Abiturprüfung 2010 Leistungskurs Biologie (Hessen)
A2: Genetik

Regulation der Phagenvermehrung BE

1 Skizzieren Sie die Genregulation durch Endproduktrepression nach dem Jacob-Monod-Modell, beschreiben Sie die wesentliche Funktion der einzelnen Modell-Elemente und den Regulationsprozess. 15

2 Erläutern Sie die Ursachen für die Kontroverse zwischen den Wissenschaftlern d'Herelle und J. Bordet in den 30er Jahren des vorigen Jahrhunderts (Material 1 und 2). 8

3 Erklären Sie die Funktionsweise des genetischen Schalters beim Lambda-Phagen. Stellen Sie dar, wie es dem Phagen Lambda gelingt, den lysogenen Zyklus über lange Zeit aufrechtzuerhalten. Analysieren Sie, wie und wodurch der lytische Zyklus ausgelöst werden kann (Material 2 bis 6). 21

4 Entwickeln Sie **eine** Hypothese, unter welchen Voraussetzungen Bakterien im Lambda-lysogenen Zustand gegen die Lyse durch weitere Lambda-Phagen geschützt sind (Material 2 bis 6). 6

50

Material 1

Frühe Phagenforschung

In den 30er Jahren des vorigen Jahrhunderts fand eine wissenschaftliche Kontroverse statt zwischen d'Herelle, dem Entdecker der Bakteriophagen, und Bordet, dem Direktor des Pasteur-Instituts. D'Herelle vertrat aufgrund seiner Forschungen den Standpunkt, dass Bakteriophagen Partikel sind, die Bakterien befallen, in diese eindringen und die Bakterien zerstören. Dagegen hatte Bordet durch eigene Untersuchungen belegt, dass in Abwesenheit von Bakteriophagen die Zerstörung von Bakterien (Lyse) ihre Ursache im Inneren dieser Zellen hat. Durch Experimente mit dem Bakteriophagen Lambda konnte später nachgewiesen werden, dass beide im Recht waren.

geändert nach:
http://www2.uni-jena.de/biologie/mikrobio/lehre/sommer/phage1/phage1.html (abgerufen 11. 11. 2008).
http://www.wissenschaftsforschung.de/JB98_153–194.pdf (abgerufen 11. 11. 2008).

Material 2

Lytischer und Lysogener Zyklus

Lambda-Phagen zählen ebenso wie die T-Phagen zu den Viren, die Bakterien, wie das Darmbakterium *Escherichia coli (E. coli)*, befallen. Lambda-Phagen besitzen ebenso wie T-Phagen einen Kopf und einen Schwanzteil. Die Phagen heften sich bei der Infektion einer *E. coli*-Zelle an die Bakterienzellwand und bringen ihre DNA in die Bakterienzelle ein.

Die DNA des T-Phagen veranlasst sofort nach einer Infektion das Bakterium, neue T-Phagen zu bilden. Dadurch wird das Bakterium schließlich unter Freisetzung der neuen Phagen selbst zerstört (Lyse), dies nennt man einen lytischen Vermehrungszyklus.

Anders als beim T-Phagen wird bei Lambda-Phagen neben dem lytischen (Zustand A) ein lysogener Vermehrungszyklus (Zustand B) beobachtet.

Zustand A: Der Lambda-Phage durchläuft ebenfalls einen lytischen Vermehrungszyklus, der wie bei T-Phagen zu einer Zerstörung (Lyse) des Bakteriums führt (siehe auch Material 4).

Zustand B: Die DNA des Lambda-Phagen kann als Prophage alternativ in die DNA der Wirtszelle integriert werden. Als Prophage ist sie dann Teil des Bakterienchromosoms und wird bei der Bakterienvermehrung mit vermehrt. Durch diesen lysogenen Vermehrungszyklus tragen alle aus einem infizierten Bakterium hervorgehenden Nachkommen den inaktiven Prophagen in sich.

Im lysogenen Zustand ist als Teil eines genetischen Schalters nur ein einziges Gen des Prophagen aktiv, das *cI*-Gen. Das von ihm codierte Protein, der *cI*-Repressor, stellt das Genom des Phagen ruhig (siehe auch Material 5). Durch Stress, bedingt durch Nahrungsmangel des Bakteriums, UV-Licht oder die Wirkung von Chemikalien, welche die DNA oder Proteine schädigen, kann sich das Virusgenom aus dem Bakterienchromosom herauslösen. Die Phagen-DNA veranlasst nun die Bildung neuer Lambda-Phagen und ihre Freisetzung unter Zerstörung (Lyse) des Bakteriums. Dieser Vorgang ist nicht rückgängig zu machen, weil der cro-Promotor nicht mehr blockiert werden kann.

geändert nach:
Kronberg, I.: Natura Biologie für Gymnasien, Genetik und Immunologie, Klett 2005, S. 42 ff.
Baron, D. (Hrsg.): Genetik, Materialien SII, Schroedel 2004, S. 98 ff.
Jaenicke, J. (Hrsg.): Materialien-Handbuch Kursunterricht Biologie Band 5/II 1997, S. 571 ff.

Material 3

Vereinfachte Darstellung des genetischen Schalters des Lambda-Phagen in der Wirts-DNA von *E. coli*

Abbildung 3.1

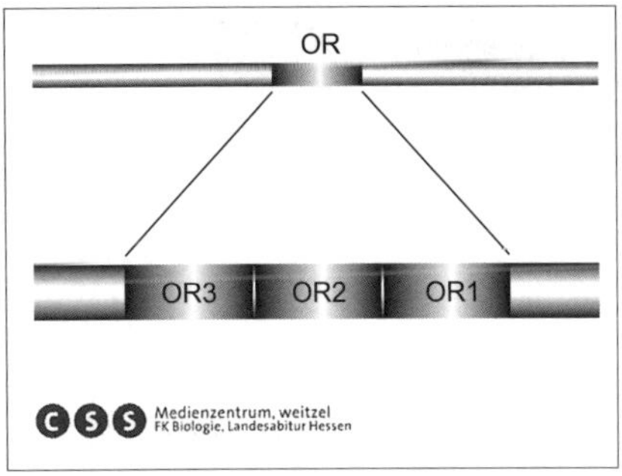

Der Lambda-Phage besitzt einen Operatorbereich (OR) aus drei Operatoren OR 1, OR 2 und OR 3

Abbildung 3.2

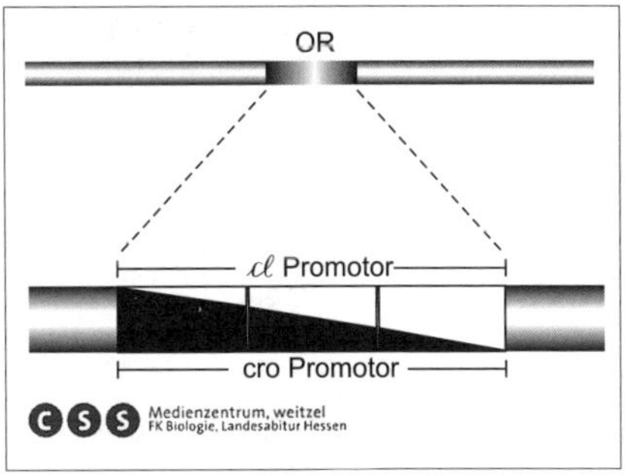

Die Keildicken symbolisieren die Affinitäten der regulatorischen Proteine cI (weißer Keil) und cro (schwarzer Keil) an den jeweiligen Operatorregionen OR 3, OR 2 und OR 1 (Affinität = Bindungsbestreben).

Material 4

Genetischer Schalter beim Phagen im lytischen Zyklus (Zustand A)

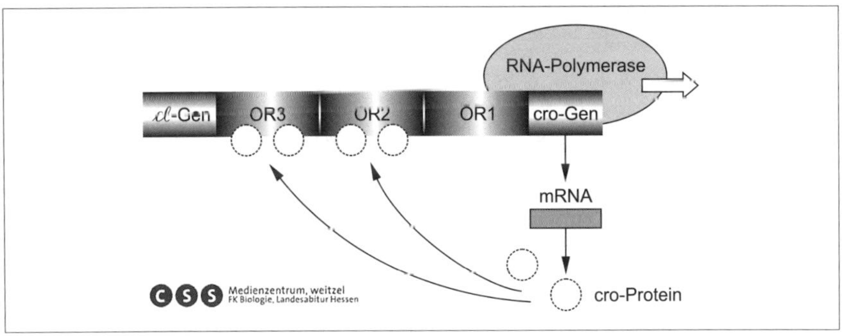

Neben dem cro-Protein werden weitere Proteine zum Aufbau neuer Phagen und zur Lyse des Bakteriums gebildet.

Material 5

Genetischer Schalter des Phagen im lysogenen Zyklus (Zustand B)

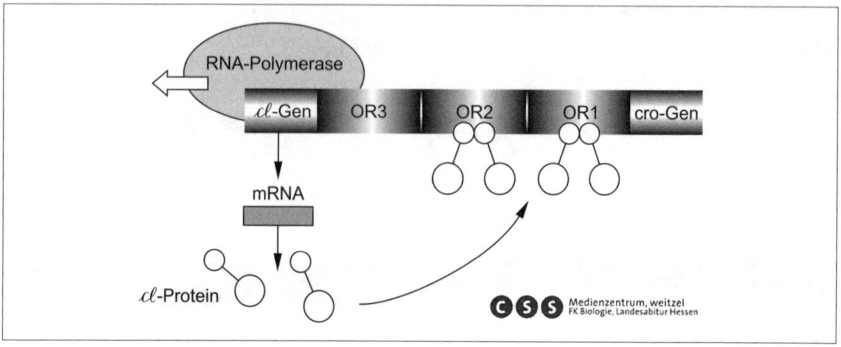

geändert nach: Unterricht Biologie, Friedrich Verlag , Heft 221, 21. Jahrg./Januar 1997, S. 50.

Material 6

Einfluss von UV-Licht auf das cI-Protein

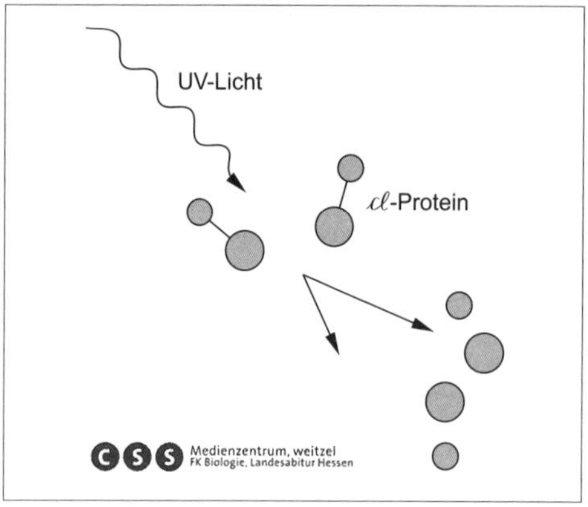

geändert nach: http://www.callutheran.edu/Academic_Programs/Departments/BioDev/omm/cro/frames/cro_rep.htm (abgerufen 11. 11. 2008).

Lösungsvorschläge

In der Aufgabe thematisierte Unterrichtsinhalte sind:

- *Genregulation: das Operon-Modell von Jacob und Monod zur Endproduktrepression*
- *Lytischer und lysogener Zyklus bei der Phagenvermehrung am Beispiel der T-Phagen und Lambda-Phagen.*

1 *Die verwendeten Operatoren „skizzieren" und „beschreiben" verlangen eine zweiteilige rein reproduktive Leistung. Am einfachsten ist es, Sie stellen die Steuerung der Genexpression nach dem Modell von Jacob und Monod an dem Beispiel dar, das in Ihrem Unterricht behandelt wurde. Dazu fertigen Sie eine aussagekräftige Skizze des Operons an und beschreiben dann die Dynamik des Systems, also den Ablauf der Endproduktrepression im aufbauenden Stoffwechsel einer Zelle. Hier wird die Endproduktrepression am Beispiel einer Aminosäuresynthese beschrieben, wie sie z. B. bei E. coli vorkommt, einem Bakterium, das Aminosäuren wie Histidin, Arginin und Tryptophan selbst synthetisieren kann.*

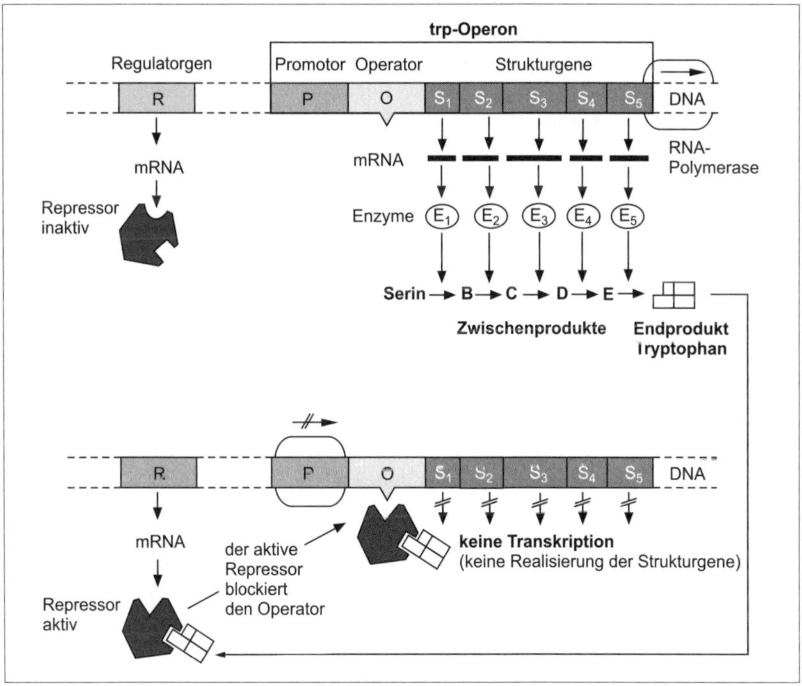

Das trp-Operon besteht aus dem Promotor (der Ansatzstelle für die RNA-Polymerase), dem Operatorgen (einem DNA-Abschnitt vor den Strukturgenen, der dem Repressor zur Anlagerung dient) und den Strukturgenen, die für bestimmte

Enzyme codieren, die zur Katalyse der fünfstufigen Synthese des Tryptophans aus Serin nötig sind und deren Aktivität geregelt werden soll.
Ist kein Tryptophan in der Zelle vorhanden, ist der vom Regulatorgen codierte und synthetisierte Repressor inaktiv. Die RNA-Polymerase kann am Promotor andocken und mit der Transkription der Strukturgene (mRNA) beginnen. An den Ribosomen findet mithilfe der tRNA-Moleküle, die mit Aminosäuren beladen sind, die Translation der mRNA in die entsprechenden Enzyme E_1 bis E_5 statt. Diese Enzyme katalysieren die Synthese von Tryptophan aus Serin in fünf Schritten. Dadurch nimmt die Tryptophan-Konzentration in der Zelle zu.
Ist ausreichend Tryptophan (Endprodukt) in der Zelle vorhanden, bindet es an einer bestimmten Stelle des Repressorproteins, welches dadurch eine Konformationsänderung (Änderung der Raumstruktur) erfährt und an den Operator binden kann. Geschieht dies, wird das Operon blockiert, da die RNA-Polymerase nicht mehr binden kann. Sinkt die Konzentration des Endprodukts durch Verbrauch oder Export aus der Zelle, löst sich die Bindung zwischen Endprodukt und Repressor und dieser wird inaktiv. Die Produktion von Tryptophan läuft wieder an. Bei der Endproduktrepression handelt es sich um eine Gleichgewichtsreaktion, denn die Bindung des Endprodukts an den Repressor ist konzentrationsabhängig.

2 *Der Operator „erläutern" verlangt von Ihnen, einen Sachverhalt so darzulegen und zu veranschaulichen, dass er verständlich wird. In diesem Fall finden Sie in Material 2 die Hintergrundinformationen, um die Kontroverse zwischen den beiden Forschern erklären zu können. Arbeiten Sie deshalb zunächst Material 2 gründlich durch. Grenzen Sie den lysogenen gegen den lytischen Zyklus ab und ordnen Sie die jeweiligen Phagentypen zu.*

T-Phagen durchlaufen bei einem Befall von *E. coli* einen lytischen Zyklus. Nach der Infektion (Injektion der Phagen-DNA in das Bakterium) produziert die Bakterienzelle nur noch Phagenproteine. Sie zerfällt schließlich unter Freisetzung vieler neuer Phagen (Lyse).
Lambda-Phagen können neben einem lytischen auch einen lysogenen Zyklus durchlaufen. Die Phagen-DNA wird dabei nach der Injektion als sogenannter Prophage in das Genom der Bakterienzelle integriert und bei Vermehrung durch Zellteilung mit vervielfacht. Alle Nachkommen der infizierten Zelle tragen folglich einen inaktiven Prophagen in sich. Durch Nahrungsmangel, UV-Licht oder den Einfluss chemischer Stoffe kann der Prophage wieder aktiviert und die Lyse der Wirtszelle eingeleitet werden.
Die Kontroverse zwischen den beiden Forschern bestand darin, dass d'Herelle und Bordet durch ihre Untersuchungen jeweils unterschiedliche Vorstellungen zur Rolle der Phagen bei der Zerstörung von Bakterienzellen entwickelten. Ihre Ergebnisse basierten dabei auf der wissenschaftlichen Beobachtung der Wirkung zweier unterschiedlicher Bakteriophagen auf Bakterienzellen.
T-Phagen – die Partikel, die d'Herelle beobachtete – rufen eine Lyse der befallenen Bakterienzellen hervor (lytischer Zyklus). D'Herelle identifizierte aus diesem Grund die Phagen als Auslöser der Zerstörung der Bakterienzellen.

Die DNA des Lambda-Phagen – der Partikel, den Bordet untersuchte – wird dagegen als Prophage in das Genom der Bakterienzelle integriert (lysogener Zyklus). Durch äußere Einflüsse ausgelöst wird die Lyse ohne eine aktuelle Anwesenheit von Phagen initiiert. Bordet interpretierte diesen Vorgang als einen im Inneren der Zelle (endogen) ausgelösten Prozess.

3 *Diese Aufgabe ist sehr umfangreich und komplex, da sie drei Operatoren enthält. Dies erfordert eine systematische Vorgehensweise:*
*Klären Sie zunächst die **Funktionsweise des genetischen Schalters** beim Lambda-Phagen, indem Sie der Frage nachgehen, was an diesem Schalter zur Steuerung der Aktivität der Phagen-Gene anders ist als bei der bekannten Steuerung nach Jacob und Monod (vgl. Aufgabe 1). Die Schwierigkeit dabei ist, die gesamten Materialien 2–6 zu überblicken und relevante Daten miteinander in Beziehung zu setzen.*
- *Benennen Sie zunächst die an diesem genetischen Schalter beteiligten Strukturen und erklären Sie deren Funktion.*
- *Ergänzen Sie in Material 4 und 5 jeweils rechts vom cro-Gen die viralen Strukturgene S1, S2, S3, dadurch wird die Abbildung verständlicher.*

*Erklären Sie nun die **Wirkungsweise des Schaltmechanismus** unter Berücksichtigung der beiden festzustellenden Besonderheiten: Die RNA-Polymerase kann die Nukleotidsequenzen in beide Richtungen transkribieren und zwei Promotoren können sich mit unterschiedlicher Affinität an die drei Operatoren des Operatorbereichs anlagern.*
*Um zu analysieren, **wie und wodurch der lytische Zyklus ausgelöst** werden kann, benötigen Sie Material 6. Exemplarisch für den Faktor „Stress" ist hier die Wirkung des UV-Lichts auf das cI-Protein dargestellt.*

Funktionsweise des genetischen Schalters beim Lambda-Phagen:

cI-Gen:	Strukturgen für das cI-Protein, welches als aktiver Repressor vorwiegend an die Operatoren OR 1 und OR 2 bindet
cro-Gen:	Strukturgen für das cro-Protein, welches als aktiver Repressor vorwiegend an die Operatoren OR 2 und OR 3 bindet
OR 2, OR 3:	Operatoren und bevorzugte Anlagerungsstellen für das cro-Protein
OR 2, OR 1:	Operatoren und bevorzugte Anlagerungsstellen für das cI-Protein
cI-Protein:	Repressor für das rechte Operon
cro-Protein:	Repressor für das linke Operon
S_1–S_n:	*Strukturgene, die für virale Proteine codieren (Enzyme, Hüllproteine etc.). Sie sind in den Materialien 3–5 nicht dargestellt.*

Wirkungsweise des Schaltmechanismus:
- Der Lambda-Phage hat als Prophage einen Operatorbereich, der in drei Promotorstellen gegliedert ist.
- Vom Promotorbereich aus ist eine Transkription durch die RNA-Polymerase in beide Richtungen möglich. Nach links wird das cI-Gen und nach rechts das cro-Gen transkribiert.

- Das cI- und das cro-Protein binden als Gegenspieler jeweils an den gleichen DNA-Abschnitten des Operatorbereichs, besitzen aber eine unterschiedliche Affinität für die Regionen des Operatorbereichs.
- Besetzt das cI-Protein (Repressor) den Operatorbereich, können das cro-Gen und die Strukturgene zum Aufbau neuer Viren nicht abgelesen werden ⇒ lysogener Zustand.
- Besetzt das cro-Protein den Operatorbereich, so werden die Strukturgene für den Aufbau neuer Viren exprimiert ⇒ Herauslösen des Provirus aus dem Bakteriengenom und Lyse der Bakterienzelle.

Auslösen des lytischen Zyklus:

Dem Lambda-Phagen gelingt es, den lysogenen Zustand so lange aufrechtzuerhalten, wie das cI-Gen aktiv ist und das cI-Protein laufend gebildet wird. Es bindet in den Operatorbereichen OR 1 und OR 2 und blockiert dadurch die Bindung der RNA-Polymerase, die das cro-Gen abliest, am Promotor. Für das cI-Operon steht daher kein Repressor zur Verfügung und das cI-Gen wird ständig exprimiert. Die Strukturgene des Virus können folglich nicht in mRNA und entsprechende Funktionsproteine umgesetzt werden.

Der lysogene Zyklus kann so lange aufrechterhalten werden, bis die cI-Repressormoleküle durch einen äußeren Einfluss, in Material 6 am Beispiel von UV-Licht aufgezeigt, zerstört werden. Für das cro-Operon steht nun kein Repressor mehr zur Verfügung, der Promotor für das cro-Gen wird frei. Das cro-Protein kann nun gebildet werden und bindet als Repressor an die Operatorbereiche OR 3 und OR 2. Der Promotorbereich für das cI-Gen ist blockiert. Durch das Ablesen der viralen Strukturgene wird nun die Phagenvermehrung und damit die Lyse eingeleitet. Dieser Vorgang ist unumkehrbar, da die Neubildung des cI-Proteins durch das nun vorhandene cro-Protein verhindert wird. Die Lyse der Bakterienzelle kann ablaufen.

4 *Es gilt hier weniger, eine Hypothese zu entwickeln, als die Erkenntnisse aus Aufgabe 3 auf eine neue Situation, die Zweitinfektion eines im lysogenen Zustand befindlichen Bakteriums mit dem gleichen Phagen (Lambda-Phage), anzuwenden. Diese Aufgabe ist nur zu lösen, wenn die Aufgabe 3 richtig bearbeitet wurde. Rufen Sie sich dazu den Zustand des genetischen Schalters im lysogenen Zustand in Erinnerung.*

Eine Zweitinfektion bedeutet, dass erneut virale DNA in das Genom des Bakteriums integriert wird. In dem Bakterium, das sich im lysogenen Zustand befindet, ist jedoch die Transkription der Strukturgene und des cro-Gens durch eine hohe Konzentration an cI-Repressoren abgeschaltet. Vorhandene freie cI-Repressormoleküle besetzen sofort nach dem Einbau der neuen DNA die Operatorbereiche OR 1 und OR 2 und erzwingen bei den neu hinzugekommenen Prophagen weiter den lysogenen Zustand. Infolgedessen durchläuft das Bakterium weiter den lysogenen Zyklus.

Purpurbakterien – Lebewesen mit spezieller Anpassung

		BE
1	Geben Sie die Summengleichung der Fotosynthese grüner Pflanzen an und beschreiben Sie die wesentlichen Vorgänge der lichtabhängigen Reaktionen unter Berücksichtigung der daran beteiligten Zellstrukturen.	13
2	Beschreiben Sie die Absorptionsspektren von Purpurbakterien und Wasserlinsen (Material 2). Erläutern Sie, warum die Purpurbakterien unter der Wasserlinsendecke Fotosynthese betreiben können (Material 1 und 2).	7
3	Erläutern Sie Bau und Funktion des Fotosyntheseapparates der Purpurbakterien und vergleichen Sie tabellarisch die in Material 3 dargestellten lichtabhängigen Reaktionen der Purpurbakterien mit den lichtabhängigen Reaktionen grüner Pflanzen. Stellen Sie die Summengleichung dieser Bakteriofotosynthese formelmäßig dar.	18
4	Stellen Sie die Besonderheiten des betrachteten Ökosystems kurz dar (Material 1 und 2). Analysieren Sie unter Berücksichtigung dieser Besonderheiten die ökologische Stellung und Funktion der Purpurbakterien und der Wasserlinsen in diesem Ökosystem. Erklären Sie die Koexistenz beider Arten.	12
		50

Material 1

Gewässer im Sommer

Ein stehendes, flaches Gewässer ist von einem Gürtel aus Schilf und Sträuchern umgeben. Am Boden des Gewässers bildet sich bei der Zersetzung toter Lebewesen Faulschlamm, aus welchem neben anderen Gasen Schwefelwasserstoff (H_2S) und Kohlenstoffdioxid (CO_2) aus Gärungsprozessen als Gasblasen entweichen. Schwefelwasserstoff ist in bestimmten Konzentrationen giftig. Die beiden Gase führen zur Massenentwicklung von Purpurbakterien, welche den Faulschlamm und das reichlich vorhandene, in Zersetzung befindende Pflanzenmaterial als roten Belag überziehen. In diesem Faulschlamm kommen anaerob lebende Tubifexarten (Schlammröhrenwürmer) vor, die sich u. a. von Purpurbakterien ernähren. Untersuchungen haben ergeben, dass die Purpurbakterien bei einfallendem Sonnenlicht, das sie in der Regel in ausreichender Menge trifft, neben Glukose und Wasser beträchtliche Mengen an Schwefel herstellen.
Die Purpurbakterien können auch dann in diesem Gewässer existieren, wenn die Wasseroberfläche von einer geschlossenen Pflanzendecke aus grünen „Wasserlinsen“

(Lemna minor) überzogen ist. Dabei handelt es sich um eine Pflanze, die auf der Wasseroberfläche treibt und im Sommer ein Gewässer innerhalb weniger Wochen komplett bedecken kann.
Wasserlinsen bestehen aus einem oder mehreren 3 bis 5 mm großen „Blättchen", die luftgefüllte Hohlräume enthalten, mithilfe derer sie auf der Wasseroberfläche frei schwimmen. Von der Wasseroberfläche senkt sich eine bis 10 mm lange Wurzel ins Wasser (s. Abbildung 1.1). Über diese Wurzel nimmt die Pflanze Mineralien auf.

geändert nach:
S. Parker u. a.: Teiche & Flüsse, Gerstenberg Verlag, Hildesheim 1992, S. 6, 9, 13, 44.
D. Aichele: Was blüht denn da?, Franckh'sche Verlagshandlung, Stuttgart 1975, S. 370.

Abbildung 1.1
Frei schwimmende Wasserlinsen *(Lemna minor)*

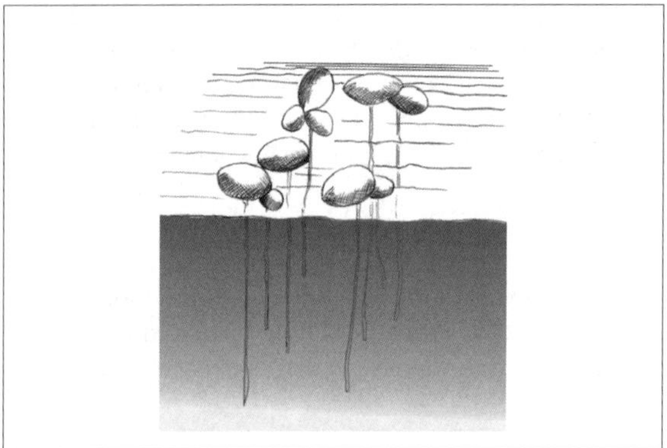

geändert nach:
Manfred Schacke:
Wasserlinsen:
Spezialisten stiller Gewässer,
In: Natur- und Umweltschutz in Filderstadt (Hrsg.), Filderstadt 2007, S. 70.

Abbildung 1.2
Schematischer Schnitt durch ein ca. 1 m tiefes Gewässer mit Purpurbakterien und Wasserlinsen

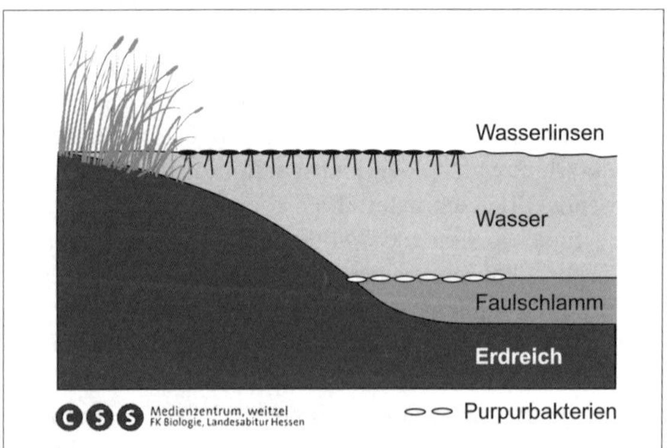

geändert nach:
Schlegel, H. G.: Allgemeine Mikrobiologie, Thieme Verlag, Stuttgart 1985, S. 381.

Material 2

Licht-Absorptionsspektrum von Purpurbakterien und Wasserlinsen

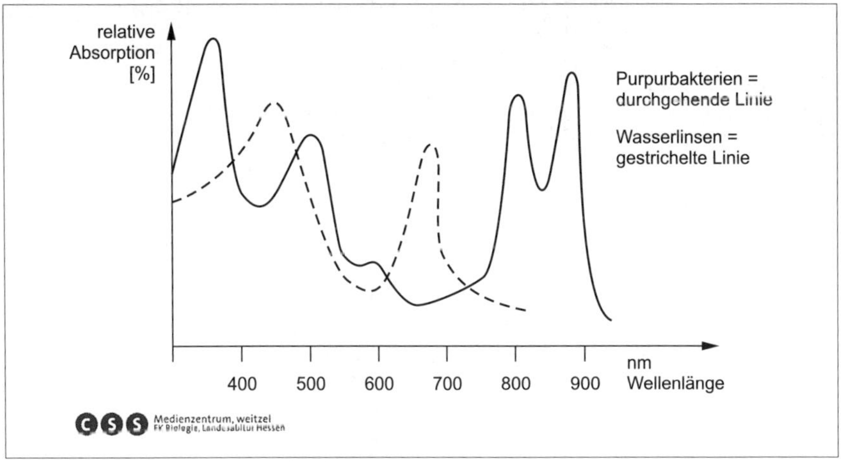

geändert nach: Schlegel, H. G.: Allgemeine Mikrobiologie, Thieme Verlag, Stuttgart 1985, S. 375.

Material 3

Fotosynthese bei Purpurbakterien

Für die lichtabhängigen Reaktionen der Fotosynthese von Purpurbakterien zeigt die folgende, vereinfachte Darstellung einen Ausschnitt einer innercytoplasmatischen Membran (Thylakoid). Diese Membranen bilden Einstülpungen, sodass dabei Innenräume entstehen. Purpurbakterien besitzen besondere Fotosynthesepigmente, die Bakteriochlorophylle.

Der Fotosyntheseapparat der lichtabhängigen Reaktionen ist bei Purpurbakterien hauptsächlich in und an diesen innercytoplasmatischen Membranen, die verschiedene Formen haben können, lokalisiert. Zu diesem Fotosyntheseapparat gehören ein Pigment-Proteinkomplex (Antennenkomplex A I) mit Carotinoiden und Bakteriochlorophyllen, Redoxsysteme (RS) und der ATP-Synthase-Komplex. In Abhängigkeit von der Lichtintensität wird bei den meisten Purpurbakterien zusätzlich noch ein Antennenkomplex II (A II) gebildet.

Die Bereitstellung von Protonen und Elektronen erfolgt durch H_2S.*

Als ein Produkt der lichtabhängigen Reaktionen wird $NADH + H^+$ über die folgende Reaktion hergestellt:

$$NAD^+ + 2\,H^+ + 2\,e^- \longrightarrow NADH + H^+ \; *$$

Im Anschluss an die lichtabhängigen Reaktionen betreiben die Purpurbakterien eine den lichtunabhängigen Reaktionen grüner Pflanzen vergleichbare Fotosynthese.

* Der Prozess der Bereitstellung von Protonen und Elektronen sowie der Bildung von $NADH + H^+$ ist für die Aufgabenstellung nicht relevant.

Wesentliche Vorgänge der lichtabhängigen Reaktionen bei Purpurbakterien

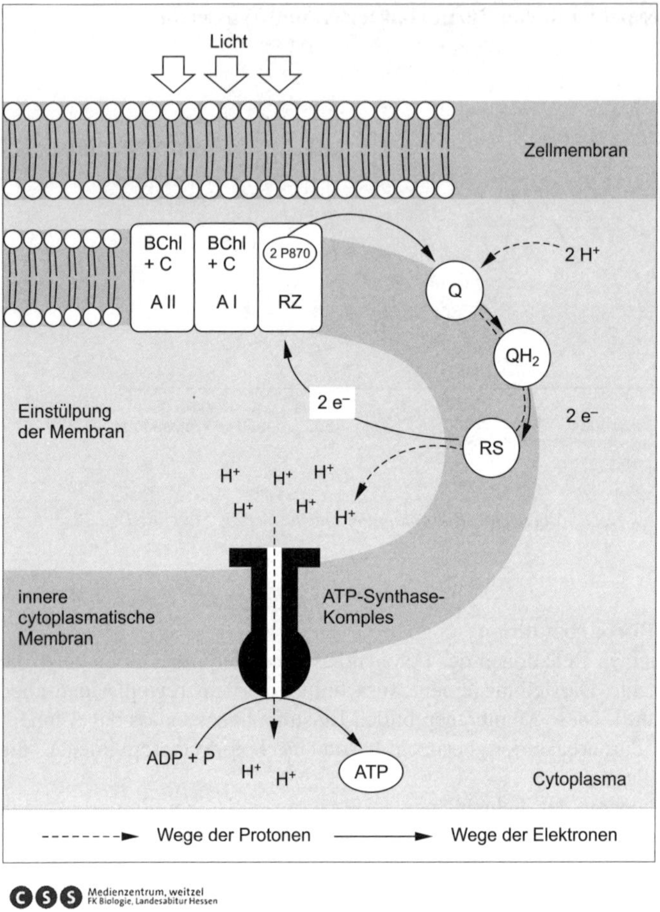

A I	=	Antennenkomplex I	A II	=	variabler Antennenkomplex II
BChl	=	Bakteriochlorophyll	C	=	Carotinoide
e^-	=	Elektron	P	=	Pigmentmolekül/Farbstoffmolekül
870	=	Wellenlänge in nm	Q	=	Chinone (Q und QH_2 symbolisieren verschiedene Zustände des Chinons, keine Ortsveränderungen)
QH_2	=	reduziertes Chinon			
RS	=	Redoxsysteme			
			RZ	=	Reaktionszentrum

geändert nach: Freudig, Doris, Sauermost, Rolf: Lexikon der Biologie in 14 Bänden, 11. Band, Spektrum Akademischer Verlag, Heidelberg 2003, Seite 56.

Lösungsvorschläge

In der Aufgabe thematisierte Unterrichtsinhalte sind:

- *Fotosynthese grüner Pflanzen, Summengleichung*
- *Lichtabhängige Reaktionen der Fotosynthese und die ihr zugrunde liegenden Strukturen, Bau des Fotosyntheseapparates*
- *Absorptionsspektren*
- *Gegenüberstellung von Fotosystemen*
- *Anpassungsleistungen von Organismen an die Bedingungen des Lebensraumes (Lichtqualität und anaerobe Umgebung)*
- *Einordnung von Organismen in ein Ökosystem anhand ihrer Stoffwechselspezialität*

1 *Der Operator „angeben" verlangt hier lediglich die reproduktive Wiedergabe der Fotosynthesegleichung. Sollten Sie diese nicht mehr auswendig wissen, lässt sie sich auch leicht erschließen. Schreiben Sie dazu die Edukte der Fotosynthese (CO_2 und H_2O) auf die linke Seite und die Produkte (O_2 und $C_6H_{12}O_6$) auf die rechte Seite des Blattes. Gleichen Sie die Anzahl der beteiligten Atome ausgehend von der Zusammensetzung des Zuckers aus. Traubenzucker hat die Summenformel* $\boldsymbol{C_6H_{12}O_6}$. *Da er als Produkt sechs C-Atome enthält, bedarf es entsprechend sechs Kohlenstoffdioxidmoleküle auf der Seite der Edukte. Damit in der Lichtreaktion sechs Sauerstoffmoleküle entstehen, muss die entsprechende Menge Wasser (12 H_2O) gespalten werden. Da zur Zuckerbildung 12 H- und 6 O-Atome benötigt werden, sind auf der Produktseite nun noch sechs Wassermoleküle zu ergänzen.*

$$6\,CO_2 + 12\,H_2O \longrightarrow C_6H_{12}O_6 + 6\,H_2O + 6\,O_2$$

Der Operator „beschreiben" verlangt eine reproduktive Leistung, die komplette Darstellung der wesentlichen Schritte des Ablaufs der lichtabhängigen Reaktionen der Fotosynthese. Dazu sollten Sie eine Skizze der beteiligten Strukturen anfertigen und anschließend den Stoff- und Energiefluss im System aufzeigen. Auch hier ist es hilfreich, die Edukte und Produkte des Geschehens zu notieren bzw. in die Skizze einzutragen.

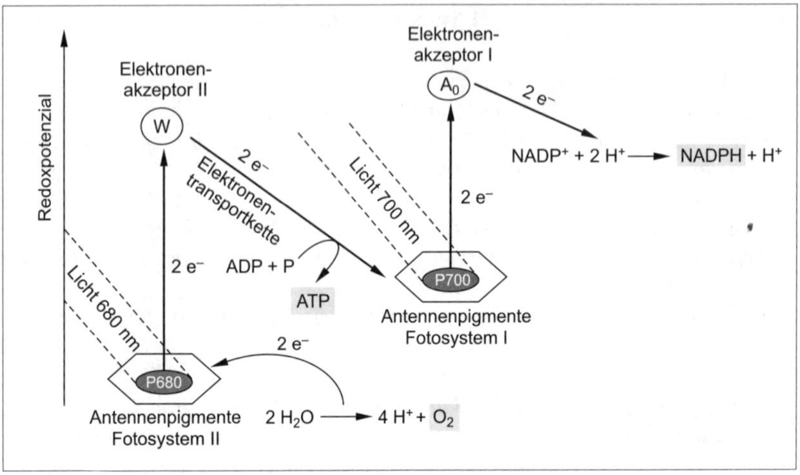

Lichtenergie aus dem sichtbaren Wellenbereich des Lichts wird durch Antennenpigmente (Chlorophyll b und Carotinoide) der Lichtsammelfallen in der Thylakoidmembran der Chloroplasten absorbiert und an das Reaktionszentrum (Chlorophyll a) weitergeleitet. Zunächst werden durch die absorbierte Energie Elektronen des Chlorophyll a im Fotosystem II auf ein höheres Energieniveau gebracht. Über mehrere Redoxsysteme, welche alle benachbart in der Thylakoidmembran eingelagert sind, werden diese energiereichen Elektronen in einer Elektronentransportkette auf das Fotosystem I (benachbart in der Thylakoidmembran) übertragen. Durch Spaltung von zwei Wassermolekülen in 4 H^+ und O_2 wird die „Elektronenlücke“ am Fotosystem II bei jeder Anregung des Chlorophylls a wieder aufgefüllt. Der Sauerstoff ist das erste nachweisbare Fotosyntheseprodukt (vgl. Gesamtgleichung). Bei der Anregung des Fotosystems I durch Licht werden die übertragenen Elektronen erneut auf ein höheres Energieniveau angehoben und über eine zweite Elektronentransportkette in der Membran geleitet. Durch die sich im Thylakoidinnenraum durch die Wasserspaltung und den aktiven Transport nach innen anreichernden Protonen entsteht ein Protonengradient. Ihrem Konzentrationsgefälle folgend können die Protonen über das Enzym ATP-Synthase in das Stroma transportiert werden, wobei es zur ATP-Synthese kommt. Der endgültige Akzeptor für Elektronen und Protonen ist das im Stroma befindliche $NADP^+$, welches zum NADPH + H^+ reduziert wird.

NADPH + H^+ und ATP werden in der lichtunabhängigen Reaktion der Fotosynthese zur Reduktion des CO_2 zu Zucker benötigt (vgl. Gesamtgleichung).

2 *Die Beschreibung der Absorptionsspektren muss eng am Material 2 geführt werden. Erinnern Sie sich an das Absorptionsspektrum einer Landpflanze (nicht nur das der einzelnen Pigmente). Was erkennen Sie wieder? Relevant für eine hohe Fotosyntheserate sind die Absorptionsmaxima. Ergänzen Sie auf der y-Achse die Skala 0–100. Bedenken Sie, dass Licht, welches nicht absorbiert wird, transmittiert wird. Es geht also durch die fotosynthetisch aktiven Organe der Pflanze hindurch. Eine Absorption von 50 % bedeutet damit, dass weitere 50 % hindurchgelassen werden. Mit „Zellstrukturen" sind hier die beteiligten Moleküle gemeint und nicht Organellen, wie die Chloroplasten und deren Membranen.*

Wasserlinsen zeigen ein ähnliches Absorptionsspektrum wie die meisten höheren Pflanzen. Ihre Absorptionsmaxima liegen im Wellenlängenbereich sichtbaren Lichts bei ca. 450 nm (blaues Licht) und bei 680 nm (rotes Licht), wo vorwiegend Chlorophylle absorbieren. In der sogenannten „Grünlücke" zwischen 480 und 600 nm (vorwiegend grünes und gelbes Licht) wird zwar über die Antennenpigmente (Carotinoide) auch Licht absorbiert, aber in viel geringerem Maße.
Dem stehen die Absorptionsmaxima der Purpurbakterien im nahen UV-Bereich bei ca. 360 nm, in der „Grünlücke" der höheren Pflanzen bei ca. 510 nm und mit zwei Maxima im Infrarotbereich bei 800 und 880 nm gegenüber.
Setzt man in Material 2 einen Absorptionswert von 100 % beim höchsten dieser Maxima an, so wird deutlich, warum Purpurbakterien auch unter einer dichten Wasserlinsendecke noch ausreichend Fotosynthese betreiben können. Die Absorptionsmaxima von Wasserlinsen und Purpurbakterien sind jeweils gegeneinander verschoben. Die von den Pigmenten der Purpurbakterien absorbierten Wellenlängen liegen in den Bereichen, in denen Wasserlinsen nur geringe oder keine Anteile der Strahlung absorbieren. Purpurbakterien nutzen also mithilfe ihrer Bakteriochlorophylle Spektralbereiche der Strahlung, die auch noch in tiefere Wasserschichten reichen.

3 *Diese Aufgabe beinhaltet eine Bearbeitung in drei Teilen:*

Zunächst sollen Sie ***Bau und Funktion des Fotosyntheseapparates der Purpurbakterien erläutern****, d. h. den Ablauf der Fotosynthese bei den Purpurbakterien auf der Grundlage von Vorkenntnissen so darlegen und veranschaulichen, dass er verständlich wird. Dazu benötigen Sie Material 3 (Text und schematische Darstellung). Ergänzen Sie das Schema um die Informationen über die Funktion von H_2S und die Bildung von $NADH + H^+$, das macht die Darstellung verständlicher.*

Für den ***Vergleich der Fotosynthese bei Purpurbakterien und grünen Pflanzen*** *fertigen Sie eine Tabelle mit den beiden Spalten „grüne Pflanzen" und „Purpurbakterien" an. Vergleichen Sie alle im Material auffindbaren Aspekte der Lichtreaktion, ergänzend sollten Sie auch Material 2 heranziehen.*

Eine ***Summengleichung der Bakteriofotosynthese*** *lässt sich am besten im Vergleich mit der Summengleichung der Fotosynthese grüner Pflanzen erstellen. Auch wenn dies in der Aufgabenstellung nicht angegeben ist, benötigen Sie dazu die Informationen aus Material 1.*

Bau und Funktion des Fotosyntheseapparates bei Purpurbakterien:
Einstülpungen der Bakterienmembran erfüllen die Funktion der Granathylakoide bei den grünen Pflanzen. Sie erzeugen abgeschlossene, durch Membranen getrennte Innen- und Außenräume. In den Membranen sind die Antennenkomplexe A I und A II, bestehend aus Bakteriochlorophyll und Carotinoiden eingelagert. Sie führen dem Reaktionszentrum, in dem Pigmentmoleküle bei 870 nm absorbieren (vgl. Absorptionsspektrum in Material 2), Energie zur Elektronenanregung zu (vgl. Abb. in Material 3). Elektronen werden angeregt und auf Chinone übertragen, welche außerdem Protonen aufnehmen und diese auf weitere Redoxsysteme übertragen. Letztendlich werden Protonen und Elektronen ins Innere der Membraneinstülpung überführt, wobei die Elektronen wieder dem Reaktionszentrum zugeführt werden und die Protonen sich in den Einstülpungen anreichern. Der dadurch entstehende Protonengradient über der inneren zytoplasmatischen Membran wird zur ATP-Bildung durch die ATP-Synthase genutzt. In der Abbildung ist die Übertragung der Protonen und Elektronen auf den Akzeptor NAD^+, welcher zu $NADH + H^+$ reduziert wird, nicht dargestellt.

Vergleich der Fotosynthese bei Purpurbakterien und grünen Pflanzen:

<table>
<tr><th>grüne Pflanzen</th><th>Purpurbakterien</th></tr>
<tr><td colspan="2">Aufbau eines Protonengradienten ⇒ ATP-Synthese mithilfe der ATP-Synthase</td></tr>
<tr><td colspan="2">Nutzung von Licht als Energiequelle</td></tr>
<tr><td>Wellenlängenbereiche des sichtbaren Spektrums</td><td>Wellenlängenbereiche innerhalb und außerhalb des sichtbaren Spektrums</td></tr>
<tr><td colspan="2">Fotosystem fungiert als Lichtsammelfalle</td></tr>
<tr><td>Chlorophylle und Carotinoide</td><td>zwei unterschiedliche Antennenkomplexe aus Bakteriochlorophyll und Carotinoiden</td></tr>
<tr><td>zwei Fotosysteme, in denen ein azyklischer Elektronentransport abläuft</td><td>ein Fotosystem, in dem die angeregten Elektronen zyklisch zum Reaktionszentrum zurückgeführt werden</td></tr>
<tr><td>Thylakoidmembran der Chloroplasten, in der die Antennenkomplexe und Fotosysteme sitzen</td><td>Einstülpungen der Zellmembran, in denen die Lichtsammelfallen und Fotosysteme sitzen</td></tr>
<tr><td>$NADP^+$ als Wasserstoffakzeptor in den lichtabhängigen Reaktionen</td><td>NAD^+ als Wasserstoffakzeptor in den lichtabhängigen Reaktionen</td></tr>
<tr><td>Wasser als Protonen- und Elektronenquelle, elementarer Sauerstoff wird frei</td><td>Schwefelwasserstoff als Protonen- und Elektronenquelle, elementarer Schwefel wird gebildet</td></tr>
</table>

Summengleichung der Bakteriofotosynthese:

$$12\,H_2S + 6\,CO_2 \longrightarrow C_6H_{12}O_6 + 12\,S + 6\,H_2O$$

4 *Die ökologische Fragestellung dieser Aufgabe ist mit den Operatoren „darstellen", „analysieren" und „erklären" ebenfalls dreiteilig. Zunächst sind die Besonderheiten des betrachteten Ökosystems darzustellen. Alle Informationen dazu finden Sie in Material 1. Fertigen Sie eine strukturierte Zusammenfassung an, auch eine Mindmap ist evtl. nützlich. Die Analyse der ökologischen Stellung und Funktion der Purpurbakterien und der Wasserlinsen lässt sich aus den Besonderheiten des Ökosystems und den beiden Fotosynthesegleichungen (vgl. Aufgaben 1 und 3) ableiten. Aus dem Vergleich der ökologischen Nischen erklärt sich die mögliche Koexistenz der beiden Arten.*

Besonderheiten des betrachteten Ökosystems:
Bei dem betrachteten Ökosystem handelt es sich um ein flaches Gewässer, welches sich im Sommer stark aufheizt. Dichter Uferbewuchs bedingt einen hohen Biomasseeintrag durch Blätter und abgestorbene Pflanzenteile. Beide Faktoren führen zu Sauerstoffmangel im Wasser, da die Löslichkeit des Sauerstoffs in warmem Wasser gering ist und die Stoffwechseltätigkeit (Atmung) der Konsumenten und aeroben Destruenten viel Sauerstoff verbraucht und CO_2 produziert. Die in der Folge daraus entstehenden anaeroben Verhältnisse, bei denen nur noch ein unvollständiger Stoffabbau durch Gärungsprozesse möglich ist, führen dazu, dass sich Faulschlamm am Grunde des Gewässers anreichert. Beim Abbau schwefelhaltiger organischer Stoffe, wie Proteinen, entsteht unter diesen Bedingungen H_2S als Stoffwechselprodukt.

Ökologische Stellung und Funktion der Purpurbakterien und Wasserlinsen:
Wasserlinsen und Purpurbakterien zählen in diesem Ökosystem beide zu den Produzenten, da sie Assimilation über Fotosynthese betreiben (vgl. Gleichungen in Aufgabe 1 und 3). Die auf dem Wasser frei schwimmenden Wasserlinsen, die zuweilen die Wasseroberfläche vollständig bedecken, sind Nahrung für Konsumenten 1. Ordnung (z. B. Vögel: Wasserlinsen werden aus diesem Grund auch „Entengrütze" genannt). Die anaerob lebenden Purpurbakterien dienen den anaerob lebenden Tubifexarten (Primärkonsumenten) als Nahrung. Diese wiederum werden von Fischen als Konsumenten 2. Ordnung gefressen. Die Purpurbakterien tragen durch ihren Stoffwechsel außerdem dazu bei, dass die Menge des giftigen Schwefelwasserstoffs, der aus dem Faulschlamm entweicht, reduziert wird.

Erklärung der Koexistenz der beiden Arten:
Wasserlinsen schwimmen auf der Wasseroberfläche, nehmen aus der Luft CO_2 auf, produzieren Sauerstoff und entnehmen mit den frei ins Wasser hängenden Wurzeln Wasser und Mineralien. Der Lebensraum der Purpurbakterien über dem Faulschlamm enthält keinen Sauerstoff, jedoch reichlich H_2S und CO_2 aus dem Stoffwechsel der Destruenten. Die beiden Arten unterscheiden sich außerdem durch den von ihnen für die Fotosynthese genutzten Spektralbereich des Lichts. Purpurbakterien nutzen das Licht, das von den Wasserlinsen nicht absorbiert wird (vgl. Aufgabe 2). Beide Arten können sich in ihrem jeweiligen Gewässerbereich stark vermehren. Durch die jeweilige ökologische Einnischung erfolgt hier eine Konkurrenzvermeidung zwischen den zwei Produzenten, ihre Koexistenz wird dadurch ermöglicht.

Wirkungsweise körpereigener Cannabinoide BE

1 Beschreiben Sie das Zustandekommen eines Ruhepotenzials an einer Nervenzelle unter Berücksichtigung von Material 1. 12

2 Beschreiben Sie die in Material 2 und 3 dargestellten Prozesse synaptischer Übertragung in unterschiedlichen Erregungssituationen (Zustand A und B) und erklären Sie die Bedeutung der Ca^{2+}-Ionenkonzentration bei diesen Prozessen. 16

3 Entwickeln Sie je **eine** begründete Hypothese, wie man mithilfe von Medikamenten den Aktivitätszustand des Endocannabinoidsystems verringern und erhöhen könnte. 8

4 Analysieren Sie die in Material 4 beschriebene Lernform und stellen Sie die Besonderheit des Lernvorgangs in diesem Experiment dar. Analysieren Sie die Bedeutung des CB 1-Rezeptors bei diesem Lernprozess. 14

50

Material 1

Konzentrationen von Ionen und Permeabilität der Neuronenmembran während des Ruhepotenzials

Ion	Na^+	K^+	Cl^-	Protein-Anionen
Intrazelluläre Konzentration [mmol /ℓ]	50	400	108	460
Extrazelluläre Konzentration [mmol/ℓ]	440	20	560	–
Permeabilität [$cm \cdot s^{-1} \cdot 10^{-7}$]	0,7	18,0	7,9	0,0

geändert nach: Biologie heute entdecken SII, Schroedel, Braunschweig, 2005, S. 215.

Material 2

Wirkungsweise von körpereigenen Cannabinoiden (Endocannabinoide)

Das Endocannabinoid-System ist an der Regulation vielfältiger Funktionen im Zentralnervensystem beteiligt, es repräsentiert ein körpereigenes, physiologisches Regulationssystem.

In den Abbildungen 2.1 und 2.2 sind je zwei vorgeschaltete Neuronen (Neuron 1 und Neuron 2) in ihrer Wirkung in unterschiedlichen Erregungssituationen auf ein postsynaptisches Neuron dargestellt.

Abbildung 2.1
Synapsenverknüpfungen im Zustand A

Neuron 1 zeigt hier die Grundaktivität ohne vorherige Erregung.

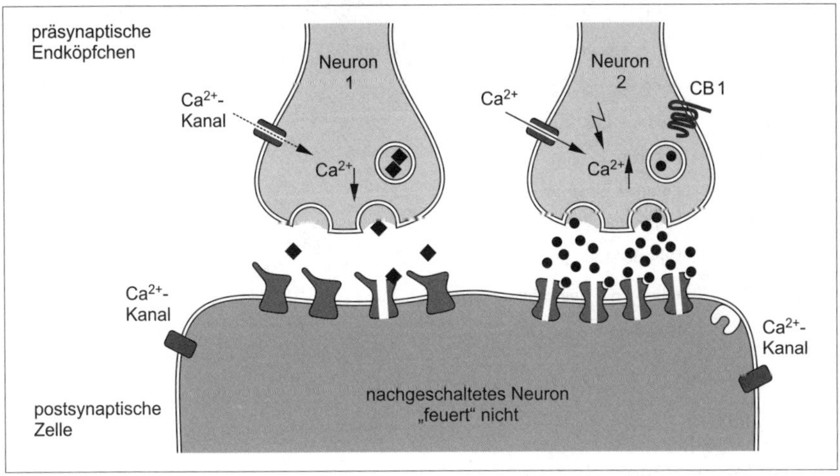

Abbildung 2.2
Synapsenverknüpfungen im Zustand B

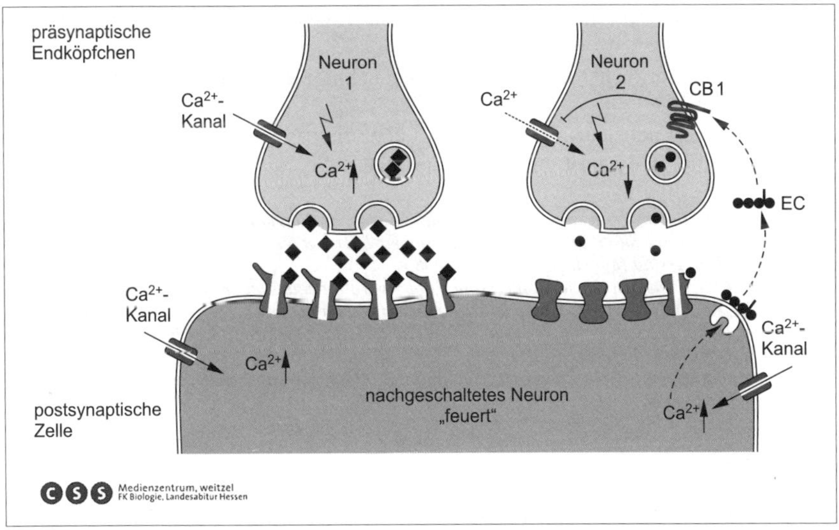

geändert nach: Schusdziarra, Volker: Das Endocannabinoidsystem – Physiologische und klinische Bedeutung, UNI-MED Verlag AG, Bremen 2006, S. 29.

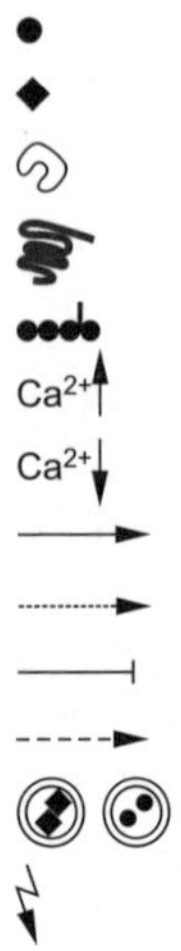

- GABA: wichtigster hemmender Neurotransmitter im Gehirn
- Glutamat: wichtigster erregender Neurotransmitter im Gehirn
- Enzyme für die EC-Synthese
- CB 1: Cannabinoid-Rezeptor
- EC: Endocannabinoid (endogener Botenstoff)
- hohe Ca^{2+}-Konzentration
- niedrige Ca^{2+}-Konzentration
- normaler Einstrom
- geringer Einstrom
- Hemmung
- Diffusionsrichtung
- Vesikel mit Neurotransmittern
- Erregung

Material 3

Das Endocannabinoid-System

Das Endocannabinoid-System besteht aus Cannabinoid-Rezeptoren (z. B. CB 1), ihren endogenen Botenstoffen, den Endocannabinoiden (EC) sowie Enzymen für die Synthese von Endocannabinoiden und deren Abbau.
Endocannabinoide werden bei Bedarf u. a. über Enzyme aus Membran-Phospholipiden synthetisiert.
Die Wirkdauer der bisher bekannten Endocannabinoide bewegt sich im Bereich von einigen Minuten.
Der Abbau von Endocannabinoiden erfolgt über die passive Diffusion über Endocannabinoid-Carrier in die post- und präsynaptische Zelle.

geändert nach:
Kornelia Kamprath: Untersuchungen zur Rolle des endogenen Cannabinoidsystems bei der Anpassung an aversive Situationen, Dissertation an der Fakultät für Biologie der Ludwig-Maximilians-Universität München, München, 2006.
Maximilian Klar: Präsynaptische Modulationen der Neurotransmission im Neokortexgewebe: (1) Der CB1-Rezeptor beim Menschen (2) Die spannungsabhängigen Ca2+-Kanäle beim Menschen und (3) Der Kationenstrom Ih bei der Ratte, Dissertation an der Medizinischen Fakultät der Albert-Ludwigs-Universität in Freiburg (i. Brsg.).
http://www.pharmazeutische-zeitung.de/fileadmin/pza/2005-06/titel.htm#TOP#TOP (abgerufen 30. 03. 2008).

Material 4

Angst- und Abneigungsreaktionen bei Mäusen

Wissenschaftlerinnen und Wissenschaftler des Max-Planck-Instituts für Psychiatrie stellten mithilfe molekularbiologischer und genetischer Techniken sogenannte Knockout-Mäuse her, denen der Cannabinoid-Rezeptor CB 1 fehlt.

In Verhaltensexperimenten lernten die Knockout-Mäuse in einem einzigen Trainingsdurchgang, ein Tonsignal mit einem leichten elektrischen Schlag zu assoziieren. Bei erneuter Präsentation des Tons am darauffolgenden Tag zeigten die Mäuse eine deutliche Angstreaktion, die vor allem durch eine Körperstarre gekennzeichnet war. Anschließend wurde an aufeinanderfolgenden Tagen nur das Tonsignal präsentiert. Das Ergebnis der Versuchsreihe zeigt die folgende Abbildung.

Erstarrungsreaktionen bei Mäusen

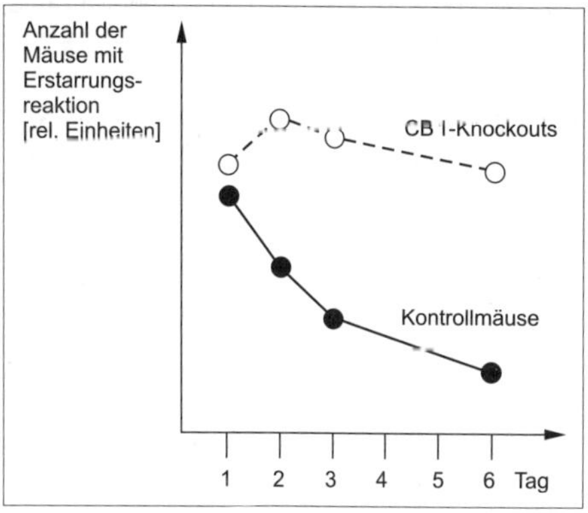

http://www.mpipsykl.mpg.de/pages/info/aktu_angst.html (abgerufen 17. 05. 2008)

Lösungsvorschläge

In der Aufgabe thematisierte Unterrichtsinhalte sind:
- *Nervenzelle, Ruhepotenzial, Ionenverteilung, Ionenströme*
- *Motorische Endplatte, erregende und hemmende Synapse, Transmitter*
- *Regulations- und Modulationsmechanismen an Synapsen*

1 *In dieser Aufgabe wird Ihr Wissen über das Zustandekommen des Ruhepotenzials an der Membran des Neuron abgefragt. Da es sich hierbei um eine rein reproduktive Aufgabe handelt, kann es sich bei der Lösung um einen von Ihnen eingeübten „Standardtext" handeln. Die Daten im Material sind lediglich als Gedankenstütze gedacht. Eine Skizze ist zwar nicht verlangt, sie kann aber für die Formulierung einer sinnvoll gegliederten Lösung hilfreich sein.*

Das Ruhepotential einer Nervenzelle (Neuron) kommt durch eine Ungleichverteilung von Ionen zwischen dem Innen- und dem Außenraum der Membran zustande. In erster Linie ist das Ruhepotenzial ein K^+-Gleichgewichtspotenzial. Im Außenraum befinden sich nur 20 mmol K^+/ℓ, im Innenraum 400 mmol$/\ell$, wodurch ein starker osmotischer Druck aufgebaut wird. Die Permeabilität der Membran für Kaliumionen ist dabei relativ hoch ($18\ \text{cm} \cdot \text{s}^{-1} \cdot 10^{-7}$), sodass diese entlang ihres Konzentrationsgefälles ständig nach außen strömen können. Die Na^+-Konzentration beträgt im Innenraum 50 mmol/ℓ, im Außenmedium 440 mmol/ℓ. Die Membran ist auch für Natriumionen permeabel, mit $0{,}7\ \mathrm{cm \cdot s^{-1} \cdot 10^{-7}}$ allerdings wesentlich weniger stark als für Kaliumionen. Die Na^+/K^+-Pumpe wirkt diesen ständigen Leckströmen von Na^+ und K^+ entgegen und hält die ungleichmäßige Ionenverteilung durch aktive Transportprozesse aufrecht. Für die Chloridionen liegt das Konzentrationsverhältnis zwischen Innen und Außen bei 108/560 mmol/ℓ und die Membranpermeabilität bei $7{,}9\ \mathrm{cm \cdot s^{-1} \cdot 10^{-7}}$. Protein-Anionen kommen nur in der Zelle vor und die Membran ist für sie nicht permeabel. Das elektrische Ruhepotenzial einer Nervenzelle, das sich aus der Ungleichverteilung der genannten Ionen ergibt, liegt bei –80 mV.

2 *Hier sollen Sie Abbildungen beschreiben, sie in Beziehung zueinander setzen und analysieren. Danach soll erklärt werden, welche Bedeutung die Ca^{2+}-Konzentration bei den gezeigten Prozessen hat. Rufen Sie sich dazu die Bedeutung erregender und hemmender Neurotransmitter sowie die Wirkung hemmender Synapsen ins Gedächtnis. Details der Wirkung der beiden gezeigten Transmittertypen müssen Sie jedoch nicht kennen. Beachten Sie außerdem den Text in Material 3, er enthält wichtige erläuternde Informationen zu den in den beiden Diagrammen dargestellten Regulationsprozessen. Denken Sie daran, dass es sich bei Regulationsmechanismen um zeitabhängige Vorgänge handelt. Leiten Sie mithilfe des Texts aus den beiden Momentaufnahmen eine zeitliche Abfolge der Prozesse ab.*

Zustand A der Synapsenverknüpfungen

Beschreibung: Neuron 1 ist minimal aktiv, nur wenige Transmittermoleküle (Glutamat) werden abgegeben, die an Rezeptoren in der postsynaptischen Membran binden und eine geringe Anzahl Ionenkanäle öffnen können. Das benachbarte Neuron 2 ist ebenfalls aktiv und eine große Menge Transmitter (GABA) wird abgegeben. In der postsynaptischen Membran sind zahlreiche Poren geöffnet. Das nachgeschaltete Neuron, welches Rezeptoren für beide Transmitter besitzt, bleibt ohne Erregung.

Erklärung: Trifft ein hemmendes Signal (z. B. durch den Neurotransmitter GABA) gleichzeitig mit einem erregenden Signal (z. B. durch den Neurotransmitter Glutamat) an einem nachgeschalteten Neuron ein, so kann dieses am „Feuern" gehemmt werden. Die Ca^{2+}-Kanäle bleiben geschlossen und es werden keine Endocannabinoide produziert.

Zustand B der Synapsenverknüpfungen

Beschreibung: Neuron 1 ist maximal aktiv, zahlreiche Transmittermoleküle (Glutamat) werden abgegeben, alle postsynaptischen Ionenkanäle und ein Ca^{2+}-Kanal in der Nähe sind geöffnet. Neuron 2 ist minimal aktiv, nur ein Viertel der postsynaptischen Poren ist geöffnet. Zwei postsynaptische Ca^{2+}-Kanäle, jeweils in der Nähe der beiden Synapsen, sind geöffnet und Ca^{2+}-Ionen aktivieren ein membranassoziiertes Enzym das den „endogenen Botenstoff EC" (Endocannabinoid) in den extrazellulären Raum abgibt. EC bindet an den Cannabinoidrezeptor CB 1 in der Membran des (GABA-)Neurons 2. In der Folge wird im präsynaptischen Neuron der für die Aktivierung der Transmittervesikel notwendige Ca^{2+}-Einstrom durch die Membran gehemmt.

Erklärung: Calciumionen sind in beiden Synapsen für die Ausschüttung des entsprechenden spezifischen Transmitters (Glutamat, GABA) unerlässlich. Eine Veränderung ihrer Konzentration in der präsynaptischen Membran beeinflusst die Übertragung der Signale. In der postsynaptischen Membran ist die Konzentration der Calciumionen für die Aktivierung der Enzyme für die EC-Synthese von Bedeutung. Betrachtet man die in Abb. 2.2 gezeigten Vorgänge in einer zeitlichen Abfolge, so lässt sich vermuten, dass zuerst Neuron 1 aktiv ist und sich die beiden Ca^{2+}-Kanäle in der postsynaptischen Membran öffnen. Daraufhin wird der Botenstoff EC synthetisiert bzw. freigesetzt. Er aktiviert den Cannabinoid-Rezeptor CB 1, der wiederum den Ca^{2+}-Kanal im GABA-Neuron blockiert. Die Freisetzung von GABA durch die Synapse wird reduziert. Das nachgeschaltete Neuron kann durch die erregenden Signale von Neuron 1 aktiviert werden und es „feuert". Neuron 1 reguliert also die Aktivität von Neuron 2.

3 *In dieser Aufgabe sollen Sie auf der Grundlage von Aufgabe 2 eine Hypothese darüber aufstellen, wie das Endocannabinoidsystem mit Medikamenten beeinflusst werden kann. Dies verlangt, dass Sie auf der Grundlage von Kenntnissen aus dem Material und den Aufgaben 1 und 2 argumentieren. Klären Sie dafür zunächst, was unter einer Verringerung bzw. Erhöhung der Aktivität des Systems verstanden wird. Rekapitulieren Sie dafür, welche Wirkungsprinzipien Sie in Aufgabe 2 erkannt haben, und suchen Sie dann in den Abbildungen nach passenden Möglichkeiten für eine Manipulation des Systems. Beachten Sie außerdem, dass es mehrere Enzyme für die EC-Synthese gibt – aber in der Abbildung nur ein Symbol dafür verwendet wird.*

Das Endocannabinoidsystem ist relativ komplex, weshalb ein Eingriff immer mit spezifischen Folgen verbunden ist. Eine Manipulation ist prinzipiell an den aktiven Komponenten des System möglich, in diesem Fall sind das die Enzyme für die EC-Synthese, die EC-Moleküle und der Rezeptor CB 1 bzw. seine Wirkung auf den Ca^{2+}-Kanal im GABA-Neuron, auf die im Text nicht näher eingegangen wird.

Erhöhung der Aktivität des Systems:

Hiermit ist die Verlängerung der inhibitorischen Wirkung des Neurons 2, also die vermehrte Ausschüttung von GABA gemeint.

- Eine kompetitive Hemmung von CB 1 durch EC-analoge Moleküle (Antagonisten) würde z. B. die Bindung der EC-Moleküle an den Rezeptor und damit die Blockierung der Ca^{2+}-Kanäle im Neuron 2 verhindern.
- Auch eine Blockade des EC-Transportes zum Rezeptor oder der Abbau von EC hätte eine Erhöhung der Aktivität des Systems zur Folge.

⇒ Die Ca^{2+}-Konzentration im Neuron 2 muss erhöht werden.

Verringerung der Aktivität des Systems:

Hiermit ist die Verringerung der inhibitorischen Wirkung des Neurons 2 gemeint, also eine reduzierte Ausschüttung von GABA.

Eine Möglichkeit dafür wäre, den Rezeptor CB 1 durch EC-analoge Moleküle (Agonisten) zu besetzen.
⇒ Die Ca^{2+}-Konzentration im nachgeschalteten Neuron muss erhöht werden.

4 *Sie erhalten im Text detaillierte Informationen zu dem durchgeführten Mäuse-Experiment. Für die Bearbeitung dieser Aufgabe ist die Verhaltenskomponente wichtig. Details über die genaue Funktion des CB 1-Rezeptors müssen Sie nicht kennen. Mit dem Begriff „Trainingsdurchgang" ist hier ein einziges Experiment gemeint, in dem alle Tiere erfolgreich gelernt haben. Vervollständigen Sie die Ordinate (y-Achse) ggf. durch relative Werte, z. B. 0–100 %, das erleichtert Ihnen den Überblick.*
Der Operator „analysieren" bedeutet, dass Sie die Informationen zu den Bedingungen des Lernvorgangs aus dem Text entnehmen können und benennen sollen. Mit der Darstellung der „Besonderheit des Lernvorgangs" ist eine Beschreibung der wesentlichen Elemente des spezifischen Lernvorgangs gemeint – eine Reproduktion dessen, was Sie aus dem Unterricht kennen.

Die für dieses Experiment zutreffende Lernform ist die klassische Konditionierung. Die Mäuse verknüpfen dabei einen ursprünglich neutralen externen Reiz (die Präsentation eines Tonsignals) mit einem zweiten, unangenehmen Reiz (elektrischer Schlag). Dieser in Bezug auf die Angstreaktion (Körperstarre) unbedingte Reiz führt zu einer Schmerzwahrnehmung. Nach dem Lernvorgang reagieren die Mäuse auf den nun bedingten Reiz (Tonsignal) mit einer bedingten Aversion. Sie zeigen dasselbe Angstverhalten, das vorher auf einen elektrischen Schlag erfolgte.

Eine Besonderheit bei dem beschriebenen Experiment ist, dass bei der klassischen Konditionierung eine entsprechende Reaktion auf einen Stimulus für gewöhnlich erst nach mehreren nacheinander durchgeführten Versuchen erfolgt. Bei den Knockout-Mäusen reichte jedoch ein einziger Trainingsdurchlauf für die Assoziation des Tonsignals mit dem Elektroschock und die daraufhin gezeigte Körperstarre aus.

Die Auswertung des Experiments erfolgte durch die Protokollierung der Reaktion von Knockout- und Kontrollmäusen auf das Tonsignal über mehrere Tage. Die Kontrollmäuse reagierten über die Folgetage mit einer typischen „Vergessenskurve" auf das Tonsignal, ihre Angstreaktion nahm bis zum sechsten Tag stetig ab. Sie verlernten die Aversion gegen das Tonsignal. Bei den CB 1-Knockout-Mäusen zeigten hingegen am zweiten und dritten Tag nach dem Trainingsdurchgang sogar noch mehr Tiere die Angstreaktion als beim Trainingsdurchlauf. Am sechsten Tag konnte die Angststarre immerhin noch bei der gleichen Anzahl der Tiere wie im Trainingsdurchlauf beobachtet werden. Die Knockout-Mäuse verlernten die Aversion gegen den Ton also nicht. Dieses Ergebnis des Experiments zeigt, dass der CB 1-Rezeptor für das Abklingen von Angstreaktionen eine wichtige Rolle spielt, da die Aktivität des Endocannabinoidsystems bei den Kontrollmäusen schon nach einem Tag zu einer Reduktion der Angstreaktion führte, während bei den Knockout-Mäusen das Gegenteil zu beobachten war.

Abiturprüfung 2011 Leistungskurs Biologie (Hessen)
A1: Genetik

Kleinwuchs BE

1 Beschreiben Sie Transkription und Reifung der mRNA bei Eukaryoten. 7

2 Ordnen Sie den Genausschnitten in Material 2 die Aminosäurensequenzen im Wildtyp des SHOX-Gens sowie im mutierten SHOX-Gen zu. Benennen Sie den Mutationstyp und stellen Sie kurz die mögliche Auswirkung der Mutation auf den Aufbau und auf die Funktion des Genprodukts dar (Material 1, 2 und 5). 10

3 Beschreiben Sie die Entwicklung des Embryos von der Zygote bis zur Bildung der drei Keimblätter. Stellen Sie die Auswirkungen des mutierten SHOX-Gens auf die Individualentwicklung dar (Material 1). 10

4 Analysieren Sie unter Berücksichtigung des Ablaufs von Zellteilungen die Möglichkeiten für das Entstehen des Reintyps sowie des Mosaiktyps bei Frauen mit dem Turner-Syndrom sowie die Ursachen der unterschiedlichen Ausprägungen des Mosaiktyps (Material 3 und 4). 16

5 Vergleichen Sie die Ursachen von Kleinwüchsigkeit bei Frauen mit dem Turnersyndrom im Reintyp mit den Ursachen von Kleinwüchsigkeit aufgrund von Mutationen im SHOX-Gen (Material 1, 3 und 4). 7

50

Material 1

Kleinwuchs und SHOX-Gene

Die humangenetische Grundlagenforschung beschäftigt sich seit einigen Jahren intensiv mit den Ursachen von Kleinwuchs. Dabei bestätigte sich die schon seit langem gemachte Vermutung, dass dabei die Geschlechtschromosomen besonders bedeutsam sind.
Auf dem homologen Abschnitt der beiden Geschlechtschromosomen X und Y, dem sogenannten pseudoautosomalen Bereich („PAR1“, s. Abbildung 4.1), liegen Gene, die für normalen Körperwuchs verantwortlich sind und in ihrer mutierten Form sowohl bei Männern als auch bei Frauen Kleinwüchsigkeit verursachen. Sie werden SHOX-Gene (Short Stature Homebox-Containing-Gen) genannt.
Die SHOX-Gene liegen an den Chromosomenenden (s. Abbildung 4.1) auf der PAR1-Region sowohl des X- als auch des Y-Chromosoms. Nach dem gegenwärtigen Forschungsstand handelt es sich bei der PAR1-Region um einen Chromosomenabschnitt mit ca. 2 600 Kilobasenpaaren, von denen mehrere Proteine gebildet werden

können. Unter anderen Proteinen ist bislang ein SHOX-Protein mit 292 Aminosäuren entdeckt worden, das bei der Kontrolle der Transkriptionsregulation eine wichtige Rolle spielt.

basierend auf: http://www.uni-heidelberg.de/press/ruca/ruca2_2002/rappold.html (abgerufen 15. 05. 2010); Knippers, R.: Molekulare Genetik, Stuttgart, 2006, S. 544; Lenz, W.: Medizinische Genetik, Stuttgart, 1976, S. 31

Material 2

Ausschnitt aus dem codogenen Strang des SHOX-Gens

Gen-Ausschnitt ab Nukleotid Nr. 661 des SHOX-Wildtyps
3' … GTGGATCTGCGGACGGCTCAC… 5'
Entsprechender Ausschnitt des mutierten SHOX-Allels
3' … GTGGATCTGCGGACGACTCAC… 5'

Material 3

Turner-Syndrom und Kleinwuchs

Patientinnen mit Turner-Syndrom haben nur ein X-Chromosom (Monosomie X0). Die Schlüsselsymptome sind Kleinwuchs und Sterilität durch Fehlbildungen der Keimdrüsen.

Im Mutterleib heranwachsende Feten, deren Zellen ausschließlich eine Monosomie aufweisen (Reintyp des Turner-Syndroms), sterben in 99 % der Fälle ab.

Die meisten lebenden Frauen mit Turner-Syndrom weisen ein chromosomales Mosaik auf, d. h., neben Zellen mit nur einem Geschlechtschromosom besitzen sie auch Zellen mit einem normalen Chromosomensatz (XX) sowie mit dem Chromosomensatz (XXX), weshalb man von einem *Mosaiktyp* spricht. Zellen mit (X0) und (XXX) treten dabei in gleichen Teilen auf. Das Verhältnis von (X0)- zu (XX)-Zellen ist von Frau zu Frau unterschiedlich, dementsprechend gibt es unter den verschiedenen Merkmalen, z. B. auch der Körpergröße, eine große Variationsbreite.

basierend auf: Lenz, W.: Medizinische Genetik, Stuttgart, 1976, S. 48/49
basierend auf: Knippers, R.: Molekulare Genetik, Stuttgart, 2006, S. 166, 544

Material 4

X-Chromosom-Struktur

Bei Frauen mit normalem Chromosomensatz ist in allen Körperzellen nur eines der beiden X-Chromosomen aktiviert, sodass bei Frauen und Männern die Aktivität der X-chromosomal codierten Proteine gleich groß ist.

Ausgenommen von dieser Inaktivierung eines X-Chromosoms sind die Gene der PAR1-Region, sowohl der X- wie auch der Y-Chromosomen. Dadurch werden auch die Genprodukte dieser Region bei Männern und Frauen normalerweise in gleicher Dosis gebildet.

Abbildung 4.1

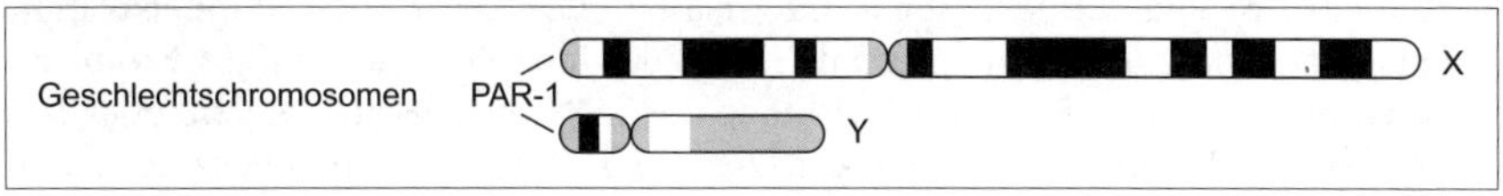

geändert nach: http://www.klinikum.uni-heidelberg.de/Shox-Datenbank-neu-test.1201.0.html (abgerufen 24. 05. 2010)

Material 5

Die Code-Sonne der m-RNA

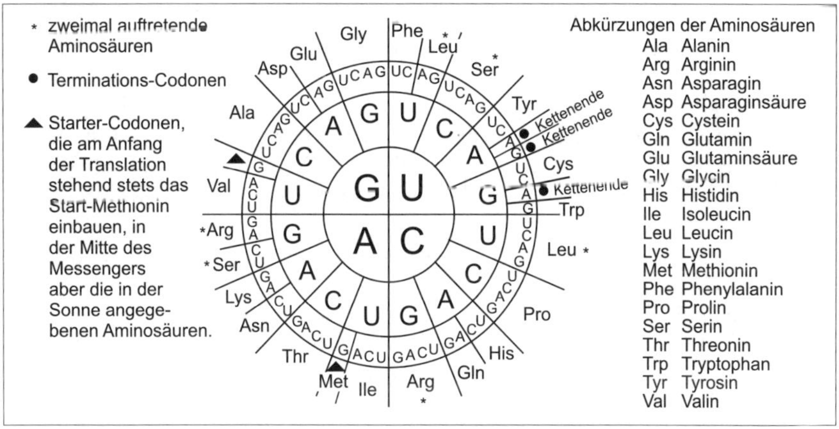

Lösungsvorschläge

In der Aufgabe thematisierte Unterrichtsinhalte sind:

- *Transkription und Reifung der mRNA bei Eukaryoten*
- *Translation, genetischer Code, Arbeit mit der Code-Sonne*
- *Mutationsformen und deren Wirkung auf die Proteinfunktion*
- *Frühe Embryonalentwicklung bei Säugetier und Mensch*
- *Non-Disjunction in der Meiose und mögliche Krankheitsbilder*

1 *Mit dem Operator „beschreiben" ohne Einschränkungen wird von Ihnen eine sachlich und fachsprachlich richtige, zusammenhängende Darstellung des Ablaufs der Bildung einer prä-mRNA als Kopie eines DNA-Abschnitts und deren nachfolgender Reifung zur mRNA gefordert.*
Die Vollständigkeit und Richtigkeit des zeitlichen Ablaufs der Darstellung erreicht man am einfachsten, wenn man zunächst alle beteiligten Strukturen und Stoffe benennt (in der Lösung fett) und sie der Reihenfolge des Geschehens nach anordnet. Der Ort des Geschehens sollte am Anfang genannt werden.

Bei der Transkription, die während der **Interphase** im **Zellkern** stattfindet, erfolgt die Übertragung der genetischen Information einer Sequenz der **doppelsträngigen DNA** auf eine einsträngige mRNA. In der Interphase liegen die **Chromosomen** entspiralisiert vor und die Öffnung des DNA-Doppelstrangs durch das Enzym **RNA-Polymerase** ist möglich. Die zu kopierende Basensequenz des codogenen DNA-Strangs ist durch eine **Promotorsequenz** markiert, an die die RNA-Polymerase andockt. Im Kern vorhandene **RNA-Nukleotide**, die im Gegensatz zu den DNA-Nukleotiden Ribose statt Desoxyribose und die Base Uracil statt Thymin enthalten, werden nun komplementär zur DNA-Vorlage des **codogenen** Stranges fortlaufend in **5'→3'-Richtung** miteinander verknüpft. Das Ende der RNA-Synthese wird durch eine bestimmte Basensequenz, den **Terminator**, markiert. Die entstandene **prä-mRNA** besteht aus codierenden **(Exons)** und nicht codierenden Abschnitten **(Introns)**. Am **5'-Ende** wird nun ein besonderes Nukleotid als Kappe **(cap)** und am **3'-Ende** eine Sequenz aus 100–200 Adenin-Nukleotiden **(Poly-A-Schwanz)** angefügt. Im letzten Schritt des RNA-Reifungsprozesses erfolgt das **Spleißen**, bei dem die Introns herausgeschnitten und die Exons miteinander verknüpft werden. Die auf diese Weise stark gekürzte, **gereifte mRNA** verlässt den Zellkern durch die **Kernporen** ins Zytoplasma.

2 *Diese Teilaufgabe beinhaltet drei Arbeitsaufträge mit unterschiedlichen Anforderungsbereichen:*
- *Grundlage für die Zuordnung der Aminosäuresequenzen (AS-Sequenzen) zu den DNA-Ausschnitten des SHOX-Wildtyps (W) und des mutierten SHOX-Allels (M) ist zunächst die richtige Ableitung der mRNA-Sequenzen für diese Genabschnitte. Notieren Sie die in Material 2 angegebenen DNA-Sequenzen dazu jeweils getrennt voneinander. Schreiben Sie die zugehörigen mRNA-Sequenzen in eine zweite Zeile darunter und beachten Sie die korrekten Basenpaarungen (A–U; T–A; G–C; C–G). In einer dritten Zeile leiten Sie anschließend die AS-Sequenzen mithilfe der Code-Sonne (Material 5, Leserichtung von innen [5'] nach außen [3']) ab. Die AS-Sequenzen für den Wildtyp und das mutierte Allel müssen sich voneinander unterscheiden.*
- *Der Mutationstyp muss benannt werden.*
- *Mögliche Auswirkungen der Mutation auf Aufbau und Funktion des Genprodukts (Protein) sind darzustellen. Dazu ist es nötig, sich die Funktion von Proteinen, speziell der Enzyme, in Erinnerung zu rufen.*

Ableitung der AS-Sequenzen:

DNA (W)	3' …	GTG	GAT	CTG	CGG	ACG	GCT	CAC	… 5'
mRNA (W)	5' …	CAC	CUA	GAC	GCC	UGC	CGA	GUG	… 3'
AS (W)	…	His	Leu	Asp	Ala	Cys	**Arg**	Val	…

DNA (M)	3' …	GTG	GAT	CTG	CGG	ACG	ACT	CAC	… 5'
mRNA (M)	5' …	CAC	CUA	GAC	GCC	UGC	UGA	GUG	… 3'
AS (M)	…	His	Leu	Asp	Ala	Cys	**Stopp**		…

Mutationstyp:
Es handelt sich um eine Punktmutation, da nur eine Base ausgetauscht ist. Das Leseraster verschiebt sich durch diese Form der Mutation nicht, jedoch entsteht an dieser Stelle ein Triplett, das ein Kettenende (Stopp-Codon) determiniert. Dadurch wird die Translation vorzeitig beendet, das entstandene Protein ist kürzer als das Wildtyp-Protein. Es handelt sich um eine Nonsense-Mutation.

Auswirkungen:
Die Auswirkungen des vorzeitigen Abbruchs der AS-Kettensynthese können vielfältig sein. Das aus dem mutierten Gen entstehende Polypeptid weist mit Sicherheit eine im Vergleich zum entsprechenden Polypeptid des Wildtyps veränderte Tertiärstruktur auf. Damit kann ein teilweiser oder vollständiger Funktionsverlust des Proteins als Enzym einhergehen. Denkbar wäre z. B. die Unterbrechung der Synthesekette wichtiger Zellprodukte.

3 *Diese Aufgabe beinhaltet zwei Arbeitsaufträge. Dem Anforderungsbereich I ist die Beschreibung der frühen Embryonalentwicklung einer Säugetierzygote bis zur Bildung der drei Keimblätter zuzuordnen. Die Genauigkeit der Beschreibung hängt von Ihren unterrichtlichen Voraussetzungen und damit von Ihren Vorkenntnissen ab. Gehen Sie bei der Beschreibung vom Ort des Geschehens (Befruchtung, erste Teilungen der Zygote) aus.*
Bei der Darstellung der Auswirkung des mutierten SHOX-Gens auf die Individualentwicklung ist man leicht versucht, eigenständig Hypothesen aufzustellen. Material 1, auf das in der Aufgabenstellung hingewiesen wird, gibt Ihnen jedoch einen eindeutigen Anhaltspunkt bezüglich der Auswirkungen der Mutation (Transkriptionsregulation).

Im Eileiter teilt sich nach der Verschmelzung des Eizellkerns mit dem eingedrungenen Kern des Spermiums und nach Abschluss der Reifeteilung die frühe Zygote mitotisch. Die dotterarme Zygote teilt sich in den ersten 36 Stunden zunächst in zwei gleich große Tochterzellen. Nach ca. 80 Stunden weiterer Wanderung des Keims durch den Eileiter besteht dieser aus 16 gleichgroßen Zellen (frühe Morula oder Maulbeerkeim). Nach weiteren mitotischen Teilungen erreicht der nun aus etwa 100 Zellen bestehende Keim als Blastocyste (Blasenkeim) die Gebärmutter. In der Blastocyste sind zwei unterschiedliche Zellgruppen erkennbar. Eine äußere einschichtige Zelllage des Hohlkörpers, der Trophoblast, dient der Verankerung des Keimes in der Gebärmutterschleimhaut und dessen späterer Ernährung. Innerhalb der Blastocyste findet sich an einer Seite eine zweite Zellgruppe, der Embryoblast, aus dem der eigentliche Embryo hervorgeht. Die Keimhöhle ist mit Flüssigkeit gefüllt. Im Verlauf der Einnistung des Keims in die Gebärmutterschleimhaut beginnt die Bildung der Plazenta aus dem Trophoblasten. Der Embryoblast besteht in der zweiten Woche aus zwei Zellschichten, dem Ektoderm und dem Entoderm. Nach der dritten Woche bildet der Keimschild neben ektodermalen und entodermalen Zellen auch erste mesodermale Zellen, die sich zwischen die beiden bestehenden Keimblätter schieben. Diesen Vorgang nennt man Gastrulation. Zwischen Trophoblast und Embryoblast entsteht ein Hohlraum, die

Amnionhöhle. Der nun aus drei Keimblättern bestehende Keimschild bildet den Boden dieser Höhle. Alle Organe des Menschen werden aus Zellen dieser drei Keimblätter, Ektoderm, Entoderm und Mesoderm gebildet.

Wird das mutierte SHOX-Gen vererbt, so enthalten bereits die Zygote und alle danach aus ihr mitotisch hervorgehenden Zellen der drei Keimblätter ein teilweise oder völlig funktionsloses SHOX-Protein. Da bisher bekannte SHOX-Proteine bei der Transkriptionsregulation eine wichtige Rolle spielen (vgl. Material 1), ist anzunehmen, dass die Transkriptionsrate anderer Gene, deren Genprodukte das Längenwachstum beeinflussen, behindert wird. Dadurch entsteht Kleinwuchs.

4 *Die Teilaufgabe enthält den Operator „analysieren". Identifizieren Sie dazu die Hauptaussagen der Materialien 3 und 4, stellen Sie eine Beziehung zwischen ihnen her und erläutern Sie diese. Beachten Sie, dass hier von zwei Typen des Turner-Syndroms die Rede ist.*
Listen Sie zunächst die Aussagen des Materials 3 zum Reintyp und zum Mosaiktyp getrennt voneinander auf. Vergegenwärtigen Sie sich dann den Ablauf der Meiose: Erste Reifeteilung (Trennung der homologen Chromosomen) und zweite Reifeteilung (Trennung der Chromatiden). Überlegen Sie, welche Ei- und Spermazelltypen bei einer normalen bzw. ungleichen Verteilung der Gonosomen in der ersten und zweiten Reifeteilung entstehen können und wie die entsprechenden Zygoten aussehen.
Bezüglich der Ausprägung des Mosaiktyps muss nach dem Entstehungszeitpunkt der in Material 3 genannten Gonosomenverteilungen gefragt werden.

Eine Frau mit Turner-Syndrom im Reintyp kann es nur geben, wenn bereits die Zygote eine Gonosomenanomalie, in diesem Fall eine Monosomie (XO), besaß. Diese Monosomie kann durch eine unterbliebene Trennung der Gonosomen in der ersten meiotischen Reifeteilung der Keimzellen bei der Frau oder durch eine nicht erfolgte Trennung der entsprechenden Chromatiden in der zweiten Reifeteilung erklärt werden. In beiden Fällen entstehen haploide Eizellen ohne X-Chromosom, die bei der Verschmelzung mit einem normalen Spermium (X) den Typ X0 ergeben.

Trägt das Spermium ein Y-Chromosom, so müsste eine Zygote vom Typ Y0 entstehen. Dieser Typ ist nicht bekannt, weil er vermutlich zu 100 % letal ist.

Im Fall einer Non-Disjunction bei der Bildung der Spermien sind mit normalen Eizellen ebenfalls Zygoten mit dem Gonosomensatz XO zu erwarten.
Der überwiegende Teil lebender Frauen mit Turner-Syndrom zeigt den Mosaiktyp. Hierbei treten Körperzellen mit den Gonosomensätzen (XX), (XXX) und (X0) auf, letztere beide immer zu gleichen Teilen. Dieser Befund spricht dafür, dass die Fehlverteilung (Non-Disjunction) erst in der frühen Embryonalentwicklung in der Mitose stattgefunden hat. Die Zygote wies noch zwei X-Chromosomen auf, erst später entstanden Körperzellen mit Monosomien (X0) und Trisomien (XXX). Eine Non-Disjunction zu einem frühen Zeitpunkt hat einen hohen Anteil der Zellen mit Monosomie und Trisomie gegenüber normalen Zellen (XX)

zur Folge. Umgekehrt überwiegen die normalen Zellen, wenn der Zeitpunkt der Fehlverteilung in der schon fortgeschrittenen Embryonalentwicklung stattgefunden hat. Die unterschiedliche Ausprägung des Phänotyps hängt also vom ersten zeitlichen Auftreten der Monosomie ab.

5 *Zwei Formen der Kleinwüchsigkeit sollen hier verglichen werden. Der Operator „vergleichen" verlangt, dass nach den in den Materialien vorgegebenen Gesichtspunkten Gemeinsamkeiten, Ähnlichkeiten und Unterschiede ermittelt und dargestellt werden.*

Für die Bearbeitung sind zunächst die Aussagen in Material 4 von Bedeutung. Beachten Sie, dass die Gene der PAR1-Region auf den Geschlechtschromosomen nicht inaktiviert werden. Aus dieser Tatsache und aus dem Gonosomenstatus normalwüchsiger Männer und Frauen bzw. dem Gonosomenstatus von Turner-Frauen (Reintyp) lässt sich der jeweilige Phänotyp ableiten.

Frauen, die zwei nicht mutierte X-Chromosomen besitzen, und Männer mit dem SHOX-Wildtyp sind normalwüchsig. Die Gene der PAR1-Region sind sowohl auf dem X- als auch auf dem Y-Chromosom immer aktiv, die Menge des Genprodukts des SHOX-Gens bestimmt also die normale Größenentwicklung beim Menschen.

Frauen mit Turner-Syndrom (Reintyp) besitzen nur ein X-Chromosom mit aktiver PAR1-Region, weshalb 50 % des Genprodukts des SHOX-Gens fehlen. Deshalb ist die Transkriptionsrate weiterer Gene, die durch das Genprodukt des SHOX-Gens kontrolliert wird, reduziert und es kommt zu Kleinwuchs.

Mutationen des SHOX-Gens sowohl im X- als auch im Y-Chromosom führen ebenfalls zu Kleinwuchs, da das entsprechende Genprodukt in zu geringer Konzentration vorliegt.

Wesentlich differenzierter ist die Situation bei Frauen mit Turner-Syndrom des Mosaik-Typs. Hier entscheidet das Verhältnis der Körperzellen mit dem Gonosomensatz X0 zu denen mit dem Gonosomensatz XX über die Menge des produzierten Genprodukts aus den Genen der PAR1-Region. Es ist also eine große Variationsbreite der Körpergrößen zu erwarten.

Abiturprüfung 2011 Leistungskurs Biologie (Hessen)
A2: Genetik

Xeroderma pigmentosum (XP) … wenn die Sonne Schmerzen macht	BE
1 Beschreiben Sie den Vorgang der Replikation.	12
2 Beschreiben und erklären Sie die Auswirkung von UV-Licht auf die molekulare Struktur der DNA sowie **zwei** mögliche Auswirkungen auf zelluläre Vorgänge (Material 1 und 2).	9
3 Erläutern Sie unter Berücksichtigung von Material 3 den Reparaturmechanismus an der durch UV-Licht geschädigten DNA.	13
4 Beschreiben Sie die Ergebnisse der Zellkultur-Experimente von Material 4 und entwickeln Sie **eine** begründete Hypothese hinsichtlich des Zustandekommens von Xeroderma pigmentosum (Material 1, 3 und 4).	16
	50

Material 1

Xeroderma pigmentosum – Ein Leben im Schatten der Nacht

„Für das, was du jeden Tag machst, würde ich alles geben. Rausgehen ist was ganz Gewöhnliches. Und für dieses ganz Gewöhnliche würde ich alles geben."

Anders als für uns bedeutet die Nacht für „Mondscheinkinder" Freiheit und Leben. Am Tag hingegen müssen sie sich ständig vor dem UV-Licht schützen. Der poetisch klingende Begriff „Mondscheinkinder" steht für ein sehr seltenes Krankheitsbild mit dem medizinischen Namen Xeroderma pigmentosum (XP).

Xeroderma pigmentosum ist eine sehr seltene, rezessiv vererbte Hautkrankheit, bei der UV-Licht die Erbsubstanz (DNA) in den Hautzellen schädigt. Das führt bei den Betroffenen schon in frühster Kindheit zu der Ausbildung zahlreicher, meist bösartiger Hauttumoren an den sonnenexponierten Körperstellen (z. B. Gesicht, Kopf, Nacken, Oberarme, Hände). Diese Hauttumoren verursachen meist gravierende Entstellungen und bedingen häufig einen frühzeitigen Tod. Letzteres kann jedoch durch das Vermeiden von UV-Strahlen und die zusätzliche Anwendung von umfangreichen Lichtschutzmaßnahmen (Lichtschutzmittel, Lichtschutzkleidung etc.) sowie durch eine regelmäßige Tumorbehandlung günstig beeinflusst werden. Dennoch führt der hohe Versorgungsaufwand durch Tumoroperationen, Kontrolluntersuchungen, Tumortherapie und Prophylaxe (bzw. strikte Lichtschutzmaßnahmen) erfahrungsgemäß zu einer erschwerten Lebensgestaltung. In einigen Fällen verlagern die Betroffenen sogar ihren Tag-/ Nachtrhythmus, um den Teufelskreis von Hauttumoren, Tumoroperationen, Entstellungen und einer verkürzten Lebenserwartung zu durchbrechen.

geändert nach: http://www.xerodermapigmentosum.de/wasistxp/index.html (abgerufen 16. 05. 2010), Autor: Dirk Prenting; weitere Materialgrundlage: http://www.sueddeutsche.de/panorama/mondscheinkinder-ein-leben-im-schatten-der-nacht-1.674941 (21. 06. 2010); http://raum21.blogspot.com/2010/05/mondscheinkinder-wenn-der-tag-die-nacht.html (21. 06. 2010)

Material 2

Auswirkungen von UV-Licht auf den Bau der DNA (Grobschemata)

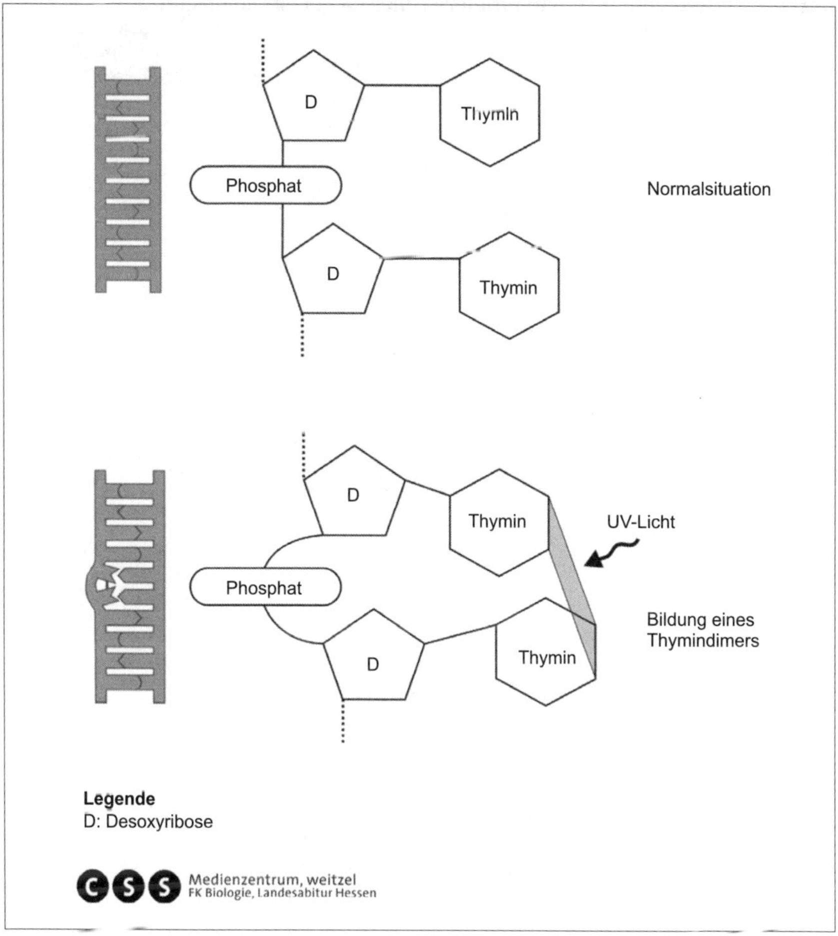

basierend auf:
www.zum.de/.../beck/bilder/!thymin2.gif (abgerufen 05. 05. 2010)
Campbell, N. A., Reece, Jane, Held, Andreas (Übersetzer): Biologie, Pearson Education Deutschland, München 2009, S. 426

Material 3

Phasen der DNA-Excisions[1]-Reparatur in gesunden Zellen, bei denen durch UV-Bestrahlung Thymindimere (Phase A) entstanden sind

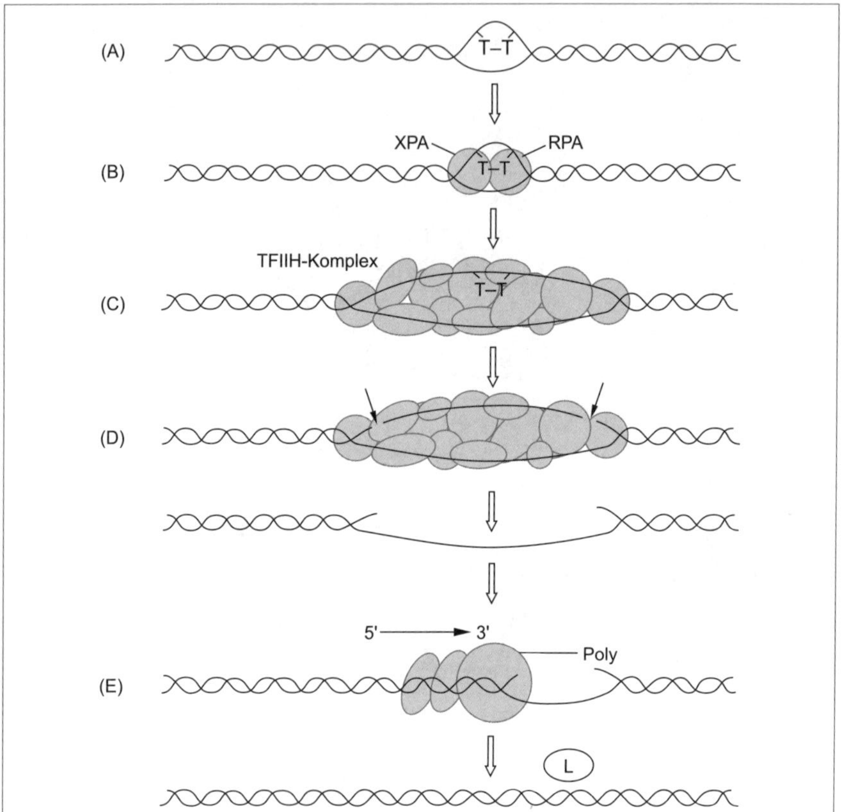

geändert nach: Strachan Tom & Read Andrew P.: Human Molecular Genetics. New York: Wiley-Liss 1999. © 1999 Bios Scientific Publishers, an imprint of Taylor & Francis Group, Chapter 9, Fig. 9.21; ISBN: 1-85996-202-5

Legende

XPA = Protein zum Erkennen von Fehlstellen
RPA = Einzelstrang bindendes Protein
TFIIH = Komplex aus Helikasen, Strang schneidenden Endonukleasen und Transkriptionsfaktoren
Poly = DNA-Polymerase
L = Ligase

Erläuterung

Der DNA-XPA-RPA-Komplex wirkt aktivierend auf die Bildung des TFIIH-Komplexes.

1 Excision = Herausschneiden

Material 4: Analyse der Ursachen von XP mittels Zellkulturen

Abbildung 4.1
Empfindlichkeit von normalen Fibroblasten[2] (○–○) und Fibroblasten eines XP-Patienten (●–●) gegenüber UV-Licht (254 nm)

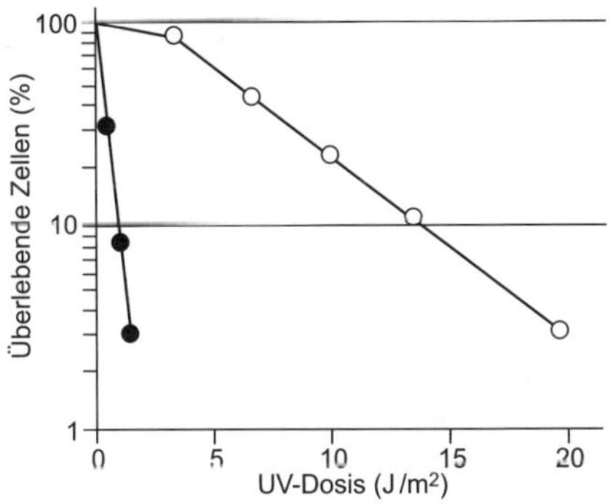

Abbildung 4.2
Verschwinden von Thymindimeren aus der DNA von UV-bestrahlten normalen Fibroblasten (○–○) und Patientenfibroblasten (●–●)

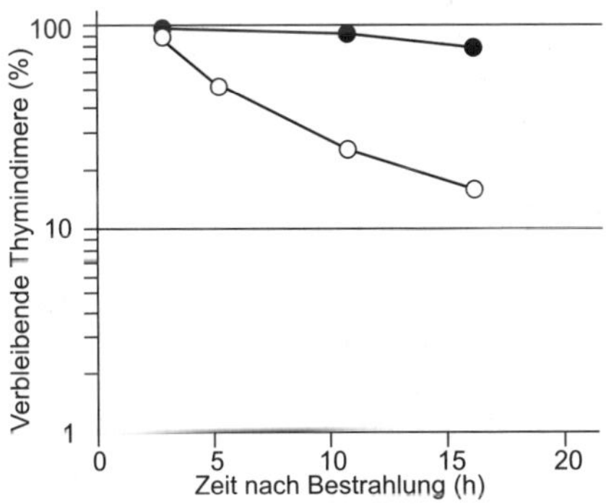

Detaillierte Untersuchungen an der DNA der Zellkulturen zeigten, dass nach der UV-Bestrahlung in der DNA der Kontrollzellen zahlreiche Einzelstrangbrüche auftraten, während dies bei der DNA der Patientenzellen nicht der Fall war.

Abb. 4.1 und 4.2 sowie Text geändert nach: Wolfgang Duntze, Ania Muntau: 25 Fälle Biochemie, München 2008, S. 86, Elsevier/ Urban & Fischer 2004

2 Fibroblasten sind die Hauptzellen des Bindegewebes

Lösungsvorschläge

In der Aufgabe thematisierte Unterrichtsinhalte sind:
- *Replikation der DNA*
- *Punktmutationen durch UV-Strahlung*
- *DNA-Reparaturmechanismen*
- *Auswertung von quantitativen Experimenten an Zellkulturen*

1 *Die Aufgabenstellung enthält den Operator „beschreiben" und ist somit ausschließlich dem Anforderungsbereich I zuzuordnen. Da es keine weiteren Angaben gibt und es sich in dieser Aufgabe um Gendefekte beim Menschen handelt, gehen Sie davon aus, dass Sie Ihre Kenntnisse über den Ablauf der identischen Reduplikation der DNA in eukaryotischen Zellen reaktivieren müssen. Strukturen, Sachverhalte und Zusammenhänge sind detailliert in Textform unter Verwendung der Fachsprache in vollständigen Sätzen und in der richtigen Reihenfolge wiederzugeben. Generieren Sie am besten zunächst eine Sammlung von Fachtermini zum Thema (im Lösungstext fett) und bringen Sie diese in einem zweiten Schritt in die korrekte Reihenfolge.*

DNA-Polymerasen sind Enzyme, die einen DNA-Strang kopieren können. Dabei stellen sie einen kompletten komplementären Strang zum Matrizenstrang her. Die Synthese des neuen Stranges erfolgt aus den in der Zelle verfügbaren **Nukleosidtriphosphaten**. Die Energie zu ihrer Verknüpfung wird jeweils durch die Abspaltung zweier **Phosphatgruppen** aus dem Triphosphat bereitgestellt. **DNA-Polymerasen** brauchen einen **Primer** zum Start der Synthese, an ihn wird das erste Nukleotid angeknüpft. Die Polymerasen können den neuen DNA-Strang nur in **5' → 3'-Richtung** synthetisieren.

Die **Replikation** beginnt bei Eukaryoten mit der Trennung des Doppelstranges an den sogenannten **Replikationsursprüngen** durch das Enzym **Helicase** und der Stabilisierung der Stränge durch **Einzelstrang bindende Proteine**. Es bilden sich mehrere **Replikationsblasen**, die an jedem Ende eine **Replikationsgabel** besitzen. In jeder Replikationsgabel katalysieren **RNA-Polymerasen**, sogenannte **Primasen**, die Synthese kurzer RNA-Startmoleküle, der **Primer**. Ausgehend von den Primern verläuft die DNA-Neusynthese am **3' → 5'-Matrizenstrang** kontinuierlich, indem die DNA-Polymerase der Verschiebung der Replikationsgabel folgt. Am anderen Elternstrang kann die Synthese nur diskontinuierlich (stückweise) in der weiterschreitenden Replikationsgabel erfolgen. Die auf diese Weise entstehenden Stücke werden nach ihrem Entdecker „**Okazaki-Fragmente**" genannt. Sie werden nach dem Herauslösen der RNA-Primer und dem Auffüllen der Lücken mit DNA-Nukleotiden durch die DNA-Polymerase I mithilfe des Enzyms **Ligase** zu einem geschlossenen Strang verknüpft.

Da die Stränge nun jeweils aus einem alten und einem neu synthetisierten DNA-Strang bestehen, bezeichnet man diese Art der Replikation als **semikonservativ**.

2 *Der Operator „beschreiben" bezieht sich im Wesentlichen auf die Abbildung in Material 2. Mithilfe der aufgezeigten Situation bei der Einwirkung von UV-Licht können die in Material 1 beschriebenen Befunde auf molekularer Ebene im Ansatz erklärt werden. „Erklären" bedeutet hier, Zusammenhänge zwischen der strukturellen Veränderung der DNA durch UV-Licht und dem beschriebenen komplexen Krankheitsbild von Xeroderma pigmentosum (XP) in Textform unter Verwendung der Fachsprache auf fachliche Grundprinzipien zurückzuführen. Je nach Ihren unterrichtlichen Vorerfahrungen können Sie ein Erklärungsmodell für die auftretenden bösartigen Hauttumoren finden.*

Auf Hautzellen einwirkende UV-Strahlung bewirkt bei den von XP betroffenen Personen eine Dimerisierung von Thyminnukleotiden in der DNA. Dadurch kommt es zu strukturellen Veränderungen in der Doppelhelix, da die Basenpaarung unterbrochen ist. Die Stabilität der DNA ist an diesen Stellen verändert. Zwei Prozesse im Zellzyklus sind von dieser Veränderung mehr oder weniger stark betroffen:

- Bei der Replikation der entspiralisierten DNA können häufiger Mutationen auftreten, da die Replikation an den dimerisierten Stellen fehlerhaft abläuft und es so zu Punktmutationen kommt, die eine Verschiebung des Leserasters bewirken können. Im Zellzyklus der sich ständig erneuernden Hautzellen kann es beim Zellteilungsprozess (Mitose) und dessen Regulation zu Problemen kommen (Tumorbildung).
- Die dimerisierten Bereiche können nicht mehr korrekt in eine entsprechende mRNA transkribiert werden. So entstehen bei der Translation veränderte Genprodukte, deren Funktion eingeschränkt ist oder völlig verloren geht. Dies zieht u. a. Stoffwechselprobleme nach sich.

3 *Der Operator „erläutern" bedeutet, dass Sie Sachverhalte auf der Grundlage von Vorkenntnissen so darlegen und veranschaulichen müssen, dass sie verständlich werden. In dieser Aufgabenstellung sind es jedoch nur partiell Vorkenntnisse, die Ihnen weiterhelfen. Im Wesentlichen sind die in Material 3 visualisierten Reparaturabläufe nach der Bildung von Thymindimeren durch UV-Bestrahlung gesunder Zellen in einen verständlichen Text umzusetzen. Achten Sie auf die angegebene Legende und die Erläuterung.*

A Ein Thymindimer hat sich durch UV-Einfluss gebildet.

B Der Schaden in der DNA wird von einem Protein mit Namen XPA erkannt. Die Dimerstruktur passt vermutlich zu einer Oberflächenstruktur des Proteins. Ein weiteres Einzelstrang bindendes Protein (RPA) dockt an der Fehlstelle an.

C Der entstandene Komplex aus DNA, XPA und RPA aktiviert den sogenannten TFIIH-Komplex aus Helicasen, Strang schneidenden Endonukleasen und Transkriptionsfaktoren. Helicasen können die DNA an der Fehlstelle entspiralisieren, Endonucleasen können den Einzelstrang (meist an einer bestimmten Nukleotidsequenz) schneiden und die DNA-Polymerase kann einen herausgeschnittenen Einzelstrang gemäß der Sequenz des komplementären Strangs neu synthetisieren.

D In dieser Phase wird ein Stück des Einzelstranges mit dem enthaltenen Thymindimer mithilfe von Endonucleasen entfernt. Der TFIIH-Komplex löst sich anschließend von der DNA.

E Die Neusynthese des Einzelstrangstücks durch die DNA-Polymerase erfolgt in 5'→3'-Richtung. Eine Ligase verknüpft das fertige DNA-Stück am Ende der Reparaturstelle mit dem Reststrang und schließt so die reparierte DNA wieder.

4 *Zunächst sind die in Material 4 dargestellten Ergebnisse der Fibroblastenexperimente zu beschreiben. Beachten Sie, dass die unter 4.1 und 4.2 grafisch dargestellten Befunde sowohl auf der Abszisse als auch auf der Ordinate unterschiedliche Einheiten aufweisen. Es ist hilfreich, sich Achsenparallelen zu ziehen, um genaue Angaben machen zu können. Vergegenwärtigen Sie sich, was in dem jeweiligen Experiment gemessen wurde und welche Unterschiede zwischen den „normalen" Zellen und den XP-Zellen bezüglich des gemessenen Parameters bestehen. Erst dann ist es im zweiten Schritt möglich, eine materialbezogene, begründete Hypothese zum Zustandekommen von XP zu formulieren.*

Material 4.1 zeigt die Überlebensrate der Zellen in zwei Fibroblastenkulturen nach Bestrahlung mit unterschiedlichen UV-Dosen in $J \cdot m^{-2}$. Zur Dauer der Bestrahlung gibt es keine Angabe, vermutlich war dieser Faktor konstant. Bei einer UV-Dosis von $2\ J \cdot m^{-2}$ überlebten von den XP-Zellen nur ca. 3 %. Dieselbe Rate wurde bei gesunden Fibroblasten erst bei $20\ J \cdot m^{-2}$, also der zehnfachen UV-Dosis, erreicht.
Material 4.2 zeigt den Prozentsatz der verbleibenden Thymindimere nach einer definierten, gleich intensiven UV-Bestrahlung von XP- und normalen Fibroblasten in einer Zellkultur nach unterschiedlichen Zeiten. Die Grafik zeigt, dass ca. drei Stunden nach der Bestrahlung die Zahl der Thymindimere in beiden Zelltypen noch in etwa gleich hoch war. Erst danach setzte der Reparaturmechanismus ein. Ca. 16 Stunden nach der Bestrahlung waren bei den XP-Fibroblasten noch 80 % der ursprünglichen Menge der Thymindimere vorhanden. Die DNA wurde hier nur geringfügig repariert. Bei den normalen Fibroblasten sank die Zahl der verbleibenden Thymindimere auf ca. 18 %. Hier war der Reparaturmechanismus wirksamer. Der Hinweis auf die bei den normalen Zellen zahlreich auftretenden Einzelstrangbrüche in der Zeit nach der UV-Bestrahlung spricht für eine starke Reparaturaktivität.

Normale menschliche Zellen verfügen über einen Mechanismus zur Reparatur von DNA-Schäden, hier Schäden durch UV-Licht. Dieser Mechanismus ist bei Zellen von XP-Patienten zwar im Ansatz vorhanden, aber kaum funktionsfähig.
Laut des Informationstextes in Material 4 sind bei XP-Fibroblasten nach UV-Bestrahlung zwar Thymindimere nachweisbar, aber in der Folge treten keine Einzelstrangbrüche auf. Es ist also denkbar, dass nicht richtig arbeitende Einzelstrang schneidende Endonukleasen, die das Auftrennen der DNA katalysieren, die Ursache für den Reparaturdefekt sind. Der Defekt kann aber auch bereits in den in Aufgabe 3 beschriebenen Schritten A–C auftreten. Wenn z. B. der TFIIH-Komplex nicht gebildet wird, können die Endonukleasen gar nicht erst tätig werden.

Abiturprüfung 2011 Leistungskurs Biologie (Hessen)
B: Ökologie und Stoffwechselphysiologie

Ökosystemmanagement am Beispiel von Gewässern

		BE
1	Skizzieren Sie den allgemeinen Aufbau eines Süßwassersees unter besonderer Berücksichtigung der Temperaturverhältnisse während des Sommers und benennen Sie die dargestellten Elemente.	6
2	Beschreiben Sie den Temperaturverlauf im Kleinen Mulmsee in den Jahren 1987 und 1994 (Material 1). Analysieren Sie die Untersuchungsergebnisse des Kleinen Mulmsees in den beiden Jahren (Material 1) und prüfen Sie, ob eine eindeutige Zuordnung zu einem Trophierungsgrad in den beiden Jahren möglich ist (Material 1, 2 und 3).	18
3	Beschreiben Sie die Besonderheiten der beiden Stauseetypen und vergleichen Sie diese mit einem natürlichen Süßwassersee Mitteleuropas (Material 4).	11
4	Erläutern Sie die mögliche Steuerung des Trophierungsgrades eines Stausees durch Biomanipulation unter besonderer Beachtung der verschiedenen Trophieebenen (Material 3, 4 und 5).	9
5	Erörtern Sie Vor- und Nachteile des künstlichen Standgewässers „Stausee“, die bei der Entscheidung für das Anlegen eines Stausees abzuwägen sind (Material 3, 4 und 5).	6
		50

Material 1

Der Kleine Mulmsee liegt in einem ländlichen Bereich Norddeutschlands und wurde durch Sandentnahme für einen nahe gelegenen Autobahnbau künstlich geschaffen. Er entspricht damit strukturell einem Bagger- oder Kiessee.
In den Jahren 1987 und 1994 wurden jeweils im Sommer Untersuchungen im See u. a. zu Temperatur, Sauerstoff- und Phosphorgehalt (als Phosphat) durchgeführt.
Wenn in der Ökologie vom Phosphor gesprochen wird, sind meist nur die Phosphate gemeint. Da sie in natürlichen Ökosystemen in freier Form eher selten, aber notwendig für Wachstum und Stoffwechsel sind, stellen Phosphate für die Primärproduzenten einen wichtigen limitierenden Faktor dar. Unter Normalbedingungen werden Phosphate nicht ausgewaschen, da sie fest an Bodenteilchen gebunden sind. Überdüngte Böden können die überschüssigen Phosphate allerdings nicht halten und geben sie in das Bodenwasser ab, von wo sie in das Grundwasser, in Seen, Flüsse und schließlich Meere gelangen. Wenn alle anderen Bedingungen es erlauben, können sie

dort zu Massenentwicklung von Algen führen. Gelöstes anorganisches Phosphat ist für Pflanzen sehr gut zugänglich. Der mikrobielle Abbau von Phytoplankton setzt anorganisch gelöstes Phosphat aus organisch gebundenem Phosphat schon in den oberen Wasserschichten wieder frei.

geändert nach: Natura, Biologie für Gymnasien, Lehrerband, Stuttgart/Leipzig 2006
weitere Materialgrundlage: Müller, O.: Abiturwissen Ökologie, Freising, 2009, S. 83 und 120

Abbildung 1.1
Untersuchungsergebnisse des Kleinen Mulmsees 1987 und 1994

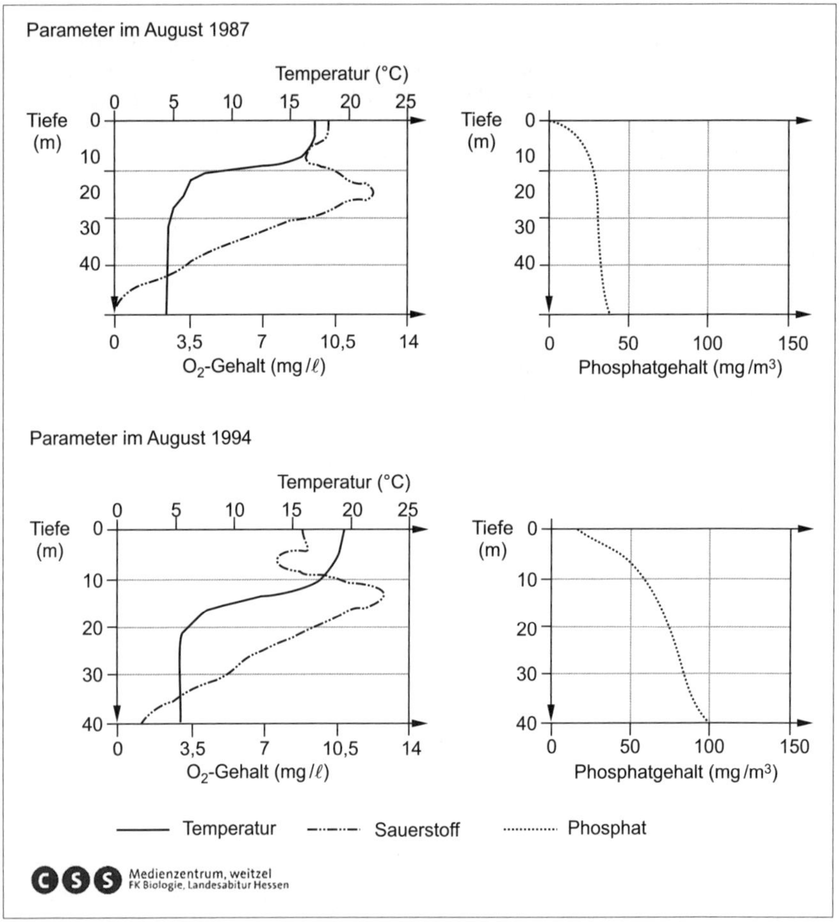

geändert nach: Natura, Biologie für Gymnasien, Lehrerband, Stuttgart/Leipzig 2006

Material 2

Abbildung 2.1
Löslichkeit von Sauerstoff in Wasser in Abhängigkeit von der Temperatur

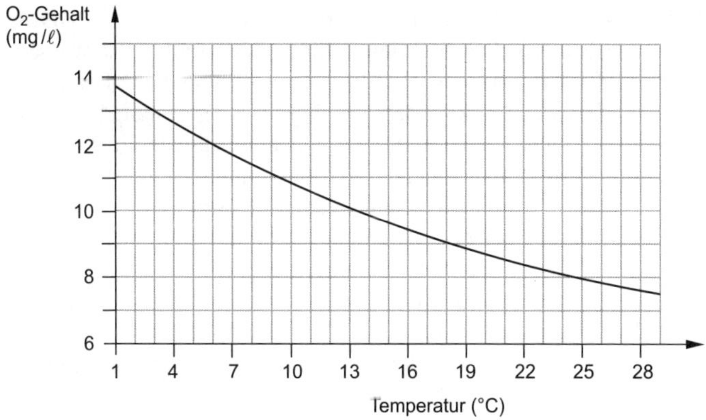

Der Sauerstoffgehalt gibt hier die bei einer bestimmten Temperatur maximal lösliche Menge Sauerstoff pro Liter Wasser an.

Material 3

Trophierungsgrad verschiedener Seetypen

	Seetyp			
Parameter (Jahresmittelwerte)	**oligotroph**	**mesotroph**	**eutroph**	**hypertroph**
Sichttiefe (in Meter)	5 bis 10, höchstens 15 bis 20	1 bis 2, höchstens 5 bis 10	weniger als 1, höchstens 2 bis 3	weniger als 1
Phosphatgehalt (mg/m^3)	4 bis 5	10 bis 35	35 bis 100	mehr als 100
Chlorophyllgehalt (mg/m^3)	weniger als 3,5	weniger als 7,0	weniger als 11	mehr als 11
O_2-Gehalt (in mg/ℓ)	mehr als 8	6 bis 8	2 bis 4	weniger als 2

Phosphat-, Chlorophyll-, und O_2-Gehalt beziehen sich auf eine Wassertiefe von 20 m.

Material 4

Bedeutung und Merkmale des künstlichen Standgewässers „Stausee"

Talsperren mit Stauseen sind in vielen Regionen der Welt eine unverzichtbare Grundlage zur Sicherung der Lebensqualität der Bevölkerung. Neben ihren Funktionen im natürlichen Wasserkreislauf und als wertvoller ökologischer Landschaftsbestandteil erfüllen Stauseen Nutzungsfunktionen für Naherholung, Hochwasserschutz, Energieversorgung (Wasserkraft) und für die Bereitstellung von Trinkwasser. In Deutschland werden 10 % des Trinkwassers auf diesem Weg gesichert. Trinkwasserversorgung aus Stauseen bietet sich dort an, wo sehr unterschiedliche Niederschlagsaufkommen territorial günstig ausgeglichen werden können, Standorte für Stauseen sind daher häufig an den Hängen niederschlagsreicher Gebirge.

Im Flachland werden oft künstliche Speicherbecken zur Sicherung der Wasserversorgung geschaffen. Aus Stauseen werden, wie Abbildung 4.1 zeigt, auf unterschiedlichen Höhen Abflussmöglichkeiten für das Wasser eingebaut. Das durch Talsperren zurückgehaltene Oberflächenwasser steht über Zuflüsse, Untergrund und Atmosphäre in einem direkten Stoffaustausch mit den Einzugsgebieten der Umgebung.

geändert nach: AGO Hydroair GmbH: http://www.agoberlin.de/ago_h.htm (abgerufen 06. 11. 2010); weitere Materialgrundlage: http://www.waterquality.de (abgerufen 06. 11. 2010)

Abbildung 4.1
Stauseetypen mit Wassertemperaturangaben im August

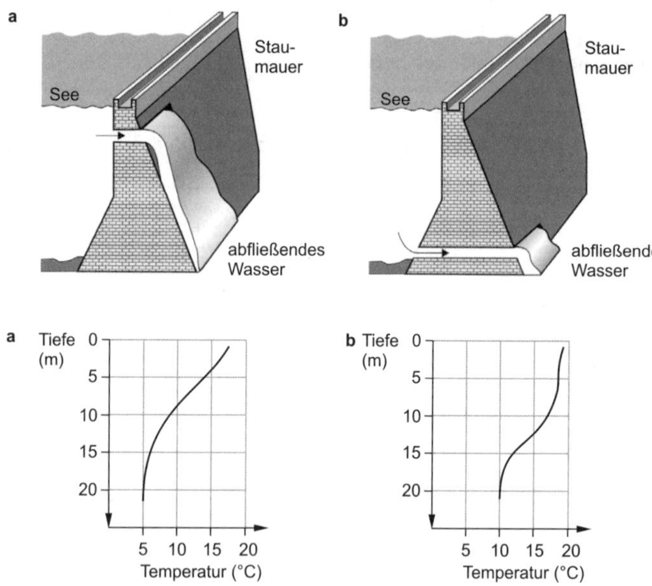

geändert nach: Bayrhuber, H., Kull, U., Feldermann, D. (Hrsg.), Linder Biologie. Lehrbuch für die Oberstufe. Arbeitsbuch. Hannover Schroedel Schulbuch Verlag 2006, S. 49

Material 5

Biomanipulation zur Gewährleistung der Trinkwasserversorgung

Vor dem Hintergrund, dass Gewässer, Böden und Atmosphäre durch Produkte aus Industrie, Landwirtschaft und durch kommunale Einflüsse global belastet werden, rücken Strategien für den Gewässerschutz in den Blickpunkt. Talsperren müssen je nach Situation einer so genannten Biomanipulation unterzogen werden, um die Trinkwasserqualität zu sichern. Ziel ist sowohl die Sicherung wertvoller Ökosysteme als auch die Sicherung der hohen Qualitätsansprüche an das Lebensmittel Wasser.
Bei einer Biomanipulation wird die Menge an Raubfischen gezielt verändert. Die Folgen dieser Maßnahme zeigt die unten dargestellte Tabelle 5.1 mit relativen Mengenangaben zu bestimmten biotischen und abiotischen Faktoren.

Tabelle 5.1
Bewirtschaftung eines Stausees

Parameter	Bewirtschaftung	Keine Bewirtschaftung
Raubfischbiomasse	hoch	niedrig
Friedfischbiomasse	niedrig	hoch
Anteil filtrierender Cladoceren (Wasserflöhe) am Gesamtzooplankton	hoch	niedrig
Struktur des Zooplanktons	große Formen	kleine Formen
Phytoplanktonbiomasse	niedrig	hoch
Phytoplanktonstruktur	große Formen	kleine Formen
Sichttiefe	hoch	niedrig
O_2-Gehalt	ausgeglichen	schwankend
Phosphatgehalt	niedrig	hoch

geändert nach: Willmitzer, Hartmut: Thüringer Fernwasserversorgung, o. J.

Lösungsvorschläge

In der Aufgabe thematisierte Unterrichtsinhalte sind:
- *Horizontale und vertikale Gliederung eines Sees*
- *Thermische Gliederung eines Sees im Jahreslauf, Sommerstagnation*
- *Eutrophierung des Sees, Trophierungsgrad*
- *Messparameter zur Erfassung der Trophierungsgrades bei Gewässern*
- *Biomanipulation, Ökosystem-Management*

1 *Der Operator „skizzieren“ weist darauf hin, dass eine Handzeichnung anzufertigen ist. Um den allgemeinen Aufbau und die Zonierung eines Sees im Sommer darzustellen, eignet sich eine Skizze des Querschnitts des Wasserkörpers, der links mit einer Uferregion beginnt.*
Sammeln Sie alle Fachbegriffe, die mit der vertikalen und horizontalen Zonierung des Wasserkörpers zu tun haben und beschriften Ihre Skizze. Lassen Sie nach rechts genügend Raum für eine horizontale Temperaturskala von 0–25 °C und eine vertikale Tiefeskala von 0–60 m. Zuletzt tragen Sie den von Ihnen für den Sommer postulierten Temperaturverlauf von der Oberfläche bis zum Seegrund als durchgehende Linie ein.

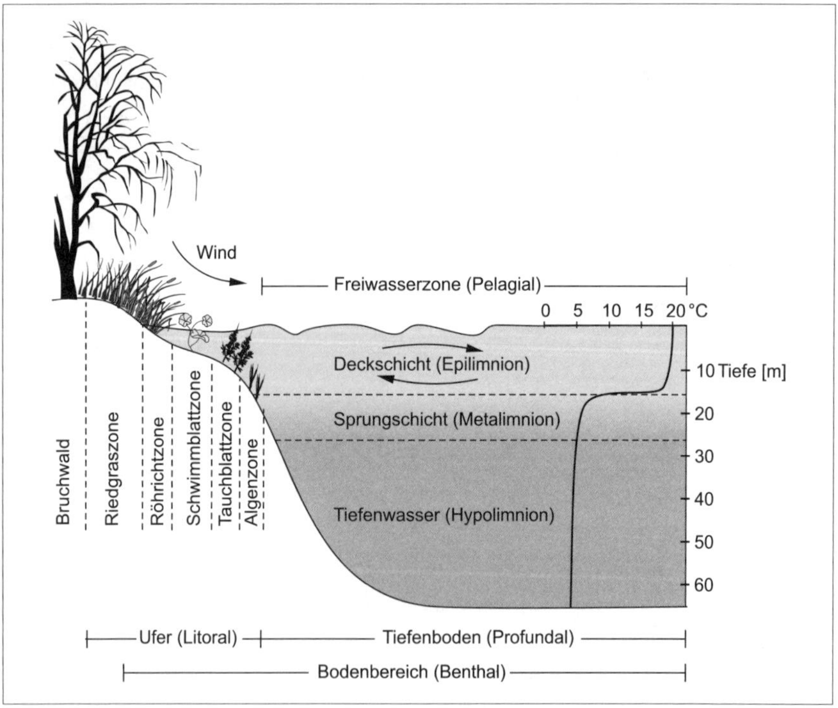

2 *Zunächst ist der Temperaturverlauf in den Jahren 1987 und 1994 (Material 1) zu beschreiben. Orientieren Sie sich dabei an ihrer Skizze aus Aufgabe 1. Eckpunkte des Temperaturverlaufs sind die Oberflächentemperatur, die Lage und Größe des Temperatursprungs im Metalimnion und die Temperatur des Tiefenwassers. Die vergleichende Beschreibung lässt sich am besten mit einer Tabelle gestalten.*
Der zweite Operator fordert sie auf, die Untersuchungsergebnisse bezüglich Temperatur, O_2- und Phosphatgehalt zu analysieren. Sie müssen dazu den Verlauf des O_2-Gehalts beschreiben und mithilfe von Abbildung 2.1 Aussagen zur O_2-Sättigung des Wassers machen. Anschließend zeigen Sie die Veränderungen im O_2-Verlauf zwischen 1987 und 1994 auf. Danach beschreiben und erläutern Sie den Verlauf der Phosphatkonzentration entlang der Temperaturzonierung im Vergleich. Die Analyse besteht also aus einer erklärenden Beschreibung der Messwerte und ihrer Veränderung über die Zeit.
Zum Schluss sollen Sie dem See in beiden Jahren mithilfe von Material 3 einen Trophierungsgrad zuweisen. Nehmen Sie erst eine Zuordnung im Hinblick auf die einzelnen Parameter vor und überprüfen für eine Gesamtaussage dann, ob alle Untersuchungsergebnisse in dieselbe Richtung weisen.

Temperaturverlauf:

Zuordnung	1987	1994
Epilimnion	0 m Tiefe (Oberfläche): 17 °C	0 m Tiefe (Oberfläche): 19,5 °C
Metalimnion	8 m Tiefe: 15 °C 12 m Tiefe: 5 °C	10 m Tiefe: 17 °C 20 m Tiefe: 6 °C
Hypolimnion	ab 20 m Tiefe: 4 °C	ab 20 m Tiefe: 6 °C

Sauerstoffverlauf:

1987 betrug der O_2-Gehalt im Epilimnion an der Wasseroberfläche $10\ mg \cdot \ell^{-1}$, was einer leichten Übersättigung entspricht. Dies ist mit der Fotosyntheseaktivität freischwimmender Algen zu erklären, die bei hoher Lichteinstrahlung entsprechend viel O_2 produzieren. Bis zum Metalimnion in ca. 10 m Tiefe sank der O_2-Gehalt auf $8\ mg \cdot \ell^{-1}$, was bei gegebener Temperatur auf ein leichtes Sauerstoffdefizit hinweist. Hier überwiegt die Sauerstoffzehrung durch Stoffwechselprozesse z. B. heterotropher Organismen, die sich von den Produzenten ernähren (Zellatmung). In dieser Tiefe ist auch die Lichtintensität und damit die O_2-Produktion durch Fotosynthese geringer. Innerhalb der Sprungschicht zwischen 10 und 15 m Tiefe stieg der Sauerstoffgehalt wieder bis auf über $12\ mg \cdot \ell^{-1}$ an, da das Wasser mit sinkender Temperatur eine größere Sauerstofflöslichkeit aufweist. Der Gehalt blieb aber nach wie vor unter der Sättigungsgrenze. Von 15–40 m Tiefe sank der Sauerstoffgehalt bei weitgehend konstanter Temperatur von $12\ mg \cdot \ell^{-1}$ bis auf $0\ mg \cdot \ell^{-1}$ ab.

Der geringe Sauerstoffgehalt im Hypolimnion (Zehrschicht!) kann auf die aeroben Stoffwechselvorgänge der Konsumenten, Destruenten und Reduzenten zurückgeführt werden, die organische Substanz im Wasser abbauen. In dieser Tiefe fehlt der Sauerstoffeintrag durch Fotosynthese völlig, da zu wenig oder kein

Restlicht vorhanden ist. Zwischen dem Epilimnion und dem Hypolimnion kann wegen der Sommerstagnation kein Stoffaustausch durch Vermischung stattfinden, da das kältere und damit dichtere Wasser (4 °C) nicht aufsteigen kann.

1994 gab es im Hypolimnion in 40 m Tiefe noch einen Restsauerstoffgehalt von ca. 1,5 $mg \cdot \ell^{-1}$ bei 6 °C. Das entspricht einer Sättigung von 12,5 %. Dies ist zwar ein höherer Wert als 1987, jedoch nicht ausreichend, um aerobes Leben zu ermöglichen. Die Sauerstoffverhältnisse im Metalimnion waren in beiden Untersuchungsjahren ähnlich. Im Epilimnion gab es wieder Unterschiede: In den ersten vier Tiefenmetern stieg der Sauerstoffgehalt 1994 an, was darauf hindeutet, dass die Fotosyntheseaktivität in 4 m Tiefe höher war als an der Wasseroberfläche. Die Sauerstoffzehrung war in ca. 6–7 m Tiefe deutlich größer als 1987, was durch die höhere Temperatur in dieser Wasserschicht zustande kam.

Phosphatverlauf:
1987 lag der Phosphatgehalt an der Wasseroberfläche bei 0 $mg \cdot m^{-3}$. Bis zur Sprungschicht stieg er auf ca. 25 $mg \cdot m^{-3}$ stark an, um dann einen Wert von 35 $mg \cdot m^{-3}$ in 40 m Tiefe zu erreichen.
Im Jahr 1994 sah die Situation deutlich anders aus: Bereits an der Oberfläche betrug der Phosphatgehalt ca. 15 $mg \cdot m^{-3}$. Er stieg im Metalimnion ebenfalls stark auf über 50 $mg \cdot m^{-3}$ an und im Hypolimnion sogar noch weiter bis auf einen Maximalwert von 100 $mg \cdot m^{-3}$ in 40 m Tiefe.

Der geringe Phosphatgehalt im Oberflächenwasser erklärt sich allgemein dadurch, dass das im Wasser gelöste Anion für Algen leicht zugänglich ist, es kann organisch gebunden werden. Der mikrobielle Abbau von Plankton setzt das Phosphat wieder mineralisch frei. Deshalb reichern sich in den unteren Wasserschichten Phosphate durch den Abbau organischer Substanz an. Hier gibt es kein Phytoplankton, das das Phosphat wieder aufnehmen könnte.

Trophiegrad:
Eine Einordnung der Werte bezüglich des Trophiegrades kann durch den Vergleich in 20 m Tiefe (Material 3) vorgenommen werden. Bezüglich des O_2-Gehalts unterschieden sich die Trophierungsgrade des Sees (Material 3) in den beiden Untersuchungsjahren in 20 m Tiefe kaum. Der See war in beiden Jahren bezüglich des Sauerstoffgehalts als oligotroph einzustufen. Dem Phosphatgehalt nach machte der Kleine Mulmsee in sieben Jahren eine Entwicklung vom noch mesotrophen zum eutrophen See durch. Der O_2- und der Phosphatgehalt deuten also auf unterschiedliche Trophierungsgrade hin. Dieser Widerspruch ist anhand der gegebenen Daten nicht aufzulösen, eine eindeutige Zuordnung ist nicht möglich. Dafür müsste man weitere Parameter, wie den NH_3-, NO_2- und NO_3-Gehalt sowie den Biochemischen Sauerstoffbedarf (BSB_5) kennen.

3 *Die Operatoren „beschreiben" und „vergleichen" erfordern zunächst eine Benennung der erkennbaren Unterschiede in den Abbildungen 4.1 a und 4.1 b. Dann ist der grafisch dargestellte Unterschied des Temperaturverlaufs in Worte zu fassen. Der Operator „vergleichen" verlangt überdies eine Gegenüberstellung der*

beschriebenen Situation mit der schon aus den Aufgabenteilen 1 und 2 bekannten Situation eines natürlichen Sees. Das Ergebnis kann eine Aussage zur Ähnlichkeit der beiden Stauseen zum natürlichen See sein. Der Text in Material 4 informiert in Grundzügen über allgemeine Eigenschaften von Stauseen. Konkrete Daten für den Vergleich finden Sie in der Abb. 4.1.

Beschreibung:
Stauseen sind im Gegensatz zu natürlichen Seen angestaute Fließgewässer, die über die Staudammkrone (Abb. 4.1 a) oder über Öffnungen im Staudamm am Seegrund (4.1 b) abfließen. Beim Typ a fließt warmes Oberflächenwasser ab. Das Tiefenwasser ist wie bei einem natürlichen See etwa 5 °C kalt. Eine Sprungschicht, innerhalb der die Temperatur von 15 auf 5 °C fällt, ist zwischen 5 und 15 m Tiefe erkennbar. Die Wasserschichtung ist vermutlich stabil, da sie der Dichteanomalie des Wassers entsprechend erfolgt. Beim Typ b befindet sich der Ablauf an der Basis der Staumauer. Es wird ständig Tiefenwasser abgelassen, das eine Temperatur von 10 °C hat. Zwischen 10 m und 17 m Tiefe ist eine Sprungschicht erkennbar. Die Temperatur sinkt hier von 17 auf 10 °C. Durch den Abfluss des dichten Tiefenwassers kann die Schichtung nicht stabil sein.

Vergleich:
Der Stauseetyp a hat nach dieser Betrachtung eine größere Ähnlichkeit mit einem natürlichen See, da die Schichtung des Wasserkörpers stabil ist und der eines natürlichen Sees bei einer Sommerstagnation ähnelt. Lediglich das Oberflächenwasser ist kälter, da warmes Oberflächenwasser ständig abfließt und durch kälteres aus den darunterliegenden Schichten ersetzt wird.
Im Vergleich zum Stauseetyp B ist die Temperatur in einem natürlichen See im Hypolimnion niedriger. Das kalte Tiefenwasser fließt im Stausee B ständig ab und wird durch wärmeres Wasser aus geringeren Tiefen ersetzt. Infolgedessen liegt die Temperatur in allen Schichten über der eines natürlichen Sees.

4 *Erläutern heißt, Sachverhalte auf der Grundlage von Vorkenntnissen so darzulegen und zu veranschaulichen, dass sie verständlich werden. Der Sachverhalt ist hier die Veränderung der Trophierung eines Stausees durch Biomanipulation. Ziel ist es, einen möglichst geringen Trophierungsgrad zu erreichen, um das Wasser u. a. als Trinkwasser nutzen zu können. In der Aufgabenstellung wird die Beachtung der verschiedenen Trophieebenen gefordert.*
Vergegenwärtigen Sie sich noch einmal die Nahrungspyramide in einem natürlichen, nicht bewirtschafteten See. Hinweise enthält die Tabelle 5.1, in der Sie auch differenzierende Aussagen zur Biomasseverteilung der Organismengruppen finden.
Zur Lösung dieser Aufgabe sollten Sie zunächst folgende Fragen beantworten:
- *Was bedeutet Bewirtschaftung (Biomanipulation) eines Stausees?*
- *Wie unterscheiden sich bewirtschaftete und unbewirtschaftete Stauseen in den Trophieebenen?*
- *Wie ist eine Steuerung der Trophierung durch Biomanipulation möglich?*

Die Gesamtmassen der Organismen in den Trophiebenen stehen in einem bestimmten Verhältnis zueinander. Bewirtschaftung bedeutet, dass die Population der Raubfische durch einen externen Fischbesatz deutlich erhöht wird. Die Konsequenz dieser Maßnahme ist eine Verringerung der Friedfischdichte und damit die Erhöhung der Populationsdichte der Konsumenten erster Ordnung, der Zooplankter (vorwiegend filtrierende Kleinkrebschen wie z. B. Wasserflöhe). Damit wird letztlich die Phytoplanktonmasse kurz gehalten, das Wasser ist im Erscheinungsbild farblos und klar. Die Populationsdichten verhalten sich in einem durch einen Raubfischbesatz gesteuerten Nahrungsnetz genau umgekehrt zum nicht gesteuerten Nahrungsnetz (vgl. Tabelle 5.1). Die aufgezeigten Biomassen der Trophieebenen verhalten sich umgekehrt proportional (hoch zu niedrig und niedrig zu hoch). Durch die Biomanipulation verändert sich auch die Struktur des Zoo- und Phytoplanktons hin zu größeren Formen und damit zu einer geringeren Individuendichte. Der Sauerstoffgehalt ist ausgeglichener, da die im Jahresverlauf anfallende abgestorbene Biomasse geringer ist und damit eine geringere Sauerstoffzehrung durch den aeroben Abbau der organischen Substanz einhergeht. Der Posphatgehalt ist demzufolge auch niedriger, weil weniger mineralisches Phosphat durch Abbauprozesse freigesetzt wird und das meiste Phosphat organisch in größeren Lebewesen gebunden ist.
Zusammenfassend kann gesagt werden, dass die oben beschriebene Biomanipulation zu einer starken Verschiebung der Zusammensetzung der Biozönose im einem Stausee führt. Dies hat eine verminderte Eutrophierung zur Folge und somit einen positiven Einfluss auf die Wassergüte. Überdies kann durch Fischereibewirtschaftung (Fang attraktiver, großer Raubfische zu Speisezwecken) die Gesamtbiomasse im See weiter minimiert werden.

5 *Der Operator „erörtern" fordert, dass Sie Argumente für und gegen den Bau eines geplanten Stausees gegenüberstellen und abwägen. Dies gelingt am besten unter Verwendung einer Tabelle. Bedenken Sie, dass Art und Anzahl der Argumente unterschiedlich bedeutsam sind.*

Vorteile eines Stausees	**Nachteile eines Stausees**
Sicherung der Trinkwasserversorgung der Bevölkerung	Flussabwärts liegende Auen und Auwälder sind durch Austrocknung bedroht
Wasserkraft kann zur Umwandlung in elektrische Energie genutzt werden (regenerative Energie)	Die natürliche Biozönose eines Fließgewässers wird durch die Stauhaltung erheblich verändert
Kann zur Regulierung der Schifffahrt im Unterlauf genutzt werden (Niedrigwasserschutz)	Im angestauten Bereich gehen andere u. U. wertvolle naturnahe Lebensräume verloren
Kann als Hochwasserschutz (Schutz vor Überflutungen von Städten und Gemeinden) dienen	Fische auf Laichwanderung (z. B. Aale, Lachse) können den Staudamm nicht überwinden oder sterben in Turbinen

Vorteile eines Stausees	Nachteile eines Stausees
Sichert die Bewässerung landwirtschaftlicher Flächen	Das Ablassen von Wasser am Grund der Staumauer zur Regulierung stört die Gewässerstruktur und die Biozönosen im Unterlauf
Bietet Erholungs- und Freizeitwert	
Schafft neue wertvolle Wasserflächen und Uferbereiche für Tiere und Pflanzen	

Insbesondere vor dem Hintergrund von Diskussionen um die Nutzung „grüner Energie" müssen die Argumente, die für und gegen den Bau eines Stausees sprechen, sorgfältig gegeneinander abgewogen werden. Einige der Nachteile eines Stausees können zudem durch geeignete Begleitmaßnahmen vermindert oder eliminiert werden. So können geeignete Fischtreppen und Leitmaßnahmen den Schaden im Fischbestand bei Aal und Lachs gering halten. Das Ablassen von Wasser zur Regulierung kann moderat gesteuert werden. Das Argument, dass wertvolle Lebensräume eines Fließgewässers verloren gehen, steht dem Neugewinn anderer, möglicherweise ebenso wertvoller Lebensräume gegenüber. Das Argument des Austrocknens von Auen kann nicht entkräftet werden. Hier ist über Ausgleichsmaßnahmen zu diskutieren, die für sehr lange Zeit festgeschrieben werden müssen. Insgesamt überwiegen die Vorteile für den Menschen, wobei der Erholungs- und Freizeitwert differenziert gesehen werden müssen. Eine Übernutzung des Gebiets durch Freizeitaktivitäten ist durch Reglementierung zu vermeiden, damit die Wasserfläche als wertvolles Biotop für eine Vielzahl von Arten infrage kommt.

Koffein – die alltägliche Droge

		BE
1	Skizzieren Sie den Bau einer erregenden chemischen Synapse und beschreiben Sie kurz die Funktionsabläufe an dieser Synapse. Beschreiben Sie darüber hinaus mögliche postsynaptische „second messenger"-Vorgänge.	15
2	Beschreiben und erläutern Sie anhand von Material 1, 2 und 3 die Funktion des Hormons Noradrenalin und des Nucleosids Adenosin sowie den Einfluss von Koffein auf die Erregungsweiterleitung an Synapsen.	14
3	Vergleichen Sie die Wirkung von Koffein mit der Wirkung des Hormons Noradrenalin. Erläutern Sie, ob und wenn ja, in welcher Weise Koffein als Dopingmittel bezeichnet werden müsste (Material 1 bis 4).	11
4	Entwickeln Sie je eine begründete Hypothese, die erklärt, warum mit steigendem Kaffeekonsum dessen anregende Wirkung nachlässt und warum nach Absetzen koffeinhaltiger Genussmittel zeitlich begrenzt Entzugserscheinungen auftreten können (Material 1, 2 und 3).	10
		50

Material 1

Vorkommen und Wirkung von Koffein

Koffein, die weltweit meistkonsumierte die Psyche beeinflussende Droge, kommt in der Natur in Kaffeebohnen, Tee- und Mateblättern, Kolanüssen und in Blättern, Samen und Früchten von über 60 Pflanzenarten vor.

Koffein entfaltet seine Wirkungen nach Aufnahme in den Körper sehr schnell und erreicht sein Wirkungsmaximum nach ca. 30 Minuten. Nach 3,5 bis 5 Stunden ist nur noch die Hälfte des Koffeins im Körper vorhanden.

Die physiologischen Wirkungen des Koffeins sind erhöhte Konzentrations- und Leistungsfähigkeit, psychische und motorische Aktivität und ein erniedrigtes Müdigkeitsgefühl. Des Weiteren beobachtet man eine gesteigerte Herzleistung, eine erhöhte Ausschüttung von Magensäften und eine Verminderung des Kopfschmerzes (durch eine Verengung der Blutgefäße im Gehirn).

Adenosin ist ein Baustein von Nukleinsäuren, wie z. B. DNA, und eines der Abbauprodukte des Adenosintriphosphates (ATP). Eine der Aufgaben des Adenosins besteht darin, das Gehirn vor „Überanstrengung" zu schützen. Die Adenosin-Rezeptoren sind in sehr vielen Gehirnregionen anzutreffen.

Wird nach regelmäßigem Kaffeekonsum kein Koffein mehr aufgenommen, kann es zu Entzugserscheinungen wie Kopfschmerzen, Müdigkeit, Reizbarkeit und Nervosität kommen.

geändert nach: www.studentenlabor.de/bs05/html/koffein_nikotin.html (abgerufen 18. 06. 2009), Prof. Stephan Fring, PD Dr. Blanche Schwappach
weitere Materialgrundlage: Sicard, B.: Die Alltagsdroge Kaffee, Spektrum der Wissenschaft, Juni 2003, S. 65

Material 2

Prinzip von Signalstoffen am Beispiel eines Hormons

Lebewesen kommunizieren auch über Signalstoffe. Die biologische Kommunikation kann zwischen Organismen, zwischen Organen und auch intra- und interzellulär erfolgen.
Hormone sind definiert als Signalstoffe, die in Drüsen oder drüsenähnlichen Zellen produziert werden, und z. B. in die Blutbahn abgegeben und zu ihren Erfolgsorganen transportiert werden. Wenn Signalstoffe nicht in die Blutbahn abgegeben werden, können sie sich im Bindegewebe zwischen den Zellen verteilen und somit auf die direkten Nachbarzellen einwirken.
Ebenso bedeutsam wie die Signalstoffe selbst sind ihre Rezeptoren, die als spezifische Empfängerstrukturen an der Zellmembran oder im Innern einer Zelle sitzen. Nach dem „Schlüssel – Schloss“-Prinzip werden Signalstoffe, egal auf welchem Wege sie die Zelle erreichen, im Allgemeinen nur wirksam, wenn ein passender Rezeptor vorhanden ist. Rezeptoren sind keine starren Gebilde wie ein Schloss, sondern dynamische Mikrostrukturen, die eigene Bewegungen und Rhythmen haben und einer mindestens so komplexen Regulation unterliegen wie die Signalstoffe selbst. Sie können herauf- und herunterreguliert werden, was bedeutet, dass sie sowohl zahlenmäßig als auch in ihrer Ansprechbarkeit für bestimmte Signalstoffe verändert werden können.

geändert nach: http://tinyurl.com/6fok3kz

Material 3

Wirkmechanismus von Noradrenalin, Adenosin und Koffein

Abbildung 3.1
Wirkmechanismus von Adrenalin

In der Abbildung 3.1 ist ein von links nach rechts ablaufender Prozess dargestellt. Das Hormon Noradrenalin bildet mit dem zugehörigen Rezeptor einen Hormon-Rezeptor-Komplex (1). Ein durch den Hormon-Rezeptor-Komplex (1) zunächst gebundenes und somit aktiviertes stimulatorisches G-Protein (2) zerfällt nach seiner Aktivierung in Untereinheiten (3). Diese Untereinheiten können sich weiterbewegen und an unterschiedlichen Orten und Stoffen wirksam werden.
Die Aktivität von Proteinkinasen kann z. B. den Stoffwechsel beeinflussen, Enzyme aktivieren oder die Membranleitfähigkeit, die Transmitterbildung oder die Transmitterfreisetzung beeinflussen.

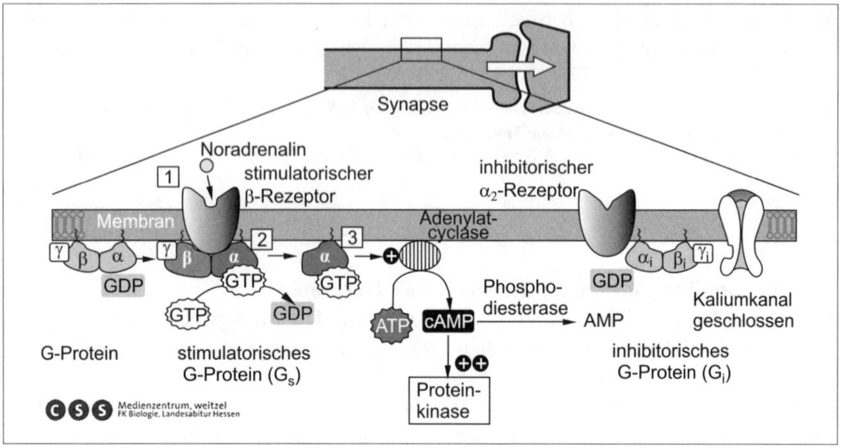

Legende für Abbildung 3.1 bis 3.3

⊕ = aktivierende Wirkung α, β, γ = Untereinheiten des G-Proteins
⊖ = hemmende Wirkung cAMP = cyclisches Adenosinmonophosphat (ein second messenger)

Abbildung 3.2
Wirkmechanismus von Noradrenalin und Adenosin

In der Abbildung 3.2 sind sowohl links (Nr. 1 bis 3) als auch rechts (Nr. 1a bis 3b) Prozesse dargestellt. Adenosin bildet mit dem zugehörigen Rezeptor einen Adenosin-Rezeptor-Komplex (1a). Ein durch diesen Adenosin-Rezeptor-Komplex (1a) zunächst gebundenes und somit aktiviertes inhibitorisches G-Protein (2a) zerfällt nach seiner Aktivierung in Untereinheiten (3a und 3b).

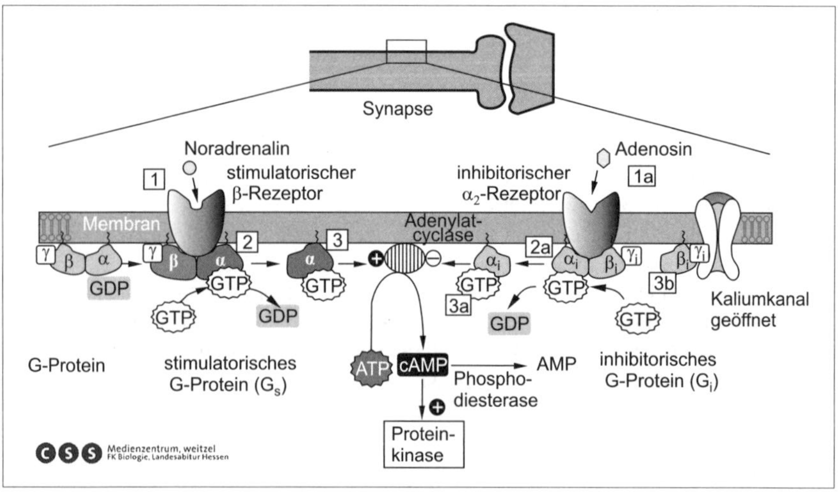

Abbildung 3.3
Wirkmechanismus von Noradrenalin, Adenosin und Koffein

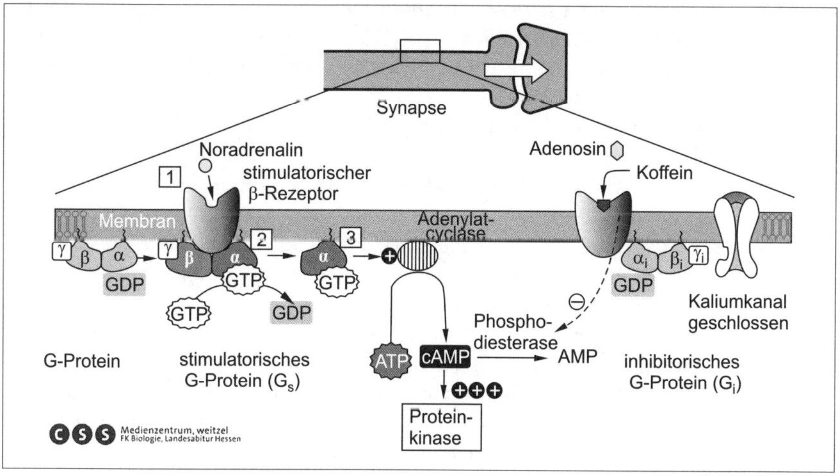

Abb. 3.1, 3.2 und 3.3 geändert nach: Bear, Mark F., Connors, Barry W., Paradiso, Michael A., Held, Andreas (Übersetzer), Neurowissenschaften, Spektrum Akademischer Verlag, Heidelberg 2009

Material 4

Doping-Definition des Europarates
(Komitee für außerschulische Erziehung)

Doping ist die Verabreichung oder der Gebrauch körperfremder Substanzen in jeder Form oder der Gebrauch physiologischer Substanzen in abnormaler Form oder die Verabreichung dieser Stoffe auf abnormalem Weg an gesunde Personen mit dem einzigen Ziel der künstlichen und unfairen Steigerung der Leistung für den Wettkampf. Außerdem müssen verschiedene psychologische Maßnahmen zur Leistungssteigerung des Sportlers als Doping angesehen werden.

Lösungsvorschläge

In der Aufgabe thematisierte Unterrichtsinhalte sind:

- *Bau und Funktion von Nervenzellen*
- *Signalübertragung an cholinergen, erregenden Synapsen, z. B. neuromuskuläre Synapse (motorische Endplatte)*
- *Second-messenger-Systeme und deren Funktion*
- *Neuronale Verschaltung*
- *Beeinflussung des Nervensystems durch psychoaktive Substanzen*

1 *„Skizzieren" bedeutet, dass Sie eine Handskizze des Aufbaus und der Funktion einer erregenden Acetylcholin führenden Synapse anfertigen und beschriften sollen. Dies kann eine erregende Verknüpfung zweier Nervenzellen im sensorischen oder motorischen Bereich sein oder eine neuromuskuläre Synapse. Darzustellen sind die Abläufe im Axonendknöpfchen, im synaptischen Spalt und im Soma des nachfolgenden Neurons. Anhand dieser Skizze ist eine Beschreibung der Abläufe gefordert. Dabei können Sie sich an den Fachbegriffen der Beschriftung orientieren. Zuletzt erläutern Sie mögliche postsynaptische „second-messenger"-Vorgänge.*

Skizze einer ACh führenden erregenden Synapse:

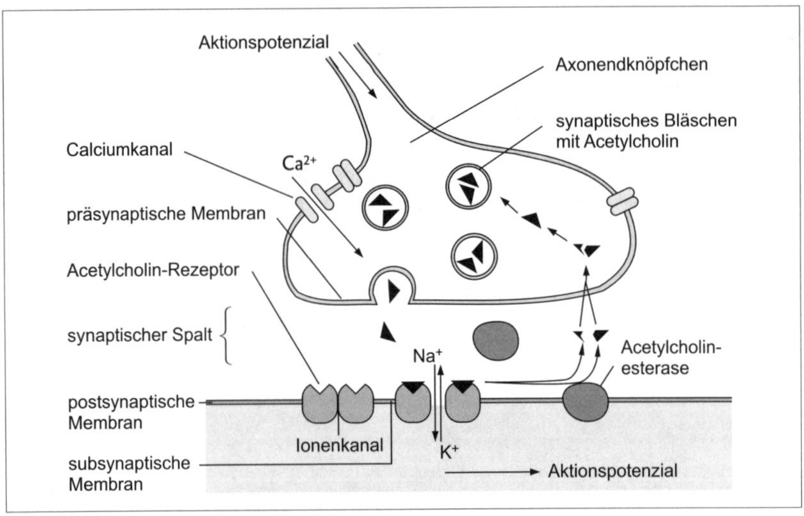

Beschreibung der synaptischen Übertragung:

Trifft ein fortgeleitetes Aktionspotenzial am Axonendknöpfchen der präsynaptischen Zelle ein, so werden zunächst durch die Potenzialänderung Calciumionen-Kanäle in der Membran geöffnet und Ca^{2+} strömt ins Innere des Axonendknöpfchens. Durch den Anstieg der Ca^{2+}-Konzentration verschmelzen einige der zahlreichen mit Transmittern gefüllten Vesikel mit der präsynaptischen Membran und schütten den in ihnen enthaltenen Transmitter in den synaptischen Spalt aus. Diesen Transmitter (am häufigsten Acetylcholin) nennt man auch „first messenger“. Jeweils 5 000 Moleküle Acetylcholin strömen aus jedem Vesikel dieses am besten untersuchten Synapsentyps. Ca^{2+} wird mithilfe von Ionenpumpen wieder aus der Präsynapse befördert. Die Transmittermoleküle diffundieren ihrem Konzentrationsgefälle folgend innerhalb von ca. 0,1 ms durch den synaptischen Spalt zur postsynaptischen Membran. Dort besetzen sie nach dem Schlüssel-Schloss-Prinzip die Acetylcholinrezeptoren in der Membran und öffnen in den Rezeptoren befindliche Natriumionenkanäle. Das im Außenmedium in hoher Konzentration befindliche Na^+ strömt in das Soma der postsynaptischen Zelle und depolarisiert die postsynaptische Membran. Das entstehende postsynaptische Potenzial (PSP) ist zur ausgeschütteten Transmittermenge proportional. Bei überschwelliger Depolarisation der postsynaptischen Zelle werden am Axonhügel ein oder mehrere Aktionspotenziale gebildet, die fortgeleitet werden. Das im synaptischen Spalt aktive Enzym Acetylcholinesterase löst das Acetylcholin wieder aus den Rezeptorstellen und spaltet es zu Cholin und Essigsäure. Die Spaltprodukte diffundieren zurück zur postsynaptischen Membran, werden dort in das Axonendknöpfchen aufgenommen und zu Acetylcholin resynthetisiert.

Es gibt auch Synapsen, bei denen der Rezeptor für den Neurotransmitter kein Teil des Ionenkanals ist. Die Bindung des Transmitters an den Rezeptor aktiviert hier einen Signalübertragungsweg, an dem ein sekundärer Botenstoff beteiligt ist („second messenger“). Die Wirkung dieser Second-Messenger-Systeme setzt zwar langsamer ein, hält dafür aber wesentlich länger an. Second messenger modulieren die Antwortbereitschaft postsynaptischer Neurone auf verschiedene Weise, zum Beispiel dadurch, dass sich die Zahl der offenen Kaliumionenkanäle ändert. Bei dem am besten untersuchten Übertragungsweg fungiert zyklisches AMP (cAMP) als sekundärer Botenstoff. An Synapsen, an denen z. B. Noradrenalin an den postsynaptischen Rezeptor bindet, aktiviert dieser Transmitter-Rezeptor-Komplex ein G-Protein, das die Adenylatcyclase aktiviert. Dieses Enzym wandelt ATP in cAMP um und dieses aktiviert wiederum die Proteinkinase A, die Kanalproteine der postsynaptischen Membran phosphoryliert und sie dazu veranlasst, sich zu öffnen. Durch den Verstärkungseffekt dieses Signalübertragungsweges kann die Bindung eines einzigen Neurotransmittermoleküls an einem Rezeptor zum Öffnen vieler Ionenkanäle führen.

2 *Diese Aufgabe ist komplex, da die Funktion dreier verschiedener Stoffe auf zellulärer Ebene beschrieben und erläutert werden soll. Dabei sind insgesamt fünf Materialien zu berücksichtigen. Um den Überblick zu behalten, ist es hilfreich, sich parallel zum Lesen der Texte bzw. Betrachten der Abbildungen bereits kurze Randnotizen mit den wichtigsten Informationen zu machen. Lesen Sie zunächst die Texte in Material 1 und 2. Im Titel von Material 1 ist zwar nur vom Koffein die Rede, jedoch finden sich hier auch Informationen zur Wirkung von Koffein und Adenosin. Material 2 liefert Informationen über Hormone, deren Verteilung im Organismus und die Funktion und Regulation von Hormonrezeptoren.*

Die Gliederung Ihrer Bearbeitung sollte sich an den Materialien 3.1, 3.2 und 3.3 orientieren, in denen die Wirkmechanismen von Noradrenalin (3.1), Noradrenalin und Adenosin (3.2) und Noradrenalin, Adenosin und Koffein in Kombination dargestellt sind. Beschreiben Sie jeweils zuerst die bildliche Darstellung und erläutern Sie dann die Funktion.

Wirkmechanismus von Noradrenalin:
Das Nebennierenhormon Noradrenalin wird über das Blut im Organismus verteilt und entfaltet seine Wirkung im vegetativen und im Zentralnervensystem. Der in Abb. 3.1 dargestellte Wirkort ist die Präsynapse. Noradrenalin bildet mit dem stimulatorischen β-Rezeptor einen Hormon-Rezeptor-Komplex an dem ein gebundenes, stimulatorisches G-Protein aktiviert wird und in Folge in seine Untereinheiten zerfällt. Die α-Untereinheit ist entlang der Innenseite der Zellmembran beweglich und stimuliert das membrangebundene Enzym Adenylatcyclase, welches die Umwandlung von ATP zu cAMP katalysiert. Das cAMP hat als second messenger eine sehr stark aktivierende Wirkung auf das Enzym Proteinkinase. Das Neuron wird über eine erhöhte Membranleitfähigkeit, gesteigerte Transmitterbildung bzw. erhöhte Transmitterfreisetzung leicht erregbar. Das korreliert mit der Tatsache, dass Noradrenalin den Sympathikus fördert und so z. B. am Alarmverhalten bei Flucht oder Kampf beteiligt ist.

Wirkungmechanismus von Noradrenalin und Adenosin:
In der Abb. 3.2 finden sich die gleichen Strukturen und Stoffe wie in der Abb. 3.1 wieder. Auch in dieser Darstellung ist Noradrenalin, wie oben beschrieben, wirksam. Gleichzeitig werden jedoch auch spezifische inhibitorische α_2-Rezeptoren mit Adenosin besetzt und aktivieren ein inhibitorisches G-Protein, welches sich ebenfalls aus mehreren Untereinheiten zusammensetzt. Auch dieses G-Protein zerfällt nach seiner Aktivierung in Untereinheiten, die beweglich sind. Die α_1-Untereinheit hemmt in diesem Fall die Adenylatcyclase, sodass weniger cAMP gebildet werden kann. Die aktivierende Wirkung auf das Enzym Proteinkinase wird gegenüber der alleinigen Wirkung von Noradrenalin abgeschwächt. Je nach Konzentration der beiden reziprok wirkenden Stoffe Noradrenalin und Adenosin lässt sich die Enzymaktivität und damit die Erregbarkeit steuern. Weiterhin beeinflusst die β_i-γ_i-Untereinheit des inhibitorischen G-Proteins direkt die Kaliumkanäle in der Axonmembran, sodass Kaliumionen vermehrt ausströmen können und somit die Axonmembran aufgrund der neuen Potenziallage weniger erregbar wird. Dies korreliert mit der in Material 1 genannten Aufgabe des Adenosins, das Gehirn vor Überanstrengung zu schützen. Wir haben es hier mit einer Förderung (Noradrenalin) und einer Hemmung (Adenosin) der Erregungsleitung zu tun.

Zusätzliche Wirkung von Koffein:
Wird dem Körper über das vorhandene Noradrenalin hinaus von außen Koffein zugeführt, so wird dieses mit dem Blutstrom im Körper verteilt und von den Zellen aufgenommen. Wie in Abb. 3.3 gezeigt, ist Koffein dazu in der Lage, wie ein Mimetikum den Adenosinrezeptor zu besetzen. Jedoch wird das inhibitorische G-Protein dadurch nicht aktiviert. Dies hat zur Folge, dass die Adenylatcyclase wie bei der Einwirkung von Noradrenalin cAMP bilden kann, welches die Proteinki-

nase aktiviert. Da das intrazellulär eingedrungene Koffein gleichzeitig den Abbau von cAMP durch Hemmung der Phosphodiesterase unterbindet und auch die Kaliumionenkanäle geschlossen bleiben, wird das Neuron noch stärker aktiviert als bei der alleinigen Einwirkung von Noradrenalin. Die Erregungsleitung ist erleichtert und die Synapse ist aktiver als ohne Koffein. Dies korreliert mit der Beschreibung der physiologischen Wirkung von Koffein, wie z. B. erhöhte Konzentrations- und Leistungsfähigkeit, motorische Aktivität und vermindertes Müdigkeitsgefühl. Über die Affinität der beiden Substanzen Adenosin und Koffein zum Rezeptor im Vergleich gibt es keine weiteren Aussagen im Material.

3 *Der Schwerpunkt der Bearbeitung liegt hier im Vergleich der Funktion und der Wirkung der beiden Stoffe Noradrenalin und Koffein. Koffein ist ein körperfremder Stoff, der über den Magen-Darm-Trakt aufgenommen wird und so ins Blut gelangt, so wie Noradrenalin durch Ausschüttung aus der Nebenniere ins Blut gelangt. Es soll dargestellt werden, inwieweit sich Koffein ähnlich dem Noradrenalin verhält. Im zweiten Schritt ist zu erläutern, wieso Koffein die Eigenschaft eines Dopingmittels hat.*

Der Koffeingenuss bewirkt im Körper eine vergleichbare Reaktionsfolge wie das körpereigene Hormon:

- Koffein gelangt mit dem Blutstrom als Signalstoff zu den Zielzellen mit den passenden Rezeptoren.
- Koffein dockt ebenso wie das Hormon an spezifische Rezeptoren der Neuronenmembran an.
- Koffein beeinflusst, wie das entsprechende Hormon, die Menge des gebildeten cAMP als second messenger. Im Gegensatz zu Noradrenalin und Adenosin aktiviert Koffein jedoch keines der G-Proteine, sondern steigert die cAMP-Menge auf andere Weise. Der Abbau von cAMP wird partiell durch die Hemmung der Phosphodiesterase verhindert. Noradrenalin dagegen beeinflusst ein stimulierendes und aktivierendes G-Protein und steigert auf diese Weise die cAMP-Produktion.
- Koffein verzögert den cAMP-Abbau und erhöht dadurch die Wirkung der Proteinkinase, wodurch die Membranleitfähigkeit erhöht wird.

Koffein kann als Dopingmittel bezeichnet werden, da es ein körperfremder Stoff ist. Dieser steigert künstlich die Membranleitfähigkeit und führt nicht nur zu einer gesteigerten Aufmerksamkeit und motorischen Aktivität, sondern auch zu einer erhöhten Leistung des Herzmuskels und der Skelettmuskulatur.

4 *Hier geht es um die in Material 1 und 2 dargestellten physiologischen Wirkungen des Koffeins und um die beschriebenen Entzugserscheinungen. Es soll je eine Hypothese zu den folgenden Tatsachen entwickelt und elaboriert werden:*
1) Mit steigendem Kaffeekonsum lässt die anregende Wirkung nach.
2) Nach dem Absetzen koffeinhaltiger Genussmittel treten zeitlich begrenzt Entzugserscheinungen auf.

Hypothese zu 1:
Koffein konkurriert als Mimetikum mit dem körpereigenen Adenosin um die Bindung an denselben Rezeptor. Die cAMP-Konzentration in den Neuronen ist erhöht, da die Hemmung der cAMP-Synthese durch Adenosin teilweise oder ganz entfällt. Da bezüglich aller Stoffe im Körper ein homöostatisches Gleichgewicht angestrebt wird, ist anzunehmen, dass der Körper bei regelmäßigem Konsum von Koffein gegensteuern wird. Dies kann z. B. durch die Erhöhung der Anzahl der Adenosinrezeptoren oder durch die Verringerung der Anzahl der Noradrenalinrezeptoren geschehen. Die Wirkung des Koffeins lässt nach, da wieder mehr Adenosinmoleküle an der erhöhten Rezeptormenge andocken können. Die Koffeinmenge müsste erhöht werden, um die gleiche Wirkung zu erzielen.
Eine weitere Möglichkeit, wie die Zelle auf die dauerhaft hohe Koffeinzufuhr reagieren könnte, wäre die Verringerung der Anzahl der Noradrenalinrezeptoren.

Hypothese zu 2:
Entzieht man dem Körper das Koffein, so werden die zahlreichen Adenosinrezeptoren wieder vollständig mit Adenosin besetzt, mehr als im Ausgangszustand vor dem regelmäßigen Koffeingenuss. Der cAMP-Spiegel sinkt dramatisch ab, die Membranleitfähigkeit sinkt. Unaufmerksamkeit, Abgeschlagenheit und geringere Leistungsfähigkeit sind die Folge. Die zeitliche Begrenztheit dieser Symptome erklärt sich wiederum damit, dass durch die langsame Reduktion der Anzahl der Adenosinrezeptoren die Homöostase wiederhergestellt wird.

(Bitte blättern Sie um)